基礎から学ぶ
熱力学

吉田幸司 編著

岸本 健・木村元昭・田中勝之・飯島晃良 共著

Ohmsha

本書を発行するにあたって，内容に誤りのないようできる限りの注意を払いましたが，本書の内容を適用した結果生じたこと，また，適用できなかった結果について，著者，出版社とも一切の責任を負いませんのでご了承ください．

本書は，「著作権法」によって，著作権等の権利が保護されている著作物です．本書の複製権・翻訳権・上映権・譲渡権・公衆送信権（送信可能化権を含む）は著作権者が保有しています．本書の全部または一部につき，無断で転載，複写複製，電子的装置への入力等をされると，著作権等の権利侵害となる場合があります．また，代行業者等の第三者によるスキャンやデジタル化は，たとえ個人や家庭内での利用であっても著作権法上認められておりませんので，ご注意ください．
本書の無断複写は，著作権法上の制限事項を除き，禁じられています．本書の複写複製を希望される場合は，そのつど事前に下記へ連絡して許諾を得てください．

出版者著作権管理機構
（電話 03-5244-5088，FAX 03-5244-5089，e-mail: info@jcopy.or.jp）

JCOPY ＜出版者著作権管理機構 委託出版物＞

はしがき

　大学の機械工学系の学科において基礎となる力学は，材料力学，機械力学，流体力学，そして本書で学ぶ熱力学です．熱力学は，物理学の一部であり，理工系大学の物理学科や化学科でも教授されていますが，ほかの力学とともに機械工学の根幹をなす学問です．機械工系の学科で学ぶ熱力学は，主にエネルギーと仕事の変換や仕事による熱の移動など熱エネルギーの変換に関する分野を学ぶことから，工業熱力学と呼ばれることがあります．

　本書は，工業熱力学を初めて学ぶ大学生を対象とした教科書として書かれています．しかし，大学生以外で機械工学に関する熱力学・工業熱力学の基礎知識を必要としている方々にも理解しやすいように内容や構成を工夫しました．本書は，大きく二つの編に分けて構成しています．

- 前半の第1章「熱力学を学ぶための基礎事項」から第5章「エクセルギーと最大仕事」までは『基礎編』として，熱力学を学ぶための基礎知識として必要な事項を基礎から順を追ってまとめています．
- 後半の第6章「サイクルと熱機関」から第12章「エネルギー変換」までは『応用編』として，基礎知識を応用して，実際に使われているエネルギー変換機構についての詳細を理解することを目的としてまとめました．

　よって，工業熱力学を初めて学ぶ学生諸君は第1章から順次，章を追って勉強していただき，ある程度熱力学を理解している方々は，後半部分については独立した各章として読まれてもよいと思います．本書が，機械工学系の学科で学ぶ学生諸君や，これから機械エンジニアを目指す方々の学習の一助となることを望んでやみません．

　なお，本書を執筆するにあたり，多くの書籍を参考とし，説明や解説をできるだけわかりやすい平易なものとするように心掛けました．しかし，まだ理解しづらい点やわかりにくい表現もあるかと思います．本書を愛用してくださる方々からの忌憚のないご意見をお願いする次第でございます．

■■ はしがき ■■

　最後に，本書の発行にあたりまして株式会社オーム社書籍編集局の方々には，大変に御世話になりました．心より御礼申し上げます．

2016 年 2 月

執筆者を代表して　吉田　幸司

目次 contents

基礎編

第1章 熱力学を学ぶための基礎事項

- 1-1 熱エネルギーとは 2
  - 1.1.1 熱エネルギー　2
  - 1.1.2 物理量　3
  - 1.1.3 物理定数　4
- 1-2 温　度 5
  - 1.2.1 温度の単位　5
  - 1.2.2 温度と熱平衡　7
  - 1.2.3 熱力学第ゼロ法則　7
- 1-3 比熱と熱量 9
- 1-4 熱力学に関連する諸単位 12
  - 1.4.1 工学的数値の表現　12
  - 1.4.2 質量と力　14
  - 1.4.3 体　積　14
  - 1.4.4 密度，比容積　15
  - 1.4.5 熱　量　15
  - 1.4.6 仕事と動力　15
  - 1.4.7 圧　力　15
- チャレンジ問題 17

第2章 熱力学第一法則

- 2-1 熱と仕事 20
  - 2.1.1 熱　20
  - 2.1.2 仕　事　20
- 2-2 閉じた系と開いた系 22
  - 2.2.1 系　22

目 次

- 2.2.2 閉じた系と開いた系　22
- 2-3 可逆変化と非可逆変化 …… 24
  - 2.3.1 可逆変化と非可逆変化　24
  - 2.3.2 準静的過程　25
- 2-4 絶対仕事と工業仕事 …… 26
  - 2.4.1 p(圧力)$-V$(容積)線図　26
  - 2.4.2 絶対仕事と工業仕事　26
- 2-5 閉じた系の熱力学第一法則 …… 29
  - 2.5.1 熱力学第一法則　29
  - 2.5.2 閉じた系の第一法則（第一基礎式）　30
- 2-6 エンタルピー …… 34
  - 2.6.1 エンタルピーの定義　34
  - 2.6.2 エンタルピーの有用性　35
- 2-7 開いた系の熱力学第一法則 …… 36
  - 2.7.1 開いた系の第一法則（第二基礎式）　36
- 2-8 一般エネルギー式 …… 38
  - 2.8.1 開いた系のエネルギー式　38
- チャレンジ問題 …… 40

第3章　理想気体の状態変化

- 3-1 理想気体の状態方程式 …… 44
  - 3.1.1 理想気体　44
  - 3.1.2 理想気体の状態方程式　45
- 3-2 定容比熱と定圧比熱 …… 48
  - 3.2.1 定容比熱と定圧比熱　48
  - 3.2.2 比熱比とマイヤーの関係式　49
- 3-3 理想気体の状態変化 …… 53
  - 3.3.1 状態変化の種類とその計算法　53
  - 3.3.2 等容変化　54
  - 3.3.3 等圧変化　56
  - 3.3.4 等温変化　58
  - 3.3.5 断熱変化（等エントロピー変化）　61

　　　　3.3.6　ポリトロープ変化　65
　チャレンジ問題 69

第4章　熱力学第二法則

　4-1　一般サイクルの熱効率と成績係数 72
　　　　4.1.1　熱機械　72
　　　　4.1.2　一般サイクル　72
　　　　4.1.3　熱効率と成績係数　74
　4-2　可逆カルノーサイクル 76
　　　　4.2.1　カルノーサイクル　76
　　　　4.2.2　逆カルノーサイクル　77
　4-3　エントロピー 79
　　　　4.3.1　クラウジウスの積分　79
　　　　4.3.2　エントロピー　80
　　　　4.3.3　エントロピーと$T-S$線図　80
　　　　4.3.4　非可逆変化とクラウジウスの不等式　81
　　　　4.3.5　非可逆過程とエントロピー　82
　4-4　理想気体のエントロピー変化 84
　　　　4.4.1　理想気体のエントロピーの変化量　84
　　　　4.4.2　固体および液体のエントロピーの変化量　86
　4-5　熱力学第二法則 87
　　　　4.5.1　熱力学第二法則の定義　87
　　　　4.5.2　エントロピー増大の法則　88
　　　　4.5.3　熱力学第二法則と第二種永久機関　90
　　　　4.5.4　熱力学第三法則　91
　チャレンジ問題 92

第5章　エクセルギーと最大仕事

　5-1　エクセルギーとアネルギー 98
　　　　5.1.1　エクセルギーとアネルギー　98
　　　　5.1.2　仕事と熱エネルギーのエクセルギー　98
　　　　5.1.3　熱源から熱機関を用いて得られるエクセルギー　99

目　次

　　5.1.4　閉じた系のエクセルギー　100
　　5.1.5　開いた系のエクセルギー　100
5-2　ヘルムホルツ自由エネルギーとギブス自由エネルギー 102
　　5.2.1　閉じた系と開いた系のエクセルギーと最大仕事　102
　　5.2.2　等温等容過程とヘルムホルツ自由エネルギー，等温等圧過程とギブス自由エネルギー　104
　　5.2.3　ヘルムホルツ自由エネルギーとギブス自由エネルギーの意味　105
　　5.2.4　熱力学の一般関係式　106
5-3　非可逆過程とエクセルギー損失 107
　　5.3.1　非可逆過程の要因　107
　　5.3.2　エクセルギー損失とエクセルギー効率　107
チャレンジ問題 110

応　用　編

第6章　熱機関のサイクル

6-1　サイクルと熱機関 114
　　6.1.1　ガスサイクル　114
6-2　レシプロエンジンのサイクル 117
　　6.2.1　オットーサイクル（等容サイクル）　117
　　6.2.2　ディーゼルサイクル（等圧サイクル）　120
　　6.2.3　サバテサイクル（複合サイクル）　122
　　6.2.4　平均有効圧力　124
6-3　ガスタービンエンジンのサイクル 127
　　6.3.1　ブレイトンサイクル　127
　　6.3.2　ブレイトン再生サイクル　129
　　6.3.3　ジェットエンジン（航空機用ガスタービン）のサイクル　131
チャレンジ問題 134

目 次

第7章　圧縮機のサイクル

- 7-1　圧縮機とは 136
  - 7.1.1　圧縮機の種類　136
  - 7.1.2　往復式空気圧縮機の動作　137
- 7-2　すきまのない圧縮機のサイクル 138
- 7-3　すきまのある圧縮機のサイクル 140
- 7-4　多段圧縮機のサイクル 142
- チャレンジ問題 144

第8章　蒸気の性質と蒸気サイクル

- 8-1　蒸気の性質 148
  - 8.1.1　相平衡と状態変化　148
  - 8.1.2　乾き度　150
- 8-2　蒸気表 152
  - 8.2.1　蒸気表（飽和表）　152
  - 8.2.2　蒸気表（一相域）　153
- 8-3　蒸気サイクル 154
  - 8.3.1　蒸気サイクルの構成　154
  - 8.3.2　蒸気サイクルの各状態変化　155
  - 8.3.3　蒸気サイクルの熱効率　156
  - 8.3.4　蒸気再熱サイクル　158
  - 8.3.5　蒸気再生サイクル　159
- チャレンジ問題 160

第9章　冷凍サイクル

- 9-1　冷　媒 162
  - 9.1.1　冷媒とは　162
  - 9.1.2　冷媒の種類　162
- 9-2　冷凍（ヒートポンプ）サイクル 163
  - 9.2.1　冷凍サイクルの概念　163
  - 9.2.2　冷凍サイクルの構成　164

　　　　　　9.2.3　冷凍サイクルの各状態変化　　164
　　　　　　9.2.4　冷凍サイクルの熱効率　　165
　　9-3　吸収式冷凍機 ……………………………………………………… 167
　　　　　　9.3.1　吸収式冷凍機の原理　　167
　　チャレンジ問題 …………………………………………………………… 169

第10章　湿り空気と空気調和

　　10-1　混合気体 ………………………………………………………… 172
　　　　　　10.1.1　ダルトンの分圧の法則　　172
　　　　　　10.1.2　気体の混合　　173
　　　　　　10.1.3　混合気体の物性　　175
　　10-2　湿　度 …………………………………………………………… 176
　　　　　　10.2.1　空気調和で用いる用語　　176
　　　　　　10.2.2　湿度の定義　　176
　　　　　　10.2.3　湿度の関係　　177
　　10-3　湿り空気の性質 …………………………………………………… 179
　　　　　　10.3.1　湿り空気の物性値　　179
　　　　　　10.3.2　湿り空気の熱エネルギー　　180
　　10-4　湿り空気線図と空気調和 ………………………………………… 182
　　　　　　10.4.1　乾球温度と湿球温度　　182
　　　　　　10.4.2　湿り空気線図　　182
　　　　　　10.4.3　空気調和　　183
　　チャレンジ問題 …………………………………………………………… 185

第11章　気体の流動

　　11-1　ガス流動の基礎式 ………………………………………………… 190
　　　　　　11.1.1　気体の流動の条件　　190
　　　　　　11.1.2　流れの基礎式　　190
　　　　　　11.1.3　気体の流れの性質　　192
　　11-2　ノズル内の流れ …………………………………………………… 196
　　　　　　11.2.1　ノズルの流速と質量流量　　196
　　　　　　11.2.2　先細ノズルと臨界圧力　　197

目　次

　　　11.2.3　先細ノズルと先細・末広ノズル（ラバルノズル）　199
　11-3　円管内の流動 201
　　　11.3.1　円管内の流動の基礎式　201
　　　11.3.2　管の閉塞　202
　チャレンジ問題 203

第12章　エネルギー変換

　12-1　燃　焼 206
　　　12.1.1　化学量論計算　206
　　　12.1.2　燃焼ガスの密度，比熱など　210
　　　12.1.3　発熱量　211
　　　12.1.4　燃焼温度　212
　　　12.1.5　化学平衡　213
　　　12.1.6　化学反応速度　215
　12-2　燃料電池 217
　　　12.2.1　燃料電池の原理　217
　　　12.2.2　ファラデーの法則と電池の起電力　219
　　　12.2.3　燃料電池の効率　220
　　　12.2.4　化学電池　221
　12-3　伝　熱 224
　　　12.3.1　伝熱の形態　224
　　　12.3.2　熱伝導　224
　　　12.3.3　熱伝達　226
　　　12.3.4　熱放射　228
　　　12.3.5　ニュートンの冷却法則　231
　チャレンジ問題 233

付　録 237
チャレンジ問題の解答（抜粋） 249
引用・参考文献 256
索　引 257

第1章
熱力学を学ぶための基礎事項

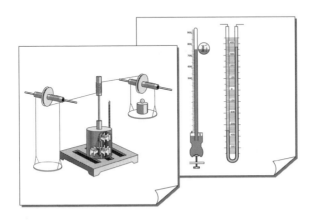

　理工学系の多くの学科では，熱力学を学ぶ．熱はエネルギーの別名であり物理学としての熱力学や化学熱力学は熱の本質に迫る興味ある学問分野である．機械工学で学ぶ熱力学もしくは熱工学は熱エネルギーを力学的エネルギーに変換する機械について学び理解するための工学であり，機械工学においては必須の科目になる．

　ミクロにみると熱エネルギーの正体は飛び回っている気体や液体分子のもつ運動エネルギーであり，固体の結晶を構成する原子の振動エネルギーである．しかし，肉眼では見ることができないため，具体的にものの形を表現できる材料力学や機械力学とは異なり，熱力学を説明する図や理解すべきグラフは抽象的で比喩的になるが，大いに想像力を働かせると，巨大なパワーをやさしく楽しく理解できるようになる．

1-1 熱エネルギーとは

熱エネルギーは多くのエネルギー形態の一つで,熱というエネルギーである.ほかのエネルギーと同じであることを理解する.

▶ポイント◀
1. エネルギーには多くの形があるが,その量はジュール〔J〕という単位で統一されている.

1.1.1 熱エネルギー

熱エネルギーの知識を用いて,開発されたり理解される「もの」には図 1.1 に示すほかに,身近では調理に用いる炊飯器や湯沸し器,エアコンなどがある.エネルギーを利用するための学問として熱力学で学ぶ熱効率や省エネルギーの考え方が重要となる.自動車や航空機のエンジンは熱力学だけではない総合工学ではあるが,熱エネルギーの理解なくしては扱えない.宇宙の理解にも熱力学の知識が必要になる.

近代熱力学の基礎を築いたイギリスのジュール(J.Joule)は,1868 年に仕事

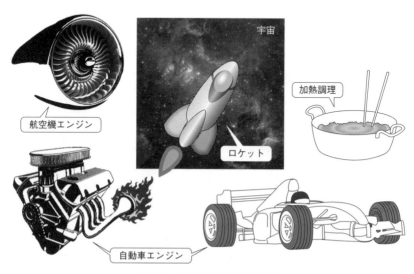

図 1.1　熱エネルギーの応用例

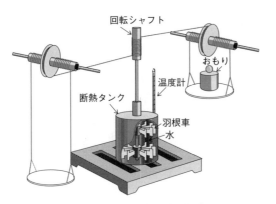

図 1.2　ジュールの実験装置概略図

と熱のエネルギーは同じであることを図 1.2 のような実験装置を用いて証明した．釣り上げたおもりを数百回昇降すると，降ろすときにタンク内の羽根車が回り，これにより保温されたタンク内の水が撹拌され，おもりの位置エネルギーは羽根車と水の摩擦に変換される．このとき測定した水温の上昇から，位置エネルギーは熱に変わって水の保有エネルギーとなり，すなわち仕事は熱と等価であることが示された．

1.1.2　物理量

　熱力学で用いる状態を表す物理量には大きく分けて二つある．系の大きさに比例する量を表す変数と，系の一部が全体の質を表す変数である．たとえば，質量や体積はその物体を二つに分けると半分になるものであるが，質（強度）を表す温度や密度はその物体を二つに分けても半分にならないものである．

　前者の分けることのできる変数は量を表すので**示量変数**，後者の分けることができない変数は質を表すので**示強変数**という．物体を切断したり合体した場合には示量変数は加減算できるが示強変数は加減算してはならない．また，力と距離の積が仕事のエネルギーとなるように，示量変数と示強変数の乗算がエネルギーを表すことが多く，この場合の示量変数と示強変数の関係を**共役な関係**という．

3

たとえば，力と距離，体積と圧力，温度とエントロピーなどである．

1.1.3　物理定数

熱力学で用いる重要な物理定数を下表に示す．

表 1.1　熱力学で重要な物理定数

変数記号	意　味	数値	単位
g	重力加速度	9.80665	m/s^2
p_0	標準大気圧	101.325 k	Pa
T_0	0℃の絶対温度	273.15	K
V_0	0℃標準大気圧でのモル体積	22.414×10^{-3}	m^3/mol
A_0	アボガドロ数（モル分子数）	6.02214×10^{23}	$1/mol$
R_0	一般気体定数	8.3143	$J/(mol \cdot K)$
F	ファラデー定数	96500	C/mol
ΔHv	0℃の水の蒸発潜熱	2.5016 M	J/kg
ε_B	黒体放射係数	567.0 n	$W/(m^3 \cdot K^4)$

注）数値の k，M，n は桁移動子を表す

　また，物理定数ではないが，**標準状態**を定義する．標準状態の定義は規格団体でまちまちであるが，ここでは，JIS などでよく用いられているもので，273.15 K（0℃），101.325 kPa（1 気圧）とする．

1-2 温度

温度は「熱い」「冷たい」を表す指標である．エネルギーではない．

▶ポイント◀
1. 温度のスケールには4種類ある．熱力学では主にその中の摂氏温度〔℃〕と絶対温度〔K〕を使う．
2. 温度には絶対温度と温度差の二つの意味がある．

1.2.1 温度の単位

熱力学の中で最も重要な物理量に温度（temperature）がある．数式中での記号は大文字の T を使う．温度とエネルギーとは異なり，温度は日常的に使用している「熱い」「冷たい」を表す示強変数である．

温度の定点を初めて定めたのはポーランドのファーレンハイト（G.Fahrenheit）である．食塩と氷の寒剤の温度をゼロとして氷より低い温度の目盛を作り，人体の温度を100とした目盛を使った．これが華氏温度と呼ばれ〔℉〕と表される．改良したものは現在も欧米で使われている．

現代の温度計の多くはデジタルになっているが，図 1.3 のようなアルコールの体積膨張を利用した温度計がいまも使われている．温度を定義しようとしたのはガリレオ・ガリレイであるとされており，17 世紀のことである．

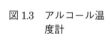

図 1.3 アルコール温度計

1742 年にスウェーデンのセルシウス（A.Celsius）が，1 気圧下における水の沸点と凝固点間を 100 等分した温度目盛を考案した．はじめは温度目盛の沸点は 0 で，凝固点を 100 としたが，後に水の凝固点を 0 とした現在の尺度に改められた．この温度を摂氏温度と呼び〔℃〕で表す．

図 1.3 に日常でよく見かける温度計を示す．感温部に封じ込まれたアルコールの熱膨張を利用して細管に入ったアルコール柱の長さを計ることで温度を知ることができる．

第 1 章 熱力学を学ぶための基礎事項

> **関連知識メモ**
>
> 電子体温計を脇下に挟み，ピィ！と音の出るまでじっとしている．これは体温計の正しい使い方であるが，熱力学第ゼロ法則に基づいた測定方法である．体温計は体温計の感温部の温度を測っており，直接体温を測ってはいない．脇とか舌下にこの感温部を入れしばらくすると脇の皮膚温度すなわち体温と体温計の感温部が熱平衡になり感温部の温度を測ると体温がわかることになる．式にすると次のようになる．
>
> 体温＝体温計の感温部温度＝体温計の指示値
>
> よって体温計の指示値が正しく体温を指示しているとみなしている．

1787年にフランスのジャック・シャルル（J.Charles）は気体の温度を下げると圧力が減ることと，圧力にマイナスはないことから，温度に下限界があることを見つけた．後に－273.15℃が最も低い温度ということがわかり，この温度を原点としてマイナスの値を取らないように目盛を付けたものを**絶対温度**（ケルビン温度）〔K〕という．

図1.4に4つの温度スケールを示した．上の水平棒には絶対温度〔K〕と摂氏温度〔℃〕，下の水平棒にはランキン温度〔°R〕と華氏温度〔°F〕を示した．

絶対温度は°の付かない〔K〕という単位で表し，1度の刻み幅は摂氏温度と同じとなる．熱力学の計算ではもっぱらこの温度を用いる．

一方，ランキン温度は〔°R〕を単位として，華氏温度に対応する絶対温度である．

欧米では気象ニュースで伝えられる温度には華氏が使われている．華氏温度 T_f〔°F〕から摂氏温度 T_c〔℃〕には式 (1.1) を用いて変換する．

$$T_c = \frac{5}{9}\left(T_f - 32\right) \tag{1.1}$$

また，摂氏温度 T_c〔℃〕と絶対温度 T〔K〕の間には

$$T = T_c + 273.15 \tag{1.2}$$

という関係がある．

また，長さと高さに同じ単位を用いるように，温度差も温度と同じ単位〔K〕である．

2-1 温度

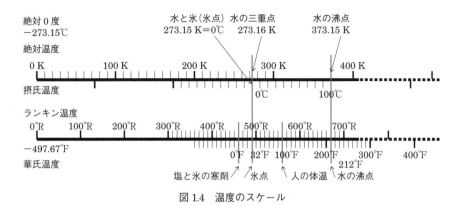

図 1.4 温度のスケール

1.2.2 温度と熱平衡

熱力学には，熱は高温から低温に移動するという重要な法則がある．この法則は気体中では分子運動で説明でき，固体中では結晶格子の振動運動の伝播で説明できる．

高温の物体と低温の物質が接触すると，高温の物体の熱は低温の物質に流れ，温度が低下すると同時に低温の物質の温度は上昇する．低温物体と高温物体の温度が同じになると熱の移動は見かけ上なくなり，温度は変化しなくなる．これを**熱平衡**という．また，同じ温度に達した状態を**熱平衡状態**という．

1.2.3 熱力学第ゼロ法則

同じ温度になり熱平衡状態になることを**熱力学第ゼロ法則**という（図 1.5）．当たり前の法則であるが，この表現はわかりにくいのでしばしば

物体AとBが熱平衡にありBとCが熱平衡にあればAとCも熱平衡にある

という関係が成り立つと表現される．熱平衡の原理である熱力学の第ゼロ法則は温度計測の原理でもある．いいかえると

物体AとBが同じ温度で，物体BとCが同じ温度にあれば，物体AとCも同じ温度である

と表すこともでき，温度計測の原理でもある．

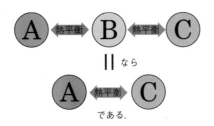

図 1.5 熱力学第ゼロ法則の説明

覚えよう！

・温度も温度差も同じ単位をもつ．
・なにもしないと熱は高温から低温に移動する．
・体温計は体温を直接測っていない．
・熱平衡の原理は，熱力学第ゼロ法則である．

関連知識メモ

　熱力学第ゼロ法則は熱力学の発展の歴史上，熱力学第一法則，第二法則などの体系が完成した後に，英国人物理学者で電磁気学の基礎を築いたとされるマックスウェル（J.C.Maxwell）が温度をより厳密に定義するときに導入した法則であり，すでに存在した第一法則，第二法則よりも基本的な法則であったので第ゼロ法則となった．

1-3. 比熱と熱量

物性の暖めやすさ，冷えやすさを表すのが比熱である．

▶ポイント◀
1. 比熱 c は 1 kg の物体の温度を 1 K 上げるために必要な熱量〔J〕である．

物体は暖めやすさという性質を持っている．少ないエネルギーで温度が上がることを暖めやすいという．この性質を熱容量といい，大文字の C で表す．大きい物質ほど暖めにくいので熱容量は物性値ではない．単位質量あたりの熱容量を **比熱容量（比熱）** といい，記号 c で表す．

比熱は 1 kg の物体を 1 K 上げるために必要な熱量である．単位は〔J/(kg·K)〕で表される．まぎらわしいが単位の分母にある K は絶対温度ではなく温度差を示す単位である．

物体は常にエネルギーを持っている．熱力学においては物体のもつ絶対のエネルギーよりも温度変化に伴う内部エネルギーの差が重要になる．質量 m，比熱 c の物体の温度が T_1 から T_2 に変化したときの熱エネルギーの差分 ΔQ は

$$\Delta Q = m\bar{c}(T_2 - T_1) \tag{1.3}$$

と表す．このように熱力学では差を計算することが非常に多い．$\bar{c}$ は平均比熱で，温度でわずかに変化する比熱 c の温度 T_1 から T_2 の間の平均値である．たとえば空気の定圧比熱は，温度，圧力が変化すると変わり，図 1.6 のように変化している．そのためエネルギーは積分を使って示すことになる．平均比熱の意味はたとえば図 1.6 に示すように 400 K から 600 K の平均比熱は圧力 0.1 MPa のときの曲線の下の面積に等しい長方形の高さである．数式では T_1 と T_2 の間の平均比熱 $\bar{c}$ は次のようになる．

$$\bar{c} = \frac{1}{T_2 - T_1} \int_{T_1}^{T_2} c(T) dT \tag{1.4}$$

この図の面積は内部エネルギーといい，u で表し，$u = \int_0^T c dT + u_0$ である．気体では圧力と体積の積である力学エネルギーを加えて，$h = u + Pv$ としてエンタルピーを表す．

> 覚えよう！
> 温度が変化したときの物体のもつ熱エネルギーの変化を $m\bar{c}(T_2 - T_1)$ で表す．

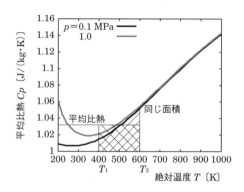

図 1.6　空気の比熱と平均比熱の求め方

例題 1−1　温度と温度差

質量 20 kg の物体の温度を 15℃ から 25℃ に上げるために 50 W のヒーターで 12 分要した．ヒーターの熱が全て物体に伝わるとして，この物体の平均比熱を求めよ．

問題から質量 $m = 20$ kg，はじめの温度 $T_1 = 15 + 273.15$ K，終わりの温度 $T_2 = 25 + 273.15$ K，ヒーターの出力 $P = 50$ W，時間 $t = 12 \times 60$ s である．ここで，ヒーターの熱 Q は単位が $[\mathrm{W}] = [\mathrm{J/s}]$ であることから，$Q = Pt$ である．一方，差は絶対温度で計算するが絶対温度の差は摂氏温度の差に等しい．

物体のもつ熱量を表す式は $Q = m\bar{c}\Delta T$ である．この式から平均比熱は

$$\bar{c} = \frac{Q}{m\Delta T}$$

で求められる．これを使って，平均比熱は

$$\bar{c} = \frac{Pt}{m\Delta T} = \frac{50 \times 12 \times 60}{20 \times (25 - 15)} = 180 \text{ J/(kg·K)}$$

となる．

例題 1−2　ジュールの実験

ジュールが行った実験装置で十分に断熱したタンクに質量 2 kg の水を入れてある．はじめ水温は 15.0℃ として質量 10 kg の物体のおもりを 150 cm 降ろして

◻◻ 1-3 比熱と熱量 ◻◻

タンク内の羽根車を水の中で回す実験を繰り返し行った．おもりを持ち上げるときには羽根車は回らない．この昇降を500回繰り返したのちの水温度を求めよ．ただし，水の比熱は $4.18\,\mathrm{kJ/(kg\cdot K)}$ とする．

解答

まず，与えられた変数を記号化するとともに，〔m〕，〔kg〕，〔s〕，〔K〕の単位で数値にする．水の質量 $m_w = 2\,\mathrm{kg}$，はじめの水温 T_1〔K〕，おもりの質量 $m = 10\,\mathrm{kg}$，おもりを降ろす高さ $h = 1.5\,\mathrm{m}$，昇降の回数 $n = 500$，のちの温度 $T_2 = ?$〔K〕，水の比熱 $c = 4.18 \times 10^3\,\mathrm{J/(kg\cdot K)}$ である．のちの温度 T_2〔K〕は求める答えである．

次に問題の意味は，位置エネルギー E が摩擦熱として水温を上げるために使われたので

(位置エネルギー) = (水の保有熱の増分)

となる．続いて，記号式にする．1回 h〔m〕おもりを降ろすことを n 回繰り返すことは nh〔m〕降ろすことと同じであるので位置エネルギーは，$E = mgnh$，一方，水の保有熱の増分は $m_w c(T_2 - T_1)$ である．これより

$$mgnh = m_w c(T_2 - T_1)$$

となる．このように無理やり最初から「$T_2 = \cdots\cdots$」と直接答えを求めようとしないことが大切である．最後にこの式を変形し，値を代入してのちの温度を求める．

$$T_2 = T_1 + \frac{mgnh}{m_w c} = 15.0 + \frac{10 \times 9.806\,65 \times 500 \times 1.5}{2 \times 4.18 \times 10^3} = 23.7978\,℃$$

となる．ここでは有効数字を3桁と考えて，23.8℃となる．比熱の分数部分は温度ではなく温度差であるので，単位は〔K〕でも，〔℃〕でも温度上昇分は同じであるので，15.0+ となっている．ここを 273.15+15.0+ としてもよいが，この場合は答えの単位は〔K〕となる．

アドバイス

問題をスマートに解くには，例題の解答のように
① 問題から記号と数値をリストする．数値は桁移動子が付いたまま，〔m〕，〔kg〕，〔s〕，〔K〕にする．重さは〔kg〕，時間は〔s〕(秒)に直しておく．
② 問題をもう一度読み，題意を式にする．解答では(位置エネルギー)=(水の保有熱の増分)という部分である．そのそれぞれの項を記号を使って記述する．
③ 未知数を求める式に書き直す．
④ 数値を入れて有効数字，精度に注意して結果をまとめる．
この順で解くと難しい問題も解きほぐせる．

1-4 熱力学に関連する諸単位

熱力学で学ぶ物理量の意味と，単位，精度，有効桁数を学ぶ．

▶ポイント◀
1. SI単位を用いる．[m][g][s][K]が基本単位．質量だけは[kg]を使う．
2. 複雑な単位は人の名前がついている．
3. 数値には，有効数字，精度，大きさ（10の指数）が含まれている．

熱力学では，国際単位系（SI単位）に準じ計量法という法律に従い，メートル法を用いる．

長さはメートル[m]，質量はグラム[g]（通常[kg]を用いる），時間は秒[s]，温度はケルビン[K]を用いる．そして数値には有効桁数と精度をもたせ，一文字で$\times 10^3$などを表す桁移動子で大きな量や小さな量を表す．

1.4.1 工学的数値の表現

工学では数値はその値だけでなく精度も表す．例として

$$25.4 \times 10^{-3}$$
仮数部　指数部

上に示す式における仮数部の25.4という数値は，有効数字が254の3桁であり，25.4000ではなく25.3500から25.4499の範囲にあることを示し，指数部を加えて，最大$\pm 0.05 \times 10^{-3}$の誤差をもつことを示す．25.4とは3桁の有効数字をもち，精度は最小桁である0.1×10^{-3}であることを表す．

この精度は計算精度ではなく計測精度である．電卓など計算機を用いるときには桁数に注意する必要がある．

計算の精度と有効数字

2つの数値の加減算では，精度の粗いほうが答えの精度になり，乗除算では，有効数字の少ないほうが答えの有効数字になる．例として

(a) （減算）$25.4 - 0.34 = 25.1$
(b) （乗算）$23.4 \times 1010 = 23.6 \times 10^3$

である．(a) のほうは，25.06ではない．$25.4 - 0.34 = 25.06$は正しくなく25.1が正しい．25.4は0.01の桁を四捨五入したものであり，0.01の桁の演算はできないためである．(b) の3桁と4桁の乗算では3桁の結果が得られる．$23.4 \times$

1-4 熱力学に関連する諸単位

1010 = 23634 ではない．このため，工学では 10 のべき乗を用いて仮数部と指数部で表す．仮数部は 0.1 < 仮数部 < 10 であることが望ましい．

有効数字は，
① 数字から，符号，小数点，指数部を除き，
② 左側のゼロをすべて除く
③ 残った数字の数が有効数字

となる．上の 23634 を有効数字 3 桁にすると，23600 ではない．右側の 0 は有効数字にカウントされる．10 の指数は右側に無用なゼロを並べないために記述する．この 10 のべき乗は下の表のように数値の接尾辞という一文字で表す．

表 1.2 桁移動子

指数	10^{-12}	10^{-9}	10^{-6}	10^{-3}	10^{-2}	10^0	10^2	10^3	10^6	10^9	10^{12}
接尾辞	p	n	μ	m	c	-	h	k	M	G	T
読み	ピコ	ナノ	ミュ	ミリ	センチ	-	ヘクト	キロ	メガ	ギガ	テラ

工学的な表記では，指数部は 3 の倍数とすることが多い．

指数を付ける意味は数値に有効数字と精度を明確にするためである．たとえば，は 2.58×10^3 は 2.58 k と書く．精度は 0.01 k = 10 である．2.58 は値であり有効数字 3 桁である．10^3 は 1000 倍であるので掛け算すると 2580 であるが，2580 は有効数字 4 桁で精度が 1.0 となる．

このように 2.58×10^3 と 2580 は異なる値の数値である．

さらに，長さ 1000 m は有効数字 4 桁であり 1 m が精度である．これは 1 km ではなく 1.000 km となる．この k は単位ではなく，桁移動を表す接尾辞であり，m が単位である．〔km〕という単位はない．同様に〔mm〕という単位もない．この接尾辞は工学的には重要であり，できるだけ使わなければならないものであるが，〔m³〕や〔s²〕のように 2 乗，3 乗をもつ単位には使ってはいけない．

工学においては〔m〕，〔kg〕，〔s〕が単位の基本となっている．また，質量の基本は〔kg〕であることを覚えておこう．

覚えよう！

・数値は有効数字と精度をもつ．
・工学の基本単位は〔m〕，〔g〕，〔s〕，〔K〕であり，質量には〔kg〕を用いる．

1.4.2 質量と力

質量と力の関係は，ニュートンの運動の第二法則であり，$F = ma$ と定義される．**質量**は変数として m で表し単位は〔kg〕，加速度は変数は a で単位〔m/s^2〕で表す．この結果，**力 F** の単位は〔kg·m/s^2〕であるが，これを〔N〕で表し，ニュートンと読む．重量は物体が受ける引力であるので，力の別名であり〔N〕の単位をもつ．しかし，地球上では，$m = 1$ kg の質量が，$a = 9.80665$ m/s^2 の加速度を受けたとき，$F = ma = 9.80665$ N を古い単位系では 1 kgf と表すこともあるが，混乱を避けるために使わないほうがよい．

質量の基本単位は〔g〕だが非常に小さい量となるので，標準で〔kg〕を用いる．さらに，よく用いられる質量の派生単位として ton がある．トンと呼び 1000 kg を 1 ton とする．また 1 Mg = 1 ton である．

> **覚えよう！**
> ・力の単位は，〔kg·m/s^2〕をニュートン〔N〕とする．
> ・1 ton = 1 Mg

1.4.3 体　積

体積は V で表し，単位は〔m^3〕である．熱力学では数値が大きくなっても〔mm^3〕や〔km^3〕という表示はしない．〔mm^3〕はミリ m が付いた〔m^3〕であるはずだ

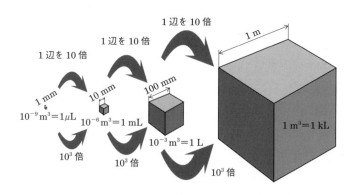

図 1.7　体積と単位

1-4 熱力学に関連する諸単位

が $\{mm\}^3$ という意味で使われることが多く,誤解を招くからである.大きな,もしくは小さな値となった場合には,$\times 10^n$ を付けることになる.小さな値の場合では,リットル〔L〕という単位が使われ,$1000\,L = 1\,m^3$ である(図1.7).

1.4.4 密度,比容積

密度は ρ という記号で表し,〔kg/m^3〕という単位をもち,単位体積あたりの質量を表す.この逆数は比容積といい,小文字の v で表し,〔m^3/kg〕という単位をもつ.比体積ともいわれる.

1.4.5 熱量

熱の単位はジュール〔J〕であり,エネルギーの共通単位をもつが,化学エネルギーや食品では従来の単位としてカロリー〔cal〕という単位が使われることがある.ジュールとカロリーの間には

$1\,cal = 4.1868\,J$

という関係がある.

1.4.6 仕事と動力

仕事 L(仕事量ともいう)は,力 F と距離 l の積で計算するので,〔N·m〕の単位をもつが,これをジュール $1\,\text{〔J〕} = 1\,\text{〔N·m〕}$ と表しエネルギーである.

$1\,N\cdot m = 1\,kg\cdot m/s^2 \times 1\,m = 1\,J$

となる.圧力と体積の積も

$1\,Pa \times 1\,m^3 = 1\,N/m^2 \times 1\,m^3 = 1\,N\cdot m = 1\,J$

とエネルギーになる.

この仕事をどのくらいの速さで行うかを表すのが動力である.〔J/s〕という単位で表し,1秒間の仕事量であり,仕事率といわれる.これを,1 W とし,ワットと読む.

$1\,W = 1\,J/s = 1\,N\cdot m/s$

1.4.7 圧力

圧力は「気体もしくは液体の中の平面の単位面積に垂直に働く力」である.この力は構成する分子の運動量として面にかかる力であるため,静止した気体や液体では四方八方から飛んでくる分子により等方的に働く.

変数記号は p もしくは P が用いられ，単位は $[{\rm N/m^2}]$ である．これを $[{\rm Pa}]$ と表し**パスカル**と読む．

また，$[{\rm bar}]$（バール）という単位もあり，$1\,{\rm bar}=0.1\,{\rm MPa}$ である．

圧力の基準は真空であるが，圧力の計測は図 1.8 のようにマノメータや差圧センサを用いて大気圧との差で測定されることが多いため，大気圧からどれだけ大きいかを示す**ゲージ圧力**と呼ぶ．これに対して真空を基準とした圧力を**絶対圧力**という．単に圧力といった場合には絶対圧力を指す．ゲージ圧力と絶対圧力との間には次の関係がある．

（ゲージ圧力 **Pa**）＝（絶対圧力 **Pa**）−（大気圧 **Pa**）

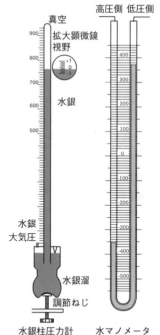

図 1.8 水銀柱圧力計と水マノメータ

標準の大気圧は図 1.8 に示すように水銀柱圧力計で測る．水銀の標準状態の密度は $13.5951\times10^3\,{\rm kg/m^3}$ であり，水の標準状態の密度は $1.000\times10^3\,{\rm kg/m^3}$ である．水または水銀柱の高さで測った大気圧は

$p_0 = 101.325\,{\rm kPa} = 760.0\,{\rm mmHg}$
$\quad = 10332.27\,{\rm mmH_2O}$

である．${\rm mmH_2O}$ は ${\rm mmAq}$ とも書かれる．

チャレンジ問題

基本問題

問題1　有効数字
次の数値を，有効数字を3桁と考えて計算し，工業単位表示で示せ．
(1) $1.4583 \times 10^{11} + 56.12 \times 10^9$
(2) $103.45/(1.33 \times 10^{-4})$
(3) $1013 \times 10^{-2} \ln(3.5 \times 10^2)$

問題2　圧力の意味
盛り土を固めるために $2.00\,\text{m} \times 4.00\,\text{m}$ の板で覆い，その上に板の重さも含めて，2500 kg の荷重を掛けた．この板が盛り土に作用する圧力は何 Pa か．ただし，作用する圧力は大気圧との差で答えよ．

問題3　単位に関する問題（1）
次の問いに答えよ．
(1) $-5.00\,\text{℃}$ は絶対温度では何 K か．
(2) 前問（1）で K はなんと読むか，カタカナで答えよ．
(3) 大気圧は，何 hPa か．有効数字4桁で答えよ．
(4) 圧力の単位〔Pa〕を，基本的単位〔m〕，〔kg〕，〔s〕を使って表せ．
(5) 10.0 J は，1 N の力で物を何 m 持ち上げるときのエネルギーか．

問題4　単位に関する問題（2）
次の問いに答えよ．
(1) 0.250 L は，何 mL か．
(2) 2.50 L は，何 m^3 か．
(3) 時速 66.0 km を秒速にすると何 m/s か．
(4) 体積 4.50 L の液体の重さは，7.40 kg であった．液体の密度 kg/m^3 はいくらか．
(5) リフト直前のロケットノズルから毎秒 140 kg のガスが，速度 450 m/s で噴き出している．推力（運動量のこと）は何 ton か．

問題 5　比熱とエンタルピー

比熱が次の式で表されるとき，この物体の 300 K と 400 K のエンタルピーの差は何 kJ/kmol か．

$$c_p = 24.5 + 7.55 \times 10^{-3} T + \frac{45.5}{T} \text{ kJ/(kmol·K)}$$

問題 6　密度と圧力

海水は，深さ x によって密度が変わり，おおよそ次のような式で表される．

$$\rho = 1.068 + 0.00045 x \text{ [g/cm}^3\text{]}$$

潜水艦で海に深さ 250 m 潜ったときに船体にかかる圧力はいくらか．ただし，海面は標準大気圧 101 kPa とする．

発展問題

問題 7　熱バランス

4.00 m × 6.00 m × 6.00 m の空間で 160 W のファン（扇風機）をつけたままにした場合，2 時間後の空間の温度を求めよ．ただし，空間の四方は熱の出入りのないように閉じられ，壁や天井は熱を通過しないものとし，計測開始時の空間の温度は 26.0℃，空気の密度は 1.21 kg/m³，空気の比熱は $c_p = 1.02$ kJ/(kg·K) とする．

問題 8　PV エネルギー

圧力と体積の積はエネルギーとなる．体積 250 mL の気体の圧力が大気圧のもとで水銀柱で測って 140 mmHg であった．体積ゼロを基準としたこの気体のもつエネルギーを計算せよ．

第2章
熱力学第一法則

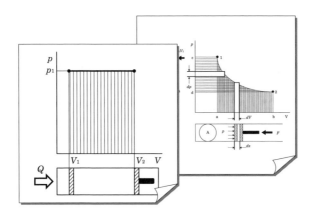

　本章では熱力学の基本の一つである熱力学第一法則を学ぶ．その準備として，まず，レシプロエンジン，ガスタービンなどの熱機関や圧縮機などの作業機とエネルギーのやり取りを扱う際に大切な概念を学ぶ．閉じた系と開いた系を設定し，熱と仕事の出入りを理解する．また，熱エネルギーと仕事の変換を考えるうえで必要となる内部エネルギーとエンタルピー，および絶対仕事と工業仕事の定義をして，熱力学第一法則の第一基礎式と第二基礎式を理解する．

　さらに，一般エネルギー式を導き，位置エネルギー，運動エネルギー，熱の授受，仕事の取扱いを吟味することで，工業機器に適応したエネルギー式の立て方を修得する．

2-1 熱と仕事

エネルギーでつながっている熱と仕事の関係を理解する．

▶ポイント◀
1. 熱はエネルギーの一つの形態である．
2. 運動エネルギーや位置エネルギーと仕事の関係を確認する．

2.1.1 熱

熱は，高温源から低温源に移動するエネルギーの一つの形態である．レシプロエンジンの中で，燃料が燃焼して発生した熱量は，燃焼ガスを構成する分子の運動を活発にする．その結果，巨視的に見るとシリンダー内の圧力と温度が上昇して，ピストンを押すこととなる．このように，分子運動の活発化により内部エネルギーが上昇し仕事に変換されるのである．つまり，熱エネルギーが仕事に変換される．この例のように，エネルギーは仕事をする能力であり，その形態には**力学的エネルギー**，**熱エネルギー**，**電気エネルギー**，**化学エネルギー**などがあり，これらは相互に変換され総量は保存される．

2.1.2 仕事

仕事をする能力を力学的エネルギーといい，**位置エネルギー**や**運動エネルギー**といった機械的仕事をする能力である．物体に力 F〔N〕が作用して，作用した方向に $x_2 - x_1$〔m〕移動させるとき，その**仕事** L〔J〕は次のように定義される．

$$L = \int_{x_1}^{x_2} F dx = F(x_2 - x_1) \tag{2.1}$$

位置エネルギーとは，重力などの力の場の中にある物体が有するエネルギーで，その位置関係のみで定まるものをいう．地球上では重力加速度 g が作用する場で，質量 m〔kg〕の物体には $F = mg$〔N〕の力が働くから，この物体が垂直に z_1 から z_2 に持ち上げられると，位置エネルギーの増加 E_P〔J〕は式（2.2）のようになる．

$$E_P = \int_{z_1}^{z_2} F dz = mg(z_2 - z_1) \tag{2.2}$$

この場合，仕事は位置エネルギーに変換される．

運動エネルギーとは，運動している物体が有するエネルギーで，また，その物

■■ 2-1 熱と仕事 ■■

体を静止させるのに必要なエネルギーでもある．質量 m〔kg〕の物体が速度 w_1〔m/s〕より w_2〔m/s〕に加速される場合，運動エネルギーの増加量 E_K〔J〕は式(2.3)のようになる．

$$E_K = \int_{x_1}^{x_2} F dx = m \int_{x_1}^{x_2} w \frac{dw}{dx} dx = m \int_{w_1}^{w_2} w dw = \frac{1}{2} m \left(w_2^2 - w_1^2 \right) \quad (2.3)$$

ここで，ニュートンの法則より $F = ma$ であり，加速度 a は次のように示される．

$$F = ma = m \frac{dw}{dt} = m \frac{dw}{dx} \times \frac{dx}{dt} = mw \frac{dw}{dx} \quad (2.4)$$

この場合，加えた仕事は運動エネルギーを増加させることになる．

例題 2-1　自動車の加速と減速

質量 $M = 1$ ton の自動車が停止状態 $w_1 = 0$ から速度 $w_2 = 100$ km/h まで加速した．その後，ブレーキをかけて $w_3 = 40$ km/h まで減速した．ブレーキの総質量を $m = 50$ kg，ブレーキの比熱を $c = 0.460$ kJ/(kg·K)，ブレーキの初期温度を $t_1 = 50$℃ とした場合，加速に必要な仕事 L はいくらか．また，ブレーキ作動完了直後のブレーキの温度 t_2 を求めなさい．ただし，減速に使われたエネルギーの 65% が温度上昇に寄与するものとする．

解答

加速前後の運動エネルギー変化が仕事であり，$w_1 = 0$ なので

$$L = \frac{1}{2} M (w_2^2 - w_1^2) = \frac{1}{2} M w_2^2 = \frac{1}{2} \times 1000 \times \left(\frac{100 \times 10^3}{3600} \right)^2 = 386 \text{ kJ}$$

減速するためのエネルギー × 0.65 はブレーキの加熱量に変換されるので

$$-\frac{1}{2} M (w_3^2 - w_2^2) \times 0.65 = mc(t_2 - t_1)$$

$$(t_2 - t_1) = \frac{-\frac{1}{2} M (w_3^2 - w_2^2) \times 0.65}{mc} = \frac{-\frac{1}{2} \times 1000 \left\{ \left(\frac{40 \times 10^3}{3600} \right)^2 - \left(\frac{100 \times 10^3}{3600} \right)^2 \right\} \times 0.65}{50 \times 0.460 \times 10^3}$$

$$= \frac{211 \times 10^3}{23 \times 10^3} = 9.2 ℃$$

$t_2 = 9.2 + t_1 = 59.2$℃

2-2 閉じた系と開いた系

エネルギー変換の仲介役である作動流体の振る舞いに注目する．

▶ポイント◀
1. 閉じた系では作動流体は系の中にとどまって仕事を発生する．
2. 開いた系では作動流体は系を通過して仕事を発生する．

2.2.1 系

熱を仕事に変換する熱機関では，エネルギー変換の媒体となる**作動流体**が必要である．この作動流体は圧縮・膨張や加熱などによって，圧力や体積が容易に変化する物質で，ガスや蒸気がその例である．そして，作動流体はピストンやタービン羽根に作用し，クランク機構やタービン出力軸より仕事を取り出すことができる．

図2.1に示すように，考える対象区域内の**系**と区域外の**周囲（外界）**は点線で示す**境界**により分けられていて，この境界は任意に設定することができる．レシプロエンジンやガスタービンへの加熱量，また，発生する仕事を算出する場合は，装置の外形のみにとらわれず，その熱量や仕事の出入りを考慮して適切な系の範囲を設定し，周囲と系と分ける境界を設定し，この境界を出入りする熱力学的諸量の釣合いを取り扱うこととなる．

図2.1 系と境界

2.2.2 閉じた系と開いた系

系には，境界を通した作動流体の流入および流出がない**閉じた系**と作動流体の流入および流出が可能な**開いた系**とがある．どちらの系も熱量と仕事などのエネルギーの流入および流出は可能である．これらに対して，系と周囲との間に物質とエネルギーの授受がまったくない系を**孤立系**という．

図2.2に，閉じた系の例として，弁の閉まった圧力容器（a）と，吸気弁と排気弁が閉じた状態のレシプロエンジン（b）を示す．圧力容器の場合，周囲から

2-2 閉じた系と開いた系

加熱されると系内の温度は上昇し圧力は増加する．また，冷却されると温度と圧力は減少する．一方，レシプロエンジンの場合は，周囲から加熱されると系内の温度は上昇するとともに圧力が増加して，作動流体である気体は膨張しながらピストンを押して機械的仕事を周囲へもたらす．このとき，系内の気体の容積は増大するが，作動流体の出入りがないので系内の質量は一定である．

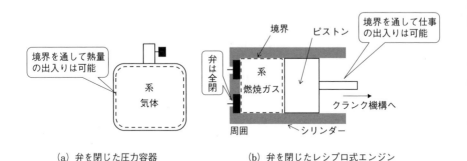

(a) 弁を閉じた圧力容器　　　　(b) 弁を閉じたレシプロ式エンジン

図2.2　閉じた系の例

図2.3に，開いた系の例として，蒸気タービン (a) と，弁が開いた状態の圧縮機シリンダー (b) を示す．蒸気タービンの場合は，タービン入口からタービン出口までが系となる．入口から流入した作動流体である高温高圧の蒸気は，タービン羽根に作用して回転力を与えて軸出力を発生する．この軸出力は発電機を起動して電力に変換される．作動流体は高圧から低圧に状態変化する間に体積を膨張させながら熱エネルギーを仕事に変換している．

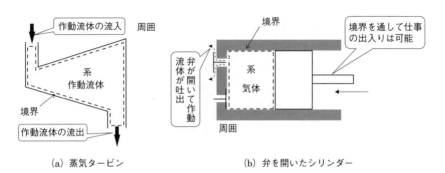

(a) 蒸気タービン　　　　(b) 弁を開いたシリンダー

図2.3　開いた系の例

2-3 可逆変化と非可逆変化

状態変化にはエネルギーの逸散現象が常に存在する.

▶ポイント◀
1. 身の回りの非可逆変化を探してみよう.
2. 熱力学では準静的過程が原則.

2.3.1 可逆変化と非可逆変化

作動流体がある状態から他の状態に変化することを**状態変化**または過程と呼び，可逆変化と非可逆変化とがある．**可逆変化**とは，ある系が周囲に何の痕跡も残さずに再び元の状態に戻すことのできる変化である．可逆変化でない状態変化を**非可逆変化**という.

たとえば図2.4に示すように，シリンダーと留金で留められたピストンにより囲まれた容積の中の空気の状態変化を考える．空気を周囲からブンゼンバーナーにより加熱すると容積内の温度は上昇し圧力が増加する．次に，留め金をはずすと空気は急激に膨張してピストンを押して外部に仕事をする．熱平衡となった後に，周囲になした仕事と等しい仕事をピストンに加えてシリンダー内の空気を圧縮したとき，その温度，圧力，容積が元の状態に復帰する場合を可逆変化という．

しかし，この膨張過程ではさまざまな**エネルギーの散逸**現象が生じている．それは，シリンダーとピストンの摩擦損失，シリンダー内空気の粘性による流動抵抗損失，さらに，加熱された空気の熱がシリンダー壁面などを通して周囲に伝熱する伝熱損失などである．散逸したエネルギーは元に戻ることがないため，ピストンが外部に行った仕事と等しい仕事をピストンに加えてシリンダー内の空気を圧縮しても元の状態には復帰しないのである．これを非可逆変化という.

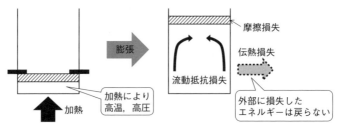

図2.4 気体の行う仕事

2-3 可逆変化と非可逆変化

この例のように状態変化には常にエネルギーの散逸現象が伴うことから，すべての自然現象は非可逆変化であり，系の状態を元の状態へ戻すためには，加熱や圧縮仕事などの周囲に痕跡をもたらす何らかの作業が必要となる．非可逆変化の要素には，固体壁間の摩擦や流体の乱れによる流動抵抗，温度差から生じる伝熱，異なる物質の混合，気体の自然膨張，化学反応などが挙げられる．

2.3.2 準静的過程

理想気体が可逆変化するためには，対象とする系と周囲との温度差や圧力が釣り合った状態で変化する必要がある．しかし，平衡状態ではそもそも状態変化自体が生じない．そこで，**熱力学的平衡状態**に対して，無限小の差（圧力，温度，容積）を与えることで，平衡状態を保ったまま無限大の時間をかけて状態を変化すれば可逆変化とみなすことができる．これを**準静的変化**という．上述したように，熱力学では，熱機関などで気体の状態変化を主に取り扱うが，特に断らない限り可逆変化として取り扱う．

例題 2-2　物質内の伝熱による混合温度 T_m

図 2.5 のように，物体 1（温度 T_1，質量 m_1，比熱 c_1）と物体 2（温度 T_2，質量 m_2，比熱 c_2）を接触させ，熱的平衡状態に達したときの温度（混合温度）を求めなさい．ただし，接触前は $T_1 > T_2$ とし，周囲を断熱材で覆い，系内外の熱の授受はないものとする．

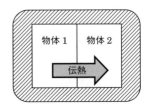

図 2.5　二物体間の熱移動

解答

物体 1 のほうが温度が高いので，熱量が物体 1 から物体 2 へ伝熱して平衡状態に達したときの温度を T_m とする．物体 1 からの放熱量 Q_{12} は次のようになる．

$$Q_{12} = m_1 c_1 (T_1 - T_m) \tag{2.5}$$

また，物体 2 は物体 1 より受熱するので，受熱量 Q_{21} は次のようになる．

$$Q_{21} = m_2 c_2 (T_m - T_2) \tag{2.6}$$

このとき，熱損失はないので $Q_{12} = Q_{21}$ となる．よって T_m は次のようになる．

$$T_m = \frac{m_1 c_1 T_1 + m_2 c_2 T_2}{m_1 c_1 + m_2 c_2} \tag{2.7}$$

周囲より何らかの操作をしないと移動した熱量は元に戻らないので，非可逆変化である．

2-4 絶対仕事と工業仕事

閉じた系より絶対仕事が，開いた系より工業仕事が得られる．

▶ポイント◀
1. $p-V$線図と仕事の関係を理解しよう．
2. 開いた系には流動仕事（排除仕事）がセットで付く．

2.4.1　p(圧力)−V(容積)線図

一定量の気体の状態変化を表す線図の一つとして図2.6に示す**p-V線図**がある．この線図は縦軸に圧力pを，横軸に容積Vを取り，気体の状態変化を示すとともに，可逆変化の場合には，線図内の面積が仕事を表すことから**仕事線図**ともいわれている．

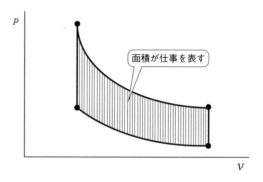

図2.6　p-V線図

2.4.2　絶対仕事と工業仕事

気体の状態変化を利用して発生する仕事には絶対仕事Lと工業仕事L_tとがある．熱エネルギーを仕事に変換する熱機関には，前節で示したように閉じた系と開いた系とがある．作動流体の流入・流出がないシリンダーの閉じた系で発生する仕事が**絶対仕事**である．一方，蒸気タービンのように作動流体の流入・流出といった流動を伴う開いた系で発生する仕事が**工業仕事**である．開いた系による工業仕事には作動流体を系に押し込むための仕事と作動流体を系から押し出す仕事が含まれていて，これらの仕事を**流動仕事**あるいは**排除仕事**という．

図2.7に示すように，断面積A〔m^2〕のシリンダーとピストンおよび作動流体から構成される閉じた系を考える．ここで，ピストンが作動する際の摩擦損失はないものとする．気体の膨張によりピストンがdx右方向に移動すると，その間の絶対仕事dL〔J〕は次式で示される．

■■ 2-4 絶対仕事と工業仕事 ■■

$$dL = Fdx \tag{2.8}$$

ここで，シリンダ内圧力 p〔Pa〕を考えると，外力 F〔N〕と圧力は釣り合っているから $F = pA$ となる．ここで，ピストンの移動による容積の増加は，断面積と移動距離から $dV = Adx$ となるから，式（2.8）は $dL = pAdx = pdV$ と示される．なお，状態 1 から状態 2 まで積分したときの絶対仕事 L は

$$L = \int_1^2 pdV \tag{2.9}$$

となる．ここで，絶対仕事は図 2.7 に示した p – V 線図の面積 a12b に相当する．

また，図 2.7 に示すように，タービンケーシングとタービン羽根および作動流体から構成される開いた系を考える．タービン入口圧力 p_1 とタービン出口圧力 p_2 の圧力差で作動流体は膨張しながらタービン羽根に作用して軸出力が発生する．圧力の微小変化 dp が生じるときの作動流体の容積 V より，この間の工業仕事 dL_t〔J〕は次のように示される．

$$dL_t = -Vdp \tag{2.10}$$

そして，状態 1 から状態 2 まで積分したときの工業仕事 L_t は

$$L_t = -\int_1^2 Vdp \tag{2.11}$$

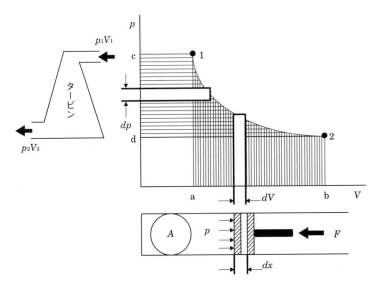

図 2.7　絶対仕事と工業仕事

となる.開いた系では,作動流体が膨張して仕事をする場合,工業仕事 L_t は正付号である.このとき膨張のため圧力変化 dp は常に負であるので,付号を一致させるために式(2.11)の積分にマイナスが付く.また,工業仕事は図 2.7 に示した $p-V$ 線図の面積 c12d に相当する.

さらに,同図より,工業仕事 L_t は絶対仕事 L に加えて,流入時の排除仕事 p_1V_1 と流出時の排除仕事 $-p_2V_2$ が含まれるので,工業仕事と絶対仕事の関係は次式となる.

$$L_t = L + p_1V_1 - p_2V_2 \tag{2.12}$$

2-5 閉じた系の熱力学第一法則

加えた熱量は系の温度を上昇させるとともに仕事をする.

▶ポイント◀
1. 熱力学第一法則とは熱と仕事の相互変換である.
2. 閉じた系でも熱量は通過し，まったく通過しない場合を断熱という.

2.5.1 熱力学第一法則

2.1節で示したように，自然界では熱エネルギー，力学的エネルギー，化学エネルギー，電気エネルギーなど，エネルギーに種々の形態があり，これらの相互の変換が可能である．たとえば，ハイブリッド自動車では，ガソリンなどの燃料がもつ化学エネルギーが燃焼により熱エネルギーに変換され，この熱がピストンおよびクランク機構により仕事に変換されている．また，走行中の力学的エネルギーは回生ブレーキにより電気エネルギーとして回収されてバッテリーに化学エネルギーとして蓄えられる．このように，現在ではエネルギーが形態を変えて変換され，境界を超えてエネルギーの授受がなければ，エネルギーが保存することは当然のこととして受け止められている．

しかし，熱を熱素という一種の物質として考えた時代があった．これは物体から物体に自由に移動することができ，これを受けると物体の温度が上昇し，失えば低下すると考えたのである．熱が本質的に仕事と同じエネルギーの一種であることは，19世紀のマイヤーの理論やジュールの実験的研究により初めて明らかにされたのである．**ジュールの実験**の様子を図2.8に示す．水を入れた断熱容器内部の羽根車の軸に巻きつけた糸の先端を外部の重りに接続し，この重りが落下するときの仕事により羽根車を回転させ容器内の水を攪拌し，静止後の水の温度上昇より仕事と熱の関係を明確にした．このときの仕事は，質量 m の重りが z の距離だけ落下するときに失う位置エネルギー mgz（g：重力加速度）により求め，また，容器内の渦の散逸による熱量は，質量 M の水が Δt だけ温度上昇するときの熱量 $Mc\Delta t$（c：水の比熱）より求めている．ジュールは重りの質量や落下距離を変えて実験を繰り返し，重りの落下による仕事と容器内の水の温度上昇より熱量を測定した．そして，系の外部から加えた力学的仕事と，系内で発生した熱量とが比例するという結果を得た．この実験により，**熱の仕事当量**を求め，熱

は仕事に変換可能なエネルギーの一つの形態であることが示された.

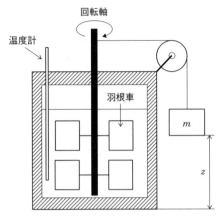

図 2.8 ジュールの実験

> **覚えよう！**
>
> **熱力学第一法則**とは，エネルギー保存則の中で熱と仕事の関係を示したものであり「**熱は本質的に仕事と同じくエネルギーの一つの形であり，熱を仕事に変換することも，また仕事を熱に変換することも可能である**」と表される.

> **理解しておこう！**
>
> かつては，仕事量は工学単位の〔kgf·m〕を用い，熱量は工学単位の〔kcal〕を用い，各々別の尺度を使用していた．ジュールの実験により，仕事量と熱量が等価であることが証明されたことから，長い間，熱量を仕事量に換算するとき，1〔kcal〕= 426.8〔kgf·m〕の関係が使用されてきた．工学の分野では，この換算係数を**熱の仕事当量**：427〔kgf·m/kcal〕，また，**仕事の熱当量**：(1/427)〔kcal/(kgf·m)〕と呼んで使用してきたのである．現在では，SI 単位を用いているため，1〔N·m〕= 1〔J〕となり，計算しやすくなっている．

2.5.2 閉じた系の第一法則（第一基礎式）

系内の物質が保有する全エネルギーから，流動による運動エネルギーと位置エネルギーを差し引いた，物質内部の温度と圧力に応じたエネルギーを**内部エネルギー**といい，U〔J〕で表す．また，質量 1 kg あたりの量を**比内部エネルギー**と

2-5 閉じた系の熱力学第一法則

いい，u〔J/kg〕で表す．系が加熱されると系を構成している物質の分子運動が活発になり，内部エネルギーが増加する．この結果，系内の物質の温度が上昇する．内部エネルギーは系の初期状態と終期状態のみで決定され，途中の過程に無関係であるため状態量として取り扱う．

図2.9のように，作動流体の流入・流出のないピストンとシリンダーで構成された，閉じた系について考える．系が外界から受熱すると，その熱 dQ は系内の物質の内部エネルギー dU の上昇と受熱による作動流体の膨張は，圧力 p により断面積 A のピストンを dx 移動させることで，発生する絶対仕事 $pAdx = pdV$ に費やされる．閉じた系では作動流体の境界を通過する流動がなく，運動エネルギーと位置エネルギーは考慮しなくてよいので，系が外界から受ける熱量を dQ とし，外界にする絶対仕事を $dL = pdV$ とすると，**閉じた系の熱力学第一法則（第一基礎式）**は次のように表すことができる．

$$dQ = dU + dL \tag{2.13}$$
$$dQ = dU + pdV \tag{2.14}$$

ここで，単位質量の場合は次式となる．

$$dq = du + dl \tag{2.15}$$
$$dq = du + pdv \tag{2.16}$$

これらを積分した形で示し，絶対仕事の式（2.9）を用いると次式となる．

$$Q_{12} = U_2 - U_1 + L_{12} = U_2 - U_1 + \int_1^2 pdV \tag{2.17}$$

$$q_{12} = u_2 - u_1 + l_{12} = u_2 - u_1 + \int_1^2 pdv \tag{2.18}$$

特に，外界と系の間で熱の出入りがない断熱変化では，$Q_{12} = 0$ なので

$$L_{12} = \int_1^2 pdV = U_1 - U_2 \tag{2.19}$$

となり，断熱変化における仕事は内部エネルギーの変化で表されることがわかる．この関係より，断熱圧縮では $L_{12} < 0$ より $U_1 < U_2$ となり変化後の内部エネルギーが増加し温度が上昇する．逆に，断熱膨張では $L_{12} > 0$ より $U_1 > U_2$ となり変化後の内部エネルギーが減少し温度が低下すること

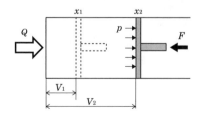

図2.9 受熱によるピストンの移動

がわかる．

ここで，状態量の一つであり，状態変化の経路によらない内部エネルギーの変化は，初期状態を U_1，終期状態を U_2 として次のように示す．

$$\int_1^2 dU = U_2 - U_1 \tag{2.20}$$

状態変化の経路によりその値が変化する熱量 Q と仕事 L は次のように示す．

$$\int_1^2 dQ = Q_{12} \qquad \int_1^2 dL = L_{12} \tag{2.21}$$

関連知識メモ

外界からエネルギーを受け取らずに，外界に有効な仕事を継続的に供給できる仮想の機関を**第一種の永久機関**という．昔から多くの永久機関が提案されたが，成功した例は一例もなかった．このように，熱力学第一法則は第一種の永久機関の存在を否定するものである．

例題 2-3　加熱による等圧変化

ピストンとシリンダーで構成された，容積変化が可能な容器内の，圧力 300 kPa，質量 350 g の気体に熱を加えたところ，圧力一定の状態で容積が 0.1 m^3 から 0.6 m^3 に増加し，内部エネルギーが 400 kJ 上昇した．以下の問いに答えなさい．

(1) p-V 線図を描きなさい．
(2) 気体がした絶対仕事 L を求めなさい．
(3) 比内部エネルギーの増加量 $u_2 - u_1$ を求めなさい．
(4) 気体に加えた熱量 Q を求めなさい．

解答

(1) p-V 線図は図 2.10 の通り．
(2) 等圧変化 ($dp=0$) なので，絶対仕事は式（2.9）より図 2.10 の縦線部の面積に相当する．

$$L = \int_1^2 p\,dV = p_1(V_2 - V_1) = 300 \times (0.6 - 0.1) = 150 \text{ kJ}$$

2-5 閉じた系の熱力学第一法則

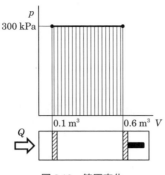

図 2.10　等圧変化

(3) 比内部エネルギーは $u = \dfrac{U}{m}$ なので

$$u_2 - u_1 = \frac{U_2 - U_1}{m} = \frac{400}{0.350} = 1.14 \text{ MJ/kg}$$

(4) 熱量は熱力学第一法則：式（2.13）より
$$Q = (U_2 - U_1) + L = 400 + 150 = 550 \text{ kJ}$$

2-6 エンタルピー

エンタルピーは内部エネルギーと流動仕事の和である．

▶ポイント◀
1. エンタルピーの微分形をマスターしよう．
2. エンタルピーの差により断熱された工業仕事や等圧加熱を表す．

2.6.1 エンタルピーの定義

開いた系では作動流体を輸送するための**流動仕事**（**排除仕事**）が重要である．図2.11に開いた系の流動仕事を示す．断面積 A の管内を圧力 p の作動流体が左から右に定常流れをしているとする．また，管壁と壁面摩擦のない仮想ピストンを考え，ピストンの右から圧力と等しい力 $F(=pA)$ が準静的に加えられているものとする．作動流体の流れがこの力に対抗してピストンが断面1から断面2の距離 x を移動したとき，作動流体がした流動仕事 L_f は次のように表すことができる．

$$L_f = Fx = pAx = pV \tag{2.22}$$

ここで，$V=Ax$ は作動流体が占めた体積である．

作動流体は内部エネルギー U を保有しているから，運動エネルギーと位置エネルギーが省略できる場合，断面1から断面2の間の全エネルギー E は，式(2.22)の流動仕事に内部エネルギーを加えると次のようになる．

$$E = U + L_f = U + pV \tag{2.23}$$

このように，開いた系の流動過程では，内部エネルギー U と流動仕事 pV とは常に結びついて現れるので，これらの和を一つの量として次のように**エンタルピー** H〔J〕と定義する．

$$H = U + pV \tag{2.24}$$

ここで，単位質量の場合は**比エンタルピー** h〔J/kg〕で表し，次式となる．

$$h = u + pv \tag{2.25}$$

内部エネルギー U，圧力 p，容積 V が状態量であるので，エンタルピー H も状態量である．

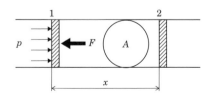

図2.11 開いた系の流動仕事

2.6.2 エンタルピーの有用性

エンタルピーは工業熱力学上きわめて重要である．たとえば，図2.12に示すような，ボイラーと蒸気タービンで構成される熱機関を考える．ボイラーでは等圧加熱により水が蒸気になる．また，蒸気タービンでは蒸気が作動流体となり断熱膨張してタービン羽根を回転させて工業仕事を発生する．

ここで，熱量 q，工業仕事 l_t，エンタルピー h の関係を示す．式（2.25）を微分形とし，閉じた系の熱力学第一法則の式（2.16）を用いると次式となる．

$$dh = du + pdv + vdp \tag{2.26}$$

$$dh = dq + vdp \tag{2.27}$$

ボイラーの加熱を等圧加熱（$dp=0$）とすると $dh=dq$ となる．積分すると

$$q = \int_1^2 dh = h_2 - h_1 \tag{2.28}$$

となり，ボイラーの加熱量はエンタルピーの増加量で表すことができる．

また，蒸気タービンの工業仕事は，この過程を断熱変化（$dq=0$）とすれば

$$dh = vdp \tag{2.29}$$

となり，積分すると

$$l_t = -\int_2^3 vdp = -\int_2^3 dh = h_2 - h_3 \tag{2.30}$$

となり，蒸気タービンの工業仕事はエンタルピーの減少量で表すことができる．

このように，エンタルピーを用いると，開いた系のエネルギーの関係をきわめて簡単に表すことができる．

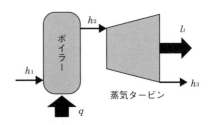

図2.12 ボイラーと蒸気タービン

2-7 開いた系の熱力学第一法則

開いた系では，エンタルピーを用いて熱量と工業仕事を表す．

▶ポイント◀
1. 等圧加熱量はエンタルピーの増加量である．
2. 断熱状態の工業仕事はエンタルピーの減少量で表す．

2.7.1 開いた系の第一法則（第二基礎式）

　ガスタービン，蒸気タービン，空気圧縮機，熱交換器など，多くの工業機械のモデルとして，定常的に作動流体の流入と流出のある開いた系が用いられている．系が外界から受熱すると，その熱は系内を流動する作動流体の内部エネルギーの増加，作動流体の膨張による仕事，作動流体の流動仕事に費やされる．系が外界から受ける熱量を dQ，内部エネルギー変化と流動仕事の和をエンタルピー dH とし，外界にする工業仕事を $dL_t = -Vdp$ とすると，**開いた系の熱力学第一法則（第二基礎式）**は式（2.27）より次のように表すことができる．

$$dQ = dH + dL_t \tag{2.31}$$

$$dQ = dH - Vdp \tag{2.32}$$

　この関係をガスタービンの模式図（図2.13）を用いて導いてみる．開いた系に圧力 p_1，体積 V_1，質量 m の作動流体が高さ z_1 の入口から速度 w_1 で流入する．この作動流体は，内部エネルギー U_1 と力学的エネルギー（運動エネルギーと位置エネルギー）を伴って系内に流入する．作動流体を系に押し込むための流動仕事 $L_f = pV$ を含め，また，エンタルピーを導入すると，入口から流入する**全エネルギー** E_1 は次式となる．

$$E_1 = U_1 + p_1V_1 + \frac{1}{2}mw_1^2 + mgz_1 = H_1 + \frac{1}{2}mw_1^2 + mgz_1 \tag{2.33}$$

また，出口における全エネルギー E_2 は同様に次式となる．

$$E_2 = U_2 + p_2V_2 + \frac{1}{2}mw_2^2 + mgz_2 = H_2 + \frac{1}{2}mw_2^2 + mgz_2 \tag{2.34}$$

　さらに，系が周囲から受ける熱量を Q，系から周囲に取り出される工業仕事を L_t として，系の内外のエネルギーの釣り合いを示すと次式となる．

$$E_1 + Q = E_2 + L_t \tag{2.35}$$

2-7 開いた系の熱力学第一法則

一般に，位置エネルギーは，他のエネルギーに比べて値が小さく省略できるので，式 (2.33)，(2.34)，(2.35) より次のように表すことができる．

$$Q = H_2 - H_1 + \frac{1}{2} m (w_2{}^2 - w_1{}^2) + L_t \tag{2.36}$$

$$q = h_2 - h_1 + \frac{1}{2} (w_2{}^2 - w_1{}^2) + l_t \tag{2.37}$$

ここで，入口と出口の速度差が少ないか，速度が低速の場合は運動エネルギーの項が省略でき，次式のようになる．

$$Q = H_2 - H_1 + L_t \tag{2.38}$$
$$q = h_2 - h_1 + l_t \tag{2.39}$$

さらに，工業仕事の式 (2.11) を用いると次式となる．

$$q = h_2 - h_1 - \int_1^2 v dp \tag{2.40}$$

また，微分形では次式となる．

$$dq = dh - v dp \tag{2.41}$$

この関係は，与えた熱量はエンタルピーの変化と工業仕事に変換されることを示す．ここで，等圧変化の場合，与えた熱量はエンタルピー変化となり，また，断熱変化の場合，エンタルピー変化は工業仕事となる．

一般に定常流動過程では，ガスタービンなどの内部を通過する物質の質量流量 $\dot{m}$ 〔kg/s〕を用いて，単位時間あたりの熱量や仕事を表す．この場合，式 (2.38) は次式に書き換えられる．

$$\dot{Q} = \dot{m} (h_2 - h_1) + \dot{L}_t \tag{2.42}$$

ここで，$\dot{Q}$ および $\dot{L}_t$ は，それぞれ単位時間あたりの熱量および仕事率（動力）であり，単位は〔J/s〕または〔W〕である．

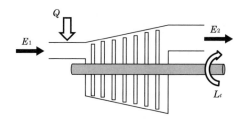

図 2.13 開いた系：ガスタービン

2-8 一般エネルギー式

一般エネルギー式は流動現象のエネルギーの保存則を表現している.

▶ポイント◀
1. 工業機器の特徴を見極めて条件を設定する.
2. タービンでは工業仕事は（＋），圧縮機では工業仕事は（－）である.

2.8.1 開いた系のエネルギー式

前節で示した，全エネルギーの式（2.33），（2.34）と系の内外のエネルギーの釣り合いの式（2.35）を総合して書き下すと次式となる.

$$m\left(h_1+\frac{1}{2}w_1^2+gz_1\right)+Q=m\left(h_2+\frac{1}{2}w_2^2+gz_2\right)+L_t \tag{2.43}$$

この式は開いた系，あるいは定常流れを表す一般エネルギー式であり，その応用範囲は広く，条件を定めることによりさまざまな工業機器に用いることができる．つまり，一般エネルギー式（2.43）を吟味し，位置エネルギー，運動エネルギー，熱の授受，仕事の各項を省略することで，各々の工業機器に適応したエネルギー式を立てることができる.

ガスタービン（図2.13）

ガスタービンでは，位置のエネルギーがほかの項と比較して無視できるので，次式となる．燃焼器での加熱量 Q がエンタルピーと運動エネルギーの増加，および工業仕事に変換されることを示す.

$$m\left(h_1+\frac{1}{2}w_1^2\right)+Q=m\left(h_2+\frac{1}{2}w_2^2\right)+L_t \tag{2.44}$$

空気圧縮機（図2.14（a））

入口と出口の速度差が小さい圧縮機では運動エネルギーが無視できるので次式となる．ただし，周囲から系に対して圧縮仕事を与えることで空気を圧縮するので，工業仕事 L_t は負となり，また，断熱圧縮による熱量 Q は周囲に放熱されるので負として取り扱う.

$$mh_1+Q=mh_2+L_t \tag{2.45}$$

2-8 一般エネルギー式

蒸気タービン（図2.14（b））

蒸気タービンのように，位置エネルギー，運動エネルギーがほかの値に比較して小さく，断熱流として取り扱える場合は，次式のように工業仕事はエンタルピー変化から求めることができる．ボイラーで得た熱量は比エンタルピー h_1 に含まれる．

$$mh_1 = mh_2 + L_t \tag{2.46}$$

この場合は，系から周囲へ仕事を取り出すので，工業仕事 L_t は正である．

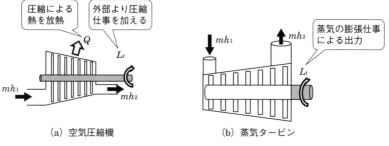

(a) 空気圧縮機　　(b) 蒸気タービン

図2.14　空気圧縮機と蒸気タービン

絞り（図2.15）

減圧弁や細管などの流路面積が極端に狭くなる絞り抵抗体を設置した管路では，絞りの前後の管路断面積が等しければ運動エネルギーが変化せず，また，断熱流れで管路形状が変わらず，仕事もしないので $Q=0$, $L_t=0$, さらに，水平管であれば位置エネルギー変化もないので，エネルギー式は次式となる．

図2.15　絞り

$$mh_1 = mh_2 \tag{2.47}$$

このような流れを**等エンタルピー流れ**といい，エンタルピーの変化はなくなるが，流れがあるので急激な減圧を生じる．

関連知識メモ

蒸気原動機の蒸気タービン仕事は，蒸気 h（エンタルピー）$-s$（エントロピー）線図より，蒸気タービン入口と出口のエンタルピーを読み取り，その減少量より工業仕事を求めることができる．蒸気 $h-s$ 線図はモリエ線図と呼ばれ，実在気体である蒸気の圧縮液，湿り蒸気および過熱蒸気の相変化をも網羅する優れた線図である．

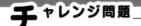

基本問題

問題1　位置エネルギーと仕事量
質量 10 kg の物体を 30 m 引き上げるために必要な仕事量〔kJ〕を求めなさい．

問題2　運動エネルギーと熱量の交換
質量 m〔kg〕の鋼球が 430 m/s の速度で鋼壁に衝突して，鋼球の運動エネルギーの 1/2 が熱エネルギーに変換し，その内 1/3 が鋼球の温度上昇に消費されたとする．この場合の鋼球の温度上昇を求めなさい．ここで，鋼球の比熱を $c = 0.46$ kJ/(kg·K) とする．

問題3　電気エネルギーと熱量の交換
家庭用電気ポット（500 W）を用いて，15℃，0.6 L の水が沸騰するまでの時間を求めなさい．ただし，入力の 75% が有効に使用されるものとする．ただし，水の比熱を 4.19 kJ/(kg·K) とする．

問題4　物質の温度上昇に必要な熱量
10 kg の鋼の温度を 30℃ から融点 1500℃ まで加熱するのに必要な熱量を求めなさい．ただし，鋼の比熱を 0.46 kJ/(kg·K) 一定とする．

問題5　熱平衡状態による金属の質量の推定
40℃，200 L のお湯の中に，100℃ に加熱された金属球を入れたところ，お湯の温度が 45℃ に上昇し，平衡状態になった．投入した金属球の質量 m〔kg〕を求めなさい．ただし，金属球の比熱を 0.46 kJ/(kg·K) 一定とする．また，外部へ熱は逃げないものとする．

問題6　熱力学の第一法則
シリンダと滑らかに動くピストンの中の，ある気体が外部から 100 kJ の熱を受け，また同時に 60 kJ の絶対仕事を外部に対して行ったとする．このときの気体の内部エネルギーの変化を求めなさい．

問題7　定容容器の加熱

30℃の気体 10 kg を一定容積の容器に入れ，500 kJ の熱を加えた．以下の問に答えなさい．ただし，空気の定容比熱を $c_v = 0.718$ kJ/(kg·K) とする．

(1) 絶対仕事を求めなさい．
(2) 内部エネルギーの変化量を求めなさい．
(3) 加熱後の温度を求めなさい．

問題8　等温圧縮と絶対仕事

シリンダー内の圧力 0.5 MPa，容積 50 L の空気を，温度が一定値を保つように熱を取り除きつつ，ピストンを押して 1/10 の容積まで圧縮した（等温変化 $pV = p_1 V_1 = p_2 V_2 = mRT_1 =$ 一定）．以下の問に答えなさい．

(1) 圧縮後の圧力を求めなさい．
(2) p–V 線図を描きなさい．
(3) 絶対仕事を求めなさい．

問題9　エンタルピーの活用

ボイラーへの給水時の比エンタルピーは 640 kJ/kg であり，等圧加熱で発生する蒸気の比エンタルピーは 2748 kJ/kg であるとき，このボイラーから毎時 15×10^3 kg の蒸気を得るためには，どれだけの熱量を供給する必要があるかを求めなさい．

問題10　熱量から仕事量への変換

ある燃料の発熱量が 43 MJ/kg であり，この燃料を毎時 20 kg 消費する熱機関がある．この熱機関の熱効率を 35 % とした場合，熱機関が発生する出力は何 kW となるか求めなさい．

問題11　エネルギー式の活用

ある水平に設置された蒸気タービンの入口の状態は比エンタルピー 2900 kJ/kg，流入流速はほぼ 0，出口の状態は比エンタルピー 2200 kJ/kg，流出流速 170 m/s，出力は 650 kJ/kg である．蒸気 1 kg あたりの周囲へ失った放熱量を求めなさい．

発展問題

問題12　運動エネルギー，位置エネルギー，熱量の関係

流量 $0.25 \text{ m}^3/\text{s}$，流速 5.0 m/s の水流を取り込み，落差 $h \text{ [m]}$ 落下させたのち，水力タービンにより仕事を取り出し，発電機を駆動し 10 kW の電力を得る小規模水力発電システムを設計したい．水の力学的エネルギーの 85% が水力タービンに伝わり，その内 95% が電力になるとしたとき，以下の問いに答えなさい．

(1) 10 kW の電力を得るために必要な水流の落差 $h \text{ [m]}$ を求めなさい．

(2) 得られた電力で電気給湯器を作動させ，$20℃$ の水 200 L を $40℃$ まで加熱したい．電力の 80% が水の加熱に使われるとした場合，お風呂が沸くまでにかかる時間を求めなさい．

問題13　冷却水の温度上昇

軸出力 5.0 kW のエンジンで，水冷式の直流発電機を駆動し，電圧 100 V，電流 40 A の出力が得られている．発電電力以外のエネルギーはすべて熱となり，冷却水で除熱される．発電機入口（冷却前）の冷却水温度を $30℃$ とし，発電機出口（冷却後）の冷却水温度を $80℃$ 以下にするために必要な，冷却水の最低流量 $[\text{L/min}]$ を求めなさい．

問題14　金属の比熱の推定

断熱された容器内に $4℃$ の水が 1800 cc 入っている．この中に比熱の不明な $180℃$ の合金 4.5 kg を入れて熱平衡にさせたところ，水と合金の温度が $85℃$ になった．水の比熱は 4.19 kJ/(kg·K) 一定で，合金の比熱も温度によらずに一定と仮定したとき，この合金の比熱を推定しなさい．

問題15　エンタルピーの活用

図 2.12 で示したボイラーと蒸気タービンで構成された熱機関について考える．まず，ボイラー入口から比エンタルピー $h_1 = 590.0 \text{ kJ/kg}$ で流入した作動流体は等圧加熱された後，比エンタルピー $h_2 = 2900 \text{ kJ/kg}$ で流出する．その後，蒸気タービン内に流入し断熱膨張した後，比エンタルピー $h_3 = 2400 \text{ kJ/kg}$ で流出した．作動流体の質量流量が 20 kg/s であるとき，ボイラーでの単位時間あたりの加熱量と蒸気タービンの出力（単位時間あたりの工業仕事）を求めなさい．

第**3**章
理想気体の状態変化

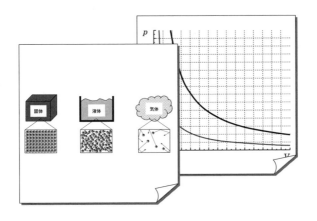

　ガソリンエンジン,ディーゼルエンジン,ガスタービンエンジン,ジェットエンジン,空気圧縮機,ターボチャージャーなど,私たちの身の回りで多用されているエネルギー変換装置の多くは,気体の膨張や収縮を利用して動作している.このときの熱エネルギーのやり取り,仕事のやり取り,圧力,温度,容積などの状態量の変化を詳しく解析するために,理想気体の状態変化の知識が必要になる.本章では,理想気体の性質からスタートして,その状態変化を工学的に応用するための方法を学ぶ.

3-1 理想気体の状態方程式

気体の状態を記述するシンプルかつ強力な式である．

▶ポイント◀
1. 実用上，理想気体とみなせる条件を理解しよう．
2. 理想気体の状態方程式とその使い方を理解しよう．

3.1.1 理想気体

理想気体とは，この後に示す理想気体の状態方程式（$pV=nR_0T$）に従う理想化された気体のことである．「理想」という名のとおり，実在の気体とは厳密には異なるが，空気，水素，酸素，窒素，燃焼ガスなどの多くの気体は，通常の圧力や温度において理想気体と近似することが可能である．

図3.1に，固体・液体・気体のイメージ図を示す．固体の多くは，原子や分子（以下，原・分子と書く）が立体的に規則正しく並んだ結晶構造である．ガラスなどのように，結晶構造でない状態で原・分子が固定化された状態を非晶質（アモルファス）というが，これも固体である．つまり固体は，原・分子が固定された状態を指す．

液体は，固体とは違い，原・分子が固定化されておらず，自由に移動できる状態である．しかし，原・分子間の距離は固体とあまり違わないため，固体と同様に大きな分子間力が働いている．

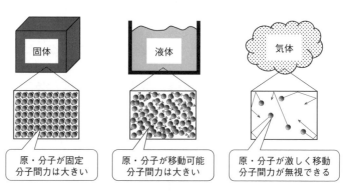

図3.1　固体・液体・気体の微視的なイメージ

3-1 理想気体の状態方程式

一方で，気体は，原・分子が空間中を自由に飛び回っている状態である．そのため，固体や液体に比べて分子間距離が非常に大きく，分子間力が無視できる．つまり，理想気体には以下の特徴がある．

- 分子間力が働いていない（無視できる）
- 原子や分子自体が空間中で容積をもたない（質点とみなせる）

このような条件を満たすものを理想気体といい，後述する理想気体の状態方程式（$pV=nR_0T$）に従う．気体から液体になることを凝縮というが，気体が液体に凝縮しつつあるような状況の場合，理想気体とは呼べなくなる．理想気体とみなせる場合とそうでない場合の具体例を表3.1に示す．

表3.1 理想気体と非理想気体の例

	作動流体の状態	具体的な応用例
理想気体とみなせる	通常の圧力・温度における空気，酸素，窒素，燃焼ガスなど	・さまざまな気体の状態変化 ・空気圧縮機内の状態変化 ・エンジンの燃焼ガスの状態変化
理想気体とみなせない	水蒸気，冷媒の蒸気など	・蒸気タービンでの状態変化（ランキンサイクル） ・冷凍機やヒートポンプでの冷媒の状態変化

本書では，第8章（蒸気の性質と蒸気サイクル），第9章（冷凍サイクル）で扱う作動流体は，理想気体とみなせない．そのため，これらの章では各状態量を求める際に理想気体の状態方程式は適用できず，各種の状態線図（付録参照）などから求めることになる．

それ以外の章で扱う作動ガスは，原則，理想気体とみなせる．

3.1.2 理想気体の状態方程式

理想気体の圧力 p〔Pa〕，容積 V〔m^3〕，絶対温度 T〔K〕，質量 m〔kg〕には，次式の**理想気体の状態方程式**が成り立つ．

$$pV = mRT \tag{3.1}$$

ここで，R〔J/(kg·K)〕を**気体定数**（ガス定数）といい，気体の種類（分子量）によって異なる値になる．

また，$v = \dfrac{V}{m}$ を**比容積** v [m³/kg] といい，その逆数 $\rho = \dfrac{1}{v} = \dfrac{m}{V}$ は**密度** ρ [kg/m³] なので，式 (3.1) は以下のようにも表せる．

$$pv = RT \tag{3.2}$$

$$p = \rho RT \tag{3.3}$$

物質 1 kmol あたりの質量を**分子量** M [kg/kmol] という．1 mol とは，アボガドロ数個（6.02×10^{23} 個）の粒子の集まりのことである．つまり，ある気体の分子量 M は，その気体分子を $6.02 \times 10^{23} \times 10^3 = 6.02 \times 10^{26}$ 個集めたときの質量を意味する．よって，分子量 M [kg/kmol] が n [kmol] あるときの質量 m [kg] には以下の関係がある．

$$m = nM \tag{3.4}$$

式 (3.4) を式 (3.1) に代入すると，以下の式が得られる．

$$pV = mRT = nMRT \tag{3.5}$$

気体定数（ガス定数）R [J/(kg·K)] に，分子量 M [kg/mol] をかけると，定数 R_0 [J/(kmol·K)] になる．この R_0 を**一般気体定数**（一般ガス定数）という．

$$R_0 = RM \fallingdotseq 8314 \text{ J/(kmol·K)} \tag{3.6}$$

この定数を知っておくと，分子量 M がわかればそのガスの気体定数 R が以下の式で求められるなど，便利である．

$$R = \dfrac{R_0}{M} \fallingdotseq \dfrac{8314}{M} \text{ [J/(kg·K)]} \tag{3.7}$$

式 (3.7) を式 (3.5) に代入すれば，理想気体の状態方程式は以下のように表せる．

$$pV = nR_0 T \tag{3.8}$$

代表的な気体の分子量，気体定数その他の物性値を表 3.2 に示す．

表 3.2 気体の物性

気体名	化学式	分子量 M [kg/kmol]	気体定数 R [J/(kg·K)]	定圧比熱[1] c_p [J/(kg·K)]	定容比熱[1] c_v [J/(kg·K)]	比熱比[1] κ [-]
アルゴン	Ar	39.948	208.132	523	315	1.66
窒素	N_2	28.0134	296.803	1039	743	1.399
酸素	O_2	31.9988	259.837	914	654	1.398
二酸化炭素	CO_2	44.0095	188.924	819	630	1.30
空気	-	28.967	287.03	1005	718	1.400

[1] 0 Pa，273.15 K における物性
（出典）日本機械学会，機械工学便覧 合本 α．基礎編，日本機械学会，α5 p.52 2007

例題 3−1　理想気体の状態方程式

容積 100 L の容器に，分子量 32.0 kg/kmol の気体が充てんされている．容器内の圧力が 3.0 MPa，温度が 20℃ の時，以下の問いに答えなさい．ただし，一般気体定数を $R_0 \fallingdotseq 8314$ J/(kmol·K) とする．
(1) 容器内に充てんされている気体の質量を求めなさい．
(2) この容器の最大許容圧力を 5 MPa としたとき，気体の温度が何℃まで許容できるか．ただし，容器の容積および気体の質量は変化しないものとする．

解答

題意より，$V = 0.1$ m³，$M = 32.0$ kg/kmol，$P = 3.0$ MPa，$T = 20+273$ K である．
(1) 理想気体の状態方程式 $pV = mRT$ を利用して質量を算出する．気体定数 R は

$$R = \frac{R_0}{M} \fallingdotseq \frac{8314}{M} = \frac{8314}{32.0} \fallingdotseq 260 \text{ J/(kg·K)}$$

である．よって質量 m は

$$m = \frac{pV}{RT} = \frac{3.0 \times 10^6 \times 0.1}{260 \times 293} \fallingdotseq 3.9 \text{ kg}$$

計算にあたり，温度を絶対温度〔K〕，圧力を〔Pa〕，容積を〔m³〕とすることに注意が必要である．

(2) 質量，容積，気体定数は変化しないので，理想気体の状態方程式を用いて圧力が 5 MPa のときの温度を算出すればよい．

$$T = \frac{pV}{mR} = \frac{5.0 \times 10^6 \times 0.1}{3.9 \times 260} \fallingdotseq 493 \text{ K（220℃）}$$

覚えよう！

- 理想気体の状態方程式：$pV = mRT$，$pv = RT$，$pV = nR_0T$
- 気体定数 R〔J/(kg·K)〕，一般気体定数 R_0〔J/(kmol·K)〕，分子量 M〔kg/kmol〕の関係は $R_0 = RM$
- 一般気体定数 $R_0 \fallingdotseq 8314$ J/(kmol·K) の数値を知っておくと便利である．

理解しておこう！

理想気体の状態方程式は，通常の温度・圧力における多くの気体に適用できる．しかし，水蒸気や冷媒蒸気など，分子間距離が短く凝縮しやすい状態の物質には適用できない．

3-2 定容比熱と定圧比熱

気体の比熱は二種類ある．両者の違いを理解しよう．

▶ポイント◀
1. 気体は容積変化が容易なため，熱の加え方によって二種類の比熱がある．
2. 理想気体の内部エネルギーとエンタルピーは温度のみの関数である．
3. 理想気体の内部エネルギーとエンタルピーは状態量である．

3.2.1 定容比熱と定圧比熱

気体の比熱

気体に熱を加えると，固体や液体に比べて大きく膨張する．このとき，熱力学第一法則が示すように，加えた熱は内部エネルギーの増加と外部への膨張仕事に費やされる．後で示すように，内部エネルギーの増加とは温度上昇を意味する．気体が膨張仕事をした分，温度上昇は抑制されるので，比熱が大きく算出される．

定容（等容）比熱と定圧（等圧）比熱

比熱 c〔J/(kg·K)〕の定義は，「1 kg の物質の温度を 1 K 上昇させるのに要する熱量」である．m〔kg〕の物質に熱量 dQ〔J〕を加えたところ，温度が dT〔K〕上昇した場合の比熱 c は以下の式で表される．ただし，dq〔J/kg〕は，1 kg あたりに与える熱量であり，$\dfrac{dQ}{m}$ である．$dQ = mcdT$ なので

$$c = \frac{dQ}{mdT} = \frac{dq}{dT} \tag{3.9}$$

図 3.2 および図 3.3 に，**定容比熱** c_v と**定圧比熱** c_p の定義を模式的に示す．定容比熱は容積一定（気体の膨張を許さない状態）で加熱した際の比熱である．一方，定圧比熱 c_p は図 3.3 に示されるように，圧力一定を保つように容積変化が可能な条件で加熱した際の比熱である．

比熱の定義式 (3.9) に，閉じた系の熱力学第一法則 $dq = du + pdv$ および開いた系の熱力学第一法則の式 $dq = dh - vdp$ を適用すると，定容比熱 c_v と定圧比熱 c_p は次のように表せる．

3-2 定容比熱と定圧比熱

図3.2 定容比熱

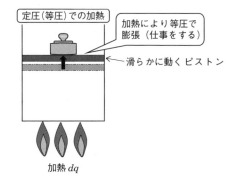

図3.3 定圧比熱

$$c_v = \left(\frac{\partial q}{\partial T}\right)_v = \frac{du + p\,dv}{dT} = \frac{du}{dT} \quad \text{(定容なので } dv = 0\text{)} \tag{3.10}$$

$$c_p = \left(\frac{\partial q}{\partial T}\right)_p = \frac{dh - v\,dp}{dT} = \frac{dh}{dT} \quad \text{(定圧なので } dp = 0\text{)} \tag{3.11}$$

理想気体であれば,比内部エネルギー u〔J/kg〕および比エンタルピー h〔J/kg〕は温度のみの関数になり,定容,定圧比熱と温度を用いて以下の式で算出できる.

$$du = c_v dT \tag{3.12}$$

$$dh = c_p dT \tag{3.13}$$

比内部エネルギーと比エンタルピーは温度のみの関係であるので状態量である.

3.2.2　比熱比とマイヤーの関係式

▶ 比熱比

定圧比熱と定容比熱の比を **比熱比** κ と呼び,以下の式で定義される.

$$\kappa = \frac{c_p}{c_v} \tag{3.14}$$

定圧条件では気体が膨張する分,定容条件に比べて加熱しても温度が上昇しにくくなる.つまり,以下の関係がある.

$$c_v < c_p,\ \kappa > 1$$

比熱・比熱比・気体定数の関係

比エンタルピーの定義式 $h = u + pv$ に理想気体の状態方程式 $pv = RT$ を代入し

$$h = u + pv = u + RT$$

温度で微分すると以下のようになる.

$$\frac{dh}{dT} = \frac{du}{dT} + R$$

式 (3.10) および式 (3.11) の関係により，以下の関係が得られる．式 (3.15) を**マイヤーの関係式**と呼び，定容，定圧比熱と気体定数が関係付けられている．

$$c_p - c_v = R \tag{3.15}$$

比熱比の定義式 (3.14) を式 (3.15) に代入すると，以下の式が得られる．

$$c_v = \frac{R}{\kappa - 1} \tag{3.16}$$

$$c_p = \frac{\kappa R}{\kappa - 1} \tag{3.17}$$

表 3.2 に，各種気体の R, c_v, c_p, κ を示したが，これらの数値は，式 (3.14) ～(3.17) の関係式で算出される値とよく一致している（例題 3-2）.

理想気体の比熱比は図 3.4 に示す分子の並進・回転運動の自由度 ν に応じて，以下の式で表される．

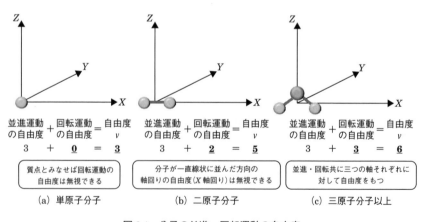

図 3.4　分子の並進・回転運動の自由度

■■ 3-2 定容比熱と定圧比熱 ■■

$$\kappa = \frac{\nu + 2}{\nu} \tag{3.18}$$

単原子分子：$\nu = 3$, $\kappa = \dfrac{5}{3} = 1.67$

二原子分子：$\nu = 5$, $\kappa = \dfrac{7}{5} = 1.4$

三原子分子以上：$\nu = 6$, $\kappa = \dfrac{8}{6} = 1.33$

この関係を知っておけば，着目している気体が何原子分子なのかがわかると，比熱比を推定することができる．

例題 3-2　理想気体の物性値

下表の空欄①～⑦を算出しなさい．ただし，表中の気体はすべて理想気体とみなせるものとする．なお，①～⑦の算出順序を変更しなければ求まらない項目もある．

気体名	化学式	分子量 M [kg/kmol]	気体定数 R [J/(kg·K)]	定圧比熱 c_p [J/(kg·K)]	定容比熱 c_v [J/(kg·K)]	比熱比 κ [-]
窒素	N_2	①	②	1039	743	③
酸素	O_2	32	259.837	④	⑤	1.398
二酸化炭素	CO_2	44	⑥	⑦	630	1.30

解答

マイヤーの関係式 $c_p - c_v = R$ を用いて

② $R = 1039 - 743 = 296 \text{ J/(kg·K)}$

① $M = R_0/R = 8314/296 = 28 \text{ kg/kmol}$

③ $\kappa = c_p/c_v = 1039/743 = 1.40$

④ $c_p = \dfrac{\kappa R}{\kappa - 1} = \dfrac{1.398 \times 259.837}{1.398 - 1} = 913 \text{ J/(kg·K)}$

⑤ $c_v = \dfrac{c_p}{\kappa} = \dfrac{913}{1.398} = 653 \text{ J/(kg·K)}$

⑥ $R = \dfrac{R_0}{M} = 189 \text{ J/(kg·K)}$

⑦ $c_p = R + c_v = 189 + 630 = 819 \text{ J/(kg·K)}$

□□ 第3章 理想気体の状態変化 □□

覚えよう！

以下の関係式は，理想気体の状態変化計算をする際に必要な気体の物性を算出するのに役立つので，覚えておくか，導けるようにしておくといいだろう．

$du = c_v dT$　　比内部エネルギーと定容比熱と温度の関係

$dh = c_p dT$　　比エンタルピーと定圧比熱と温度の関係

$c_p - c_v = R$　　マイヤーの関係式

$\kappa = \dfrac{c_p}{c_v}$　　　比熱比の定義式

$c_v = \dfrac{R}{\kappa - 1},\ c_p = \dfrac{\kappa R}{\kappa - 1}$　　定容比熱，定圧比熱，比熱比，気体定数の関係

▶▶▶ 理解しておこう！

定容比熱と定圧比熱の違いをイメージして，これまでに学んできた熱力学における重要な法則や関係「熱力学第一法則」，「内部エネルギーとエンタルピー」，「理想気体の状態方程式」を適用すると，本章で示した関係式が導かれる．

3-3 理想気体の状態変化

気体のエネルギー変換の基礎をマスターしよう．

▶ポイント◀
1. 「等容」「等圧」「等温」「断熱」「ポリトロープ」変化を理解しよう．
2. 熱力学第一法則，状態方程式，仕事の定義などを組み合わせて，計算を行う．

3.3.1 状態変化の種類とその計算法

身近にある気体の状態変化

私たちの生活を支えるさまざまなエネルギー変換においては，気体の状態変化を利用したものが主力である．たとえば，自動車用のガソリンエンジンやディーゼルエンジンは，吸入した空気と燃料を燃焼させ，燃焼熱によって気体を膨張させてピストンに仕事をする．これ以外にも，火力発電用のガスタービンエンジン，船舶用のディーゼルエンジン，産業用のガスエンジン，液体・固体ロケットエンジンなどは，すべて気体の状態変化を利用したエネルギー変換装置である．本節では，気体の状態変化の熱力学的な取扱いと具体的な応用例を学ぶ．

気体の状態変化の種類

理想気体の状態変化の仕方は，大きく分けると以下の4種類に分類できる．

1. **等容変化**：容積 V が一定の条件での状態変化（加熱・冷却）
2. **等圧変化**：圧力 p が一定の条件での状態変化（加熱・冷却・膨張・収縮）
3. **等温変化**：温度 T が一定の条件での状態変化（加熱・冷却・膨張・収縮）
4. **断熱変化**：熱量 q が一定の条件での状態変化（膨張・収縮）

また，上記の4つの状態変化を一般化したものをポリトロープ変化と呼ぶ．

ポリトロープ変化：任意の条件での状態変化（加熱・冷却・膨張・収縮）

状態変化計算の仮定

次項では，各状態変化の計算過程を具体的に説明するが，これらの扱いは，準静的変化（平衡状態を保ちつつ，十分にゆっくりと状態が変化する）を仮定している．つまり，可逆変化とみなせる．たとえば，現実の自動車用エンジンなどでは，非常に高速で圧縮や膨張がなされているように思える．しかし，これらは分

子運動の速度と比べれば十分遅く,準静的過程とみなしても実用上差し支えない.つまり,理想気体の準静的変化の計算によって,工業上十分実用的な解析が可能である.

3.3.2　等容変化

容積一定（$V=$ 一定，$dV=0$）の下での状態変化を等容（定容）変化という.容積変化が許されない状態で,加熱や冷却をするのが等容変化である.図3.5に,等容変化のイメージ図と,状態1から状態2まで等容加熱した際のp-V線図を示す.実用的には,たとえば以下のような状態が等容変化と近似できる.

等容変化の例…金属製の頑丈な容器を加熱し,内部の温度が上昇する

以下,等容変化における理想気体の状態変化の計算法を示す.

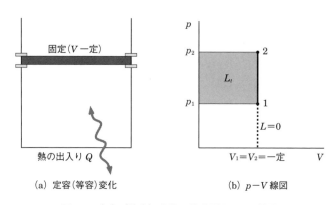

図3.5　定容（等容）変化の模式図とp-V線図

▰ p, V, Tの関係

等容変化なので,容積V,質量m,気体定数Rが一定である.よって,理想気体の状態方程式$pV=mRT$は以下のように簡略化できる.

$$\frac{p}{T} = 一定 \tag{3.19}$$

つまり,等容変化では,加熱や冷却により容積V一定で圧力pと温度Tが変化するが,その比$\left(\dfrac{p}{T}\right)$は一定に保たれる.

3-3 理想気体の状態変化

▶ 絶対仕事 L

等容変化なので $dV=0$ である．つまり，式（3.20）に示すように，絶対仕事 L はしない．絶対仕事は $p-V$ 線図における状態変化の線と V 軸とに囲まれた面積に等しいが，図3.5からも，$L=0$ であることが理解できる．

$$L = \int_1^2 p dV = 0 \tag{3.20}$$

▶ 工業仕事 L_t

力×距離を元とした絶対仕事に対して，風車を回す空気の流れやガスタービン内の気体では，圧力変化による流れが仕事をする．この仕事を工業仕事といい，絶対仕事と区別する．

工業仕事の定義式を用いて計算する．V は定数であるため以下のようになる．ここで，$V=V_1=V_2=$ 一定である．つまり，図3.5の $p-V$ 線図に示すように，領域 L_t に示された四角形の面積が，工業仕事になる．

$$L_t = -\int_1^2 V dp = -V \int_1^2 dp = V(p_1 - p_2) \tag{3.21}$$

▶ 熱力学第一法則

等容変化は $dV=0$ のため，絶対仕事 $dL=pdV$ がゼロである．よって，**閉じた系の式**を用いると，以下のようになる．

$$dQ = dU + pdV = dU = mc_v dT \tag{3.22}$$

ここで，内部エネルギーは式（3.12）を用いて温度変化で表せることを利用した．つまり，等容変化では以下のことがいえる．

やり取りされた熱量は，すべて内部エネルギーの変化になる．

たとえば，状態1から状態2まで等容加熱した際の熱量は，以下のようになる．

$$Q = \int_1^2 dU = \int_1^2 mc_v dT = mc_v \int_1^2 dT = mc_v(T_2 - T_1) \tag{3.23}$$

例題 3-3　等容変化

質量 $1\,\mathrm{kg}$，圧力 $100\,\mathrm{kPa}$，温度 $30\,°\mathrm{C}$，気体定数 $287\,\mathrm{J/(kg \cdot K)}$，比熱比 1.40 の理想気体に容積一定の下で $500\,\mathrm{kJ}$ の熱を加えた．加熱後の温度と圧力を求めなさい．

解答

題意より，$m = 1\,\text{kg}$，$p_1 = 100\,\text{kPa}$，$T_1 = 30 + 273\,\text{K}$，$R = 287\,\text{J/(kg·K)}$，$\kappa = 1.40$，$V_1 = V_2$，$Q = 500\,\text{kJ}$ である．

式（3.19）より，$\dfrac{p_1}{T_1} = \dfrac{p_2}{T_2}$ であるが，p_2 と T_2 が未知のため，T_2 を算出できない．そこで，熱力学第一法則を用いた式（3.23）を用いると以下のようになる．

$$Q = mc_v(T_2 - T_1) = mc_vT_2 - mc_vT_1$$
$$mc_vT_2 = Q + mc_vT_1$$

ここで，c_v は式（3.16）を用いて

$$T_2 = T_1 + \frac{Q}{mc_v} = T_1 + \frac{Q(\kappa - 1)}{mR} = (30 + 273) + \frac{500 \times 10^3 \times (1.40 - 1)}{1 \times 287} = 1000\,\text{K}$$

加熱後の圧力 p_2 は式（3.19）を用いて，以下の通り算出される．

$$\frac{p_1}{T_1} = \frac{p_2}{T_2} \qquad p_2 = p_1 \frac{T_2}{T_1} = 100 \times 10^3 \times \frac{1000}{30 + 273} = 330\,\text{kPa}$$

3.3.3 等圧変化

圧力一定（$p = $ 一定，$dp = 0$）の下での状態変化を等圧（定圧）変化という．図3.6 に，等圧変化のイメージ図と，状態1から状態2まで等圧加熱した際の p-V 線図を示す．加熱すると，圧力一定を保つように容積も大きくなる（冷却の場合はこの逆になる）．以下，等圧変化における理想気体の状態変化計算法を示す．

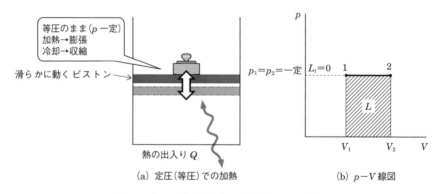

(a) 定圧（等圧）での加熱　　(b) p-V 線図

図3.6　定圧（等圧）変化の模式図と p-V 線図

◻︎◻︎ 3-3 理想気体の状態変化 ◻︎◻︎

▰▰▱ p, V, T の関係

等圧変化なので，圧力 p，質量 m，気体定数 R が一定である．よって，理想気体の状態方程式 $pV = mRT$ は以下のように簡略化できる．

$$\frac{V}{T} = \text{一定} \tag{3.24}$$

つまり，等圧変化では，加熱や冷却により圧力 p 一定で容積 V と温度 T が変化するが，その比 $\left(\dfrac{V}{T}\right)$ は一定に保たれる．

▰▰▱ 絶対仕事 L

絶対仕事の定義式を用いて計算する．p は定数であるため以下のようになる．ここで，$p = p_1 = p_2 =$ 一定である．つまり，図 3.6（b）の $p-V$ 線図に示すように，領域 L に示された四角形の面積が，絶対仕事になる．

$$L = \int_1^2 pdV = p\int_1^2 dV = p(V_2 - V_1) \tag{3.25}$$

また，理想気体の状態方程式により，$V_1 = \dfrac{mRT_1}{p_1}$，$V_2 = \dfrac{mRT_2}{p_2}$ なので，これを式（3.25）に代入すると，L は以下のようにも表される．

$$L = p(V_2 - V_1) = mR(T_2 - T_1) \tag{3.26}$$

▰▰▱ 工業仕事 L_t

等圧変化なので $dp = 0$ である．つまり，工業仕事 L_t はゼロである．

$$L_t = -\int_1^2 Vdp = 0 \tag{3.27}$$

▰▰▱ 熱力学第一法則

等圧変化では $dp = 0$ のため，工業仕事 $dL_t = -Vdp$ がゼロである．よって，**開いた系の式**を用いると，以下のようになる．

$$dQ = dH - \cancel{Vdp} = dH = mc_p dT \tag{3.28}$$

ここで，エンタルピーは式（3.13）を用いて温度変化で表せることを利用した．つまり，等圧変化では以下のことがいえる．

> やり取りされた熱量は，すべてエンタルピーの変化になる．

たとえば，状態 1 から状態 2 まで等容加熱した際の熱量は，次のようになる．

$$Q = \int_1^2 dH = \int_1^2 mc_p dT = mc_p \int_1^2 dT = mc_p(T_2 - T_1) \tag{3.29}$$

 例題3-4 等圧変化

質量 1 kg，圧力 100 kPa，温度 30℃，気体定数 287 J/(kg·K)，比熱比 1.40 の理想気体に等圧の下で 500 kJ の熱を加えた．以下の数値を求めなさい．
(1) 加熱後の温度　　(2) 加熱後の容積　　(3) 絶対仕事

題意より，$m = 1$ kg，$p_1 = 100$ kPa，$T = 30 + 273$ K，$R = 287$ J/(kg·K)，$\kappa = 1.40$，$p_2 = p_1$，$Q = 500$ kJ である．

(1) 式（3.29）を用いると以下のようになる．

$Q = mc_p(T_2 - T_1)$ について，c_p は式（3.17）を用いて T_2 を求めると

$$T_2 = T_1 + \frac{Q}{mc_p} = T_1 + \frac{Q(\kappa - 1)}{m\kappa R} = (30 + 273) + \frac{500 \times 10^3 \times (1.40 - 1)}{1 \times 1.40 \times 287} = 801 \text{ K}$$

(2) 絶対仕事の算出に必要なので，加熱後の容積を算出する前に，加熱前の容積 V_1 を求める．等圧変化より $\dfrac{V_1}{T_1} = \dfrac{V_2}{T_2}$

この V_1 を求めると V_2 が計算できる．理想気体の状態方程式を用いて，$p_1V_1 = mRT_1$ なので

$$V_1 = \frac{mRT_1}{p_1} = \frac{1 \times 287 \times 303}{100 \times 10^3} = 0.870 \text{ m}^3$$

$$V_2 = V_1 \frac{T_2}{T_1} = 0.870 \times \frac{801}{303} = 2.30 \text{ m}^3$$

注）V_2 も，V_1 と同じように $p_2V_2 = mRT_2$ で求めてもよい

(3) 絶対仕事は，式（3.26）を用いて，

$$L = p(V_2 - V_1) = 100 \times 10^3 \times (2.30 - 0.87) = 143 \text{ kJ}$$

3.3.4　等温変化

温度一定（$T =$ 一定，$dT = 0$）の下での状態変化を等温変化という．図3.7に，等温変化のイメージ図を示す．通常，気体が膨張すると温度も低下するが，温度が一定を保つように外部から熱を加える．逆に，気体を圧縮すると温度が上昇するが，温度が一定を保つように外部に放熱しながら圧縮する．このようにすると，

3-3 理想気体の状態変化

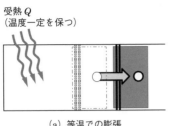

図3.7 等温変化（等温膨張と等温圧縮）の模式図

等温での膨張や圧縮が行われる．

図3.8 に，状態1から状態2まで等温膨張した際のp-V線図と，温度が異なる二種類の等温線を模式的に示す．後で示すように，等温変化の曲線は直角双曲線である．

以下，等温変化における理想気体の状態変化計算法を示す．

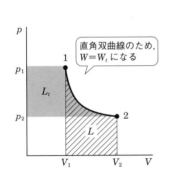
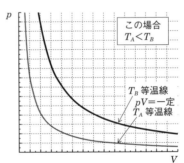

図3.8 等温変化のp-V線図

p, V, Tの関係

等温変化なので，温度T，質量m，気体定数Rが一定である．よって，理想気体の状態方程式$pV=mRT$は以下のように簡略化できる．

$$pV = 一定 \tag{3.30}$$

つまり，等温変化では，加熱・膨張，冷却・圧縮により，温度一定で圧力pと容積Vが変化するが，その積（pV）は一定に保たれる．

絶対仕事 L

式（3.30）より

$$pV = p_1V_1 = p_2V_2 = mRT = 一定$$

$p = mRT/V$ を絶対仕事の式に代入して計算すると，以下のようになる．

$$L = \int_1^2 pdV = \int_1^2 mRT \frac{dV}{V} = mRT(\ln V_2 - \ln V_1) = mRT \ln \frac{V_2}{V_1}$$

$$= p_1V_1 \ln \frac{V_2}{V_1} \tag{3.31}$$

$p_1V_1 = p_2V_2$ なので，$\dfrac{V_2}{V_1} = \dfrac{p_1}{p_2}$ となり，$L = p_1V_1 \ln \dfrac{V_2}{V_1} = p_1V_1 \ln \dfrac{p_1}{p_2}$ （3.32）

工業仕事 L_t

上記の絶対仕事の計算と同じ方法で，$V = \dfrac{mRT}{p}$ を工業仕事の式に代入して積分をすれば算出できる．

$$L_t = -\int_1^2 Vdp = -\int_1^2 \frac{mRT}{p} dp = \int_2^1 \frac{mRT}{p} dp = mRT(\ln p_1 - \ln p_2)$$

$$= mRT \ln \frac{p_1}{p_2} = p_1V_1 \ln \frac{V_2}{V_1} \tag{3.33}$$

つまり，**等温変化の場合，絶対仕事 L と工業仕事 L_t は等しい**．このことは，図 3.8 の左図に示したように，直角双曲線である等温変化の $p-V$ 線図の面積が等しくなることからも理解できる．

熱力学第一法則

＜熱力学第一法則の第一基礎式＞

第一基礎式に，式（3.12）を代入すると

$$dQ = dU + dL = m e_v \overbrace{dT}^{\text{等温なので } dT = 0} + dL = dL \tag{3.34}$$

よって，**やり取りされる熱量 Q は絶対仕事 L に等しい**．

＜熱力学第一法則の第二基礎式＞

同じく，第二基礎式に，式（3.13）を代入すると

$$dQ = dH + dL_t = m e_p \overbrace{dT}^{\text{等温なので } dT = 0} + dL_t \tag{3.35}$$

よって、やり取りされる熱量 Q は工業仕事 L_t とも等しい。

以上の結果から、等温変化における Q, L, L_t の関係は以下の通りである。

$$Q = L = L_t \qquad (3.36)$$

例題 3-5　等温変化

圧力 100 kPa、温度 300 K、容積 $1\,\mathrm{m}^3$ の空気を、容積が 1/5 になるまで等温圧縮した。以下の数値を求めなさい。

(1) 圧縮後の圧力　(2) 絶対仕事　(3) 工業仕事　(4) やり取りされる熱量

題意より、$p_1 = 100\,\mathrm{kPa}$, $T_1 = 300\,\mathrm{K}$, $V_1 = 1\,\mathrm{m}^3$, $V_2 = 1/5\,V_1$ である。

(1) 等温変化では $p_1 V_1 = p_2 V_2$ なので、$p_2 = p_1 \dfrac{V_1}{V_2} = p_1 \dfrac{5 V_1}{V_1} = 100 \times 10^3 \times 5 = 500\,\mathrm{kPa}$

(2) 式 (3.31) を用いて、$L = p_1 V_1 \ln \dfrac{V_2}{V_1} = p_1 V_1 \ln \dfrac{V_1}{5 V_1} = 100 \times 10^3 \times 1 \ln \dfrac{1}{5} = -161\,\mathrm{kJ}$

（圧縮なのでマイナス仕事になる）

(3), (4) は式 (3.36) より $L = L_t = Q$ なので

(3) $L_t = -161\,\mathrm{kJ}$

(4) $Q = -161\,\mathrm{kJ}$（放熱）

3.3.5　断熱変化（等エントロピー変化）

外部との熱のやり取りを行わない状態（断熱状態）で圧縮や膨張を行うことを断熱変化（または等エントロピー変化）という。図 3.9 に、断熱圧縮と断熱膨張のイメージ図と、状態 1 から状態 2 まで断熱圧縮した際の p-V 線図を示す。断熱圧縮により、温度と圧力が増大する（膨張の場合は低下する）。断熱変化は、断熱壁に囲まれた状態で圧縮や膨張を行うことを考えるとイメージしやすい。一方、実在の内燃機関などでは、燃焼室は熱伝導性の高い金属（鉄系やアルミニウム系の合金など）を用い、熱負荷に耐えられるように冷却している。つまり、断熱変化ではない。しかし、エンジンの圧縮行程は、熱の逃げる速度に対してある程度高速のため、逃げる熱はわずかだと考えることもできる。つまり、近似的かつ理想的には断熱変化とみなしても、非常に有益な情報が得られる。そのため、後に示すガスサイクル（ガソリンエンジン、ディーゼルエンジン、ガスタービン

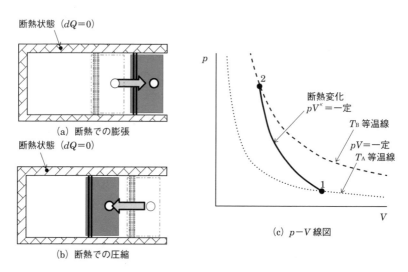

図 3.9 断熱変化（断熱膨張と断熱圧縮）の模式図と p-V 線図

エンジンなどの理論サイクル）では，圧縮や膨張行程は断熱変化と近似して解析を行う．

p, V, T の関係

前述の「等容変化，等圧変化，等温変化」は，p, V, T のうちのいずれかが一定であったため，理想気体の状態方程式が p, V, T のうちのいずれか 2 変数で関係付けられた．しかし，断熱変化の場合，p, V, T のいずれも一定ではない．そのため，状態方程式に加えて，熱力学の第一法則を用いて p, V, T の関係を明らかにする．断熱変化では，$dQ=0$ なので，閉じた系の熱力学第一法則は以下のようになる．

断熱なので $dQ=0$　　　$du = c_v dT$ なので

$$dQ = dU + pdV = mc_v dT + pdV$$

$c_v = \dfrac{R}{\kappa - 1}$ を代入すると，$0 = \dfrac{mR}{\kappa - 1} dT + pdV$ (3.37)

$pV = mRT$ を温度で微分すると，pV の微分は積の微分なので

$$d(pV) = mRdT$$

$$pdV + Vdp = mRdT \tag{3.38}$$

式 (3.38) の $mRdT$ を式 (3.37) に代入すると，以下のようになる．

3-3 理想気体の状態変化

$$\frac{pdV+Vdp}{\kappa-1}+\frac{(\kappa-1)pdV}{\kappa-1}=\frac{pdV+Vdp+\kappa pdV-pdV}{\kappa-1}=0$$

$Vdp+\kappa pdV=0$ と表せる．両辺に $(1/pV)$ を掛けると

$$\frac{dp}{p}+\kappa\frac{dV}{V}=0 \tag{3.39}$$

積分すると，$\displaystyle\int\frac{dp}{p}+\kappa\int\frac{dV}{V}=C_1$ (**積分定数**)

$\ln p+\kappa\ln V=C_1$

$\ln p+\ln V^\kappa=C_1$

$\ln(pV^\kappa)=C_1$

よって

$$pV^\kappa = \text{一定} \tag{3.40}$$

式 (3.40) に理想気体の状態方程式を代入して p を消去すると，T と V の関係式 (3.41) が，V を消去すると，T と p の関係式 (3.42) が導かれる．

$$TV^{\kappa-1}=\text{一定} \tag{3.41}$$

$$\frac{T}{p^{\frac{\kappa-1}{\kappa}}}=\text{一定} \tag{3.42}$$

絶対仕事 L

＜**方法 1**：絶対仕事の定義式で計算する＞

$pV^\kappa=p_1V_1^\kappa$ なので，$p=p_1V_1^\kappa V^{-\kappa}$ である．これを絶対仕事の定義式に代入して計算すればよい．

$$L=\int_1^2 pdV=p_1V_1^\kappa\int_1^2 V^{-\kappa}=\frac{p_1V_1^\kappa}{1-\kappa}[V^{1-\kappa}]_1^2=\frac{p_1V_1^\kappa}{1-\kappa}\left(\frac{1}{V_2^{\kappa-1}}-\frac{1}{V_1^{\kappa-1}}\right)$$

$$=\frac{p_1}{\kappa-1}\left(\frac{V_1^\kappa}{V_1^{\kappa-1}}-\frac{V_1^\kappa}{V_2^{\kappa-1}}\right)$$

$$=\frac{p_1}{\kappa-1}\left(V_1-\frac{V_1^\kappa}{V_2^{\kappa-1}}\right)=\frac{p_1V_1}{\kappa-1}\left(1-\frac{V_1^{\kappa-1}}{V_2^{\kappa-1}}\right)=\frac{p_1V_1}{\kappa-1}\left[1-\left(\frac{V_1}{V_2}\right)^{\kappa-1}\right]$$

$$\therefore\quad L=\frac{p_1V_1}{\kappa-1}\left[1-\left(\frac{V_1}{V_2}\right)^{\kappa-1}\right] \tag{3.43a}$$

また，$p_1V_1^\kappa=p_2V_2^\kappa$ より，$\dfrac{V_1}{V_2}=\left(\dfrac{p_2}{p_1}\right)^{\frac{1}{\kappa}}$ なので，式 (3.43a) は

$$L = \frac{p_1 V_1}{\kappa - 1}\left[1 - \left(\frac{p_2}{p_1}\right)^{\frac{\kappa-1}{\kappa}}\right] \tag{3.43b}$$

＜**方法2**：熱力学第一法則で計算する＞
閉じた系の熱力学第一法則において，$dQ = 0$ なので
$$\cancel{dQ} = dU + dL$$
である．よって，**絶対仕事は内部エネルギー変化に等しい**．
$$dL = -dU = -mc_v dT \tag{3.44}$$
$$\therefore L = -\int_1^2 dU = mc_v \int_2^1 dT = mc_v(T_1 - T_2) = m\frac{R}{\kappa-1}(T_1 - T_2) \tag{3.45}$$

ちなみに，状態方程式を式 (3.45) に代入して mRT を pV に変形させ，式 (3.41) を使って整理すると，式 (3.43a)，(3.43b) が導かれる．

工業仕事 L_t

上記の絶対仕事計算の方法1と同じように，工業仕事の定義式から計算することもできるが，ここでは，よりシンプルな方法で導く．
閉じた系と開いた系の熱力学第一法則の式を断熱変化に適用すると
$$\cancel{dQ} = dU + dL \quad （閉じた系の式）$$
$$\cancel{dQ} = dH + dL_t \quad （開いた系の式）$$
よって
$$dL = -dU = -mc_v dT \quad （閉じた系の式）$$
$$dL_t = -dH = -mc_p dT \quad （開いた系の式）$$
ここで，絶対仕事と工業仕事の比をとると
$$\frac{dL_t}{dL} = \frac{-dH}{-dU} = \frac{-mc_p dT}{-mc_v dT} = \kappa \tag{3.46}$$

つまり，**工業仕事は，絶対仕事の κ 倍になる**．
$$L_t = \kappa L \tag{3.47}$$

よって，式 (3.43a)，(3.43b)，(3.45) より，工業仕事の計算式は以下のようになる．
$$L_t = \frac{\kappa p_1 V_1}{\kappa - 1}\left[1 - \left(\frac{V_1}{V_2}\right)^{\kappa-1}\right] \tag{3.48a}$$
$$L_t = \frac{\kappa p_1 V_1}{\kappa - 1}\left[1 - \left(\frac{p_2}{p_1}\right)^{\frac{\kappa-1}{\kappa}}\right] \tag{3.48b}$$

$$L_t = mc_p(T_1 - T_2) = m\frac{\kappa R}{\kappa - 1}(T_1 - T_2) \tag{3.49}$$

 熱力学第一法則

前述の通り，断熱変化なので $dQ = 0$ となる．

 例題 3-6　断熱変化

質量 1 kg，圧力 100 kPa，温度 30.0℃，気体定数 287 J/(kg·K)，比熱比 1.40 の理想気体を，初期容積の 1/10 の容積になるまで断熱圧縮した．以下の数値を求めなさい．
(1) 圧縮後の圧力　(2) 圧縮後の温度　(3) 絶対仕事　(4) 工業仕事

解答

題意より，$m = 1$ kg，$p_1 = 100$ kPa，$T = 30 + 273$ K，$R = 287$，$\kappa = 1.40$ である．

(1) $p_1 V_1^\kappa = p_2 V_2^\kappa$ なので，$p_2 = p_1 \left(\dfrac{V_1}{V_2}\right)^\kappa = p_1 \left(\dfrac{10V_1}{V_1}\right)^\kappa = 100 \times 10^{1.40} = 2.51$ MPa

(2) $T_1 V_1^{\kappa-1} = T_2 V_2^{\kappa-1}$ なので，$T_2 = T_1 \left(\dfrac{V_1}{V_2}\right)^{\kappa-1} = T_1 \left(\dfrac{10V_1}{V_1}\right)^{\kappa-1} = 303 \times 10^{1.40-1} = 761$ K

(3) 式（3.45）より

$$L = m\frac{R}{\kappa - 1}(T_1 - T_2) = 1 \times \frac{287}{1.40 - 1} \times (303 - 761) = -329 \text{ kJ}\quad（圧縮は負）$$

理想気体の状態方程式で V_1 を算出し，式（3.43a）で求めてもよい．

(4) $L_t = \kappa L = 1.40 \times (-329) = -461$ kJ

3.3.6　ポリトロープ変化

前項の断熱変化で説明したように，実際のエンジン，圧縮機，タービンなどでの圧縮や膨張は，完全に断熱ではなく，多少なりとも熱のやり取り（たとえば熱の逃げ）が行われる．そこで，断熱変化における $pV^\kappa =$ 一定の κ を任意の定数 n に置き換え，実際の状態変化を表現する．これをポリトロープ変化といい，n の数値をポリトロープ指数と呼ぶ．

p, V, T の関係

断熱変化の式（3.40）〜（3.42）の κ を n に置き換えて，以下のように表される．

$$pV^n = 一定 \tag{3.50}$$

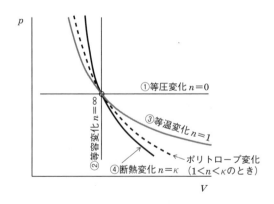

図 3.10　ポリトロープ変化の p-V 線図

$$TV^{n-1} = 一定 \tag{3.51}$$

$$\frac{T}{p^{\frac{n-1}{n}}} = 一定 \tag{3.52}$$

ポリトロープ変化では，n を 0, 1, ∞, κ と置き換えることで，等圧，等容，等温，断熱変化の全てを表すことが可能である（図 3.10）．

① $n=0$ のとき：$pV^0 = 一定$ なので，$p=一定$　　⇒ **等圧変化**
② $n=\infty$ のとき：$pV^\infty = 一定$，$p^{\frac{1}{\infty}}V = 一定$，$V = 一定$　⇒ **等容変化**
③ $n=1$ のとき：$pV = 一定$　　　　　　　　　　　⇒ **等温変化**
④ $n=\kappa$ のとき：$pV^\kappa = 一定$　　　　　　　　　　⇒ **断熱変化**

▚ 絶対仕事 L

$pV^n = p_1 V_1^n$ なので，$p = p_1 V_1^n V^{-n}$ である．これを絶対仕事の定義式に代入して計算すればよい．この計算は，断熱変化における絶対仕事の式（3.43a），(3.43b) の κ を n に置き換えたものと同じなので，以下のようになる．

$$L = \frac{p_1 V_1}{n-1}\left[1 - \left(\frac{V_1}{V_2}\right)^{n-1}\right] \tag{3.53a}$$

$$L = \frac{p_1 V_1}{n-1}\left[1 - \left(\frac{p_2}{p_1}\right)^{\frac{n-1}{n}}\right] \tag{3.53b}$$

また，式（3.45）の κ を n に置き換えて，以下のようにも表せる．

$$L = m\frac{R}{n-1}(T_1 - T_2) \tag{3.54}$$

3-3 理想気体の状態変化

工業仕事 L_t

工業仕事についても，式 (3.48a)，(3.48b)，(3.49) の κ を n に置き換えればよい．

$$L_t = \frac{np_1V_1}{n-1}\left[1-\left(\frac{V_1}{V_2}\right)^{n-1}\right] \tag{3.55a}$$

$$L_t = \frac{np_1V_1}{n-1}\left[1-\left(\frac{p_2}{p_1}\right)^{\frac{n-1}{n}}\right] \tag{3.55b}$$

$$L_t = m\frac{nR}{n-1}(T_1-T_2) \tag{3.56}$$

つまり，工業仕事は，絶対仕事の n 倍になる．

$$L_t = nL \tag{3.57}$$

熱力学第一法則

ポリトロープ変化でやり取りされる熱量は，熱力学第一法則を用いて以下のように計算される．

$$dQ = dU + dL = mc_v dT + dL$$

$$Q = \int_1^2 dU + \int_1^2 dL = mc_v\int_1^2 dT + L = mc_v(T_2-T_1) + m\frac{R}{n-1}(T_1-T_2) \tag{3.58}$$

> ここで，内部エネルギーは状態量なので，その積分値は変化前と変化後の状態のみで決まり，$U_2 - U_1$ と表せる．仕事は状態量ではないので，変化の経路に依存する．

式 (3.16) より，$R = c_v(\kappa-1)$ を式 (3.58) に代入すると

$$Q = mc_v(T_2-T_1) - mc_v\frac{\kappa-1}{n-1}(T_2-T_1)$$

$$= mc_v\frac{n-1}{n-1}(T_2-T_1) - mc_v\frac{\kappa-1}{n-1}(T_2-T_1)$$

$$Q = mc_v\frac{n-\kappa}{n-1}(T_2-T_1) = mc_n(T_2-T_1) \tag{3.59}$$

ここで，$c_n = \frac{n-\kappa}{n-1}c_v$ をポリトロープ比熱という．

 **ポリトロープ変化**

質量 1 kg，圧力 12.5 MPa，温度 400℃ の空気（比熱比 1.40，ガス定数 287 J/(kg·K)）を，容積が 8 倍になるまで膨張させた．膨張過程がポリトロープ指数 $n = 1.25$ のポリトロープ変化だった場合，以下の数値を求めなさい．

(a) 膨張後の圧力
(b) 膨張後の温度
(c) 絶対仕事 L
(d) やり取りされる熱量 Q

題意より，$m = 1$，$p_1 = 12.5$ MPa，$T_1 = 400 + 273$ K，$\kappa = 1.40$，$R = 287$，$V_2 = 8V_1$ である．

(a) $p_1 V_1^n = p_2 V_2^n$ なので，$p_2 = p_1 \left(\dfrac{V_1}{V_2}\right)^n = p_1 \left(\dfrac{V_1}{8V_1}\right)^n = 12.5 \times \left(\dfrac{1}{8}\right)^{1.25} = 929$ kPa

(b) $T_1 V_1^{n-1} = T_2 V_2^{n-1}$ なので $T_2 = T_1 \left(\dfrac{V_1}{V_2}\right)^{n-1} = T_1 \left(\dfrac{V_1}{8V_1}\right)^{n-1}$

$= (400 + 273) \times \left(\dfrac{1}{8}\right)^{1.25-1} = 400$ K

(c) $L = m \dfrac{R}{n-1}(T_1 - T_2) = 1 \times \dfrac{287}{1.25-1} \times (673 - 400) = 313$ kJ

(d) $Q = m c_v (T_2 - T_1) + L = 1 \times 0.718 \times (400 - 673) + 313 = (-196 + 313) = 117$ kJ （の受熱）

ここで，$C_v = \dfrac{R}{\kappa - 1} = \dfrac{287}{1.40 - 1} \fallingdotseq 718$ J/(kg·K) $= 0.178$ kJ/(kg·K) の関係を用いた．

アドバイス

理想気体の状態変化の計算では，状態変化の種類ごとに多くの計算式が出てきた．これらを暗記するのではなく，理解することが大切である．多くの数式を覚えるのではなく，その基本となる以下の法則をしっかり理解し，導けるようにしよう．
〈基本になる式〉熱力学第一法則，絶対仕事と工業仕事の定義，理想気体の状態方程式，マイヤーの関係式など

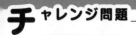

基本問題

問題1　状態方程式と等容変化

容積 $1\,\mathrm{m}^3$ の堅固な容器内に，絶対圧力 $500\,\mathrm{kPa}$，温度 $30℃$ の気体が充てんされている．この気体が加熱され，温度が $50℃$ に上昇した．以下の (1)～(3) を求めなさい．なお，この気体の定容比熱は $718\,\mathrm{J/(kg \cdot K)}$，定圧比熱は $1005\,\mathrm{J/(kg \cdot K)}$ である．

(1) 容器内の気体の質量
(2) 加熱量
(3) 加熱後の圧力

問題2　等圧変化

初期容積 $5\,\mathrm{m}^3$ の理想気体が，はじめの圧力 $p_1 = 300\,\mathrm{kPa}$，温度 $T_1 = 50℃$ の状態から等圧で膨張し，温度が $200℃$ になった．このとき，以下の (1)～(4) を求めなさい．ただし，気体の比熱比 κ を 1.40，分子量 M を $29\,\mathrm{kg/kmol}$ とする．なお，一般ガス定数は $R_0 = 8314\,\mathrm{J/(kmol \cdot K)}$ である．

(1) 質量
(2) 膨張後の容積 V_2
(3) 加熱量
(4) 絶対仕事 L

問題3　等温変化

温度 $30℃$，圧力 $100\,\mathrm{kPa}$，容積 $10\,\mathrm{m}^3$ の空気を，圧力 $900\,\mathrm{kPa}$ になるまで等温圧縮した．圧縮時に外部に放出される熱量を求めなさい．

問題4　断熱変化

圧力 $0.15\,\mathrm{MPa}$，温度 $35℃$ の状態の空気 $1\,\mathrm{kg}$ が，圧力 $3.0\,\mathrm{MPa}$ まで断熱圧縮された．次の (1)～(3) を求めなさい．なお，$R = 287\,\mathrm{J/(kg \cdot K)}$，$\kappa = 1.40$ 一定とする．

(1) 圧縮後の温度
(2) 絶対仕事
(3) 工業仕事

第4章

熱力学第二法則

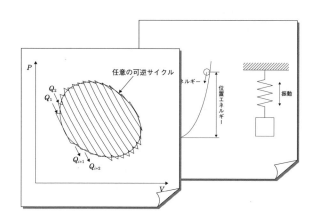

　本章では，サイクルと熱力学第二法則を学習する．サイクルとは，気体の状態変化を用いて仕事と熱エネルギーを循環的に変換する熱機械の過程である．また，熱力学第二法則とエントロピーは熱力学の根本を成し，特にエントロピーは熱力学の中で最も理解しづらい概念であるものの，経済学などにも使われる非常に興味深い状態量である．

　4-1節では熱エネルギーを仕事に変換する熱機械とサイクルについて説明し，サイクルの評価方法として熱効率と成績係数を学ぶ．4-2節ではカルノーサイクルと逆カルノーサイクルを学ぶ．4-3節では新しい状態量としてエントロピーを理解する．4-4節では具体的な理想気体のエントロピー変化量の計算方法を習得する．4-5節では自然界の変化の方向と非可逆性を示す熱力学第二法則を学ぶ．本章では，サイクルによって熱機械の動作を，熱力学第二法則によってエネルギーの質と変化の方向を理解する．

4-1 一般サイクルの熱効率と成績係数

サイクルによって，熱エネルギーと仕事を繰り返し変換することができる．

▶ポイント◀
1. 熱機械では，作動流体のサイクルに従って気体の状態が変化し，熱機関またはヒートポンプ・冷凍機として動作する．
2. 熱機関は熱効率で，ヒートポンプ・冷凍機は成績係数で性能を評価する．

4.1.1 熱機械

熱機械とは，熱エネルギーと仕事を循環的に繰り返し変換する装置のことである．高温熱源から得た熱エネルギーを仕事に変換するものを**熱機関**，仕事によって熱エネルギーを低温熱源から高温熱源に移動するものを**ヒートポンプ・冷凍機**と呼ぶ．つまり熱機械とは，作動流体の気体の状態変化を利用して熱力学第一法則に従って，熱エネルギーと仕事を変換する装置である．よって，熱機械による動作をまとめると図4.1のような関係となる．

$$
\text{熱機械} \begin{cases} \text{熱機関} & \cdots \text{熱エネルギー} \rightarrow \text{仕事} \\ \text{ヒートポンプ・冷凍機} \cdots & \text{仕事} \rightarrow \text{熱エネルギーを移動} \end{cases}
$$

熱力学第一法則 → 作動流体の気体の状態変化

図 4.1 熱機械の動作

4.1.2 一般サイクル

サイクルとは，熱機械を連続的に作動するために作動流体の気体の状態変化を複数組み合わせて最初の状態に戻る過程である．一般的なサイクルの $p-V$ 線図を図4.3に示す．サイクルには，図4.3（a）のように $p-V$ 線図上で時計回りに作動するサイクルと図4.3（b）のように反時計回りに作動するサイクルがある．また，熱機械をサイクルによって循環的に作動するためには，高温熱源と低温熱源が必要であり，熱源の温度が作動流体の温度と同じ場合，気体は膨張するときに温度が低下するため熱源より熱エネルギーを受け取り，圧縮される時に温度が上昇するために熱源に熱エネルギーを放出する．

□□ 4-1　一般サイクルの熱効率と成績係数　□□

　図 4.3 (a) の熱機関のサイクルのようにサイクルが時計回りの場合，作動流体は膨張することによって高温熱源から受熱量 Q_1 を受け取り，圧縮されることによって低温熱源へ排熱量 Q_2 を排出する．ここで，高温熱源からの受熱による膨張仕事が低温熱源への排熱のための圧縮仕事よりも大きいため，高温熱源から受熱し低温熱源に排熱することでサイクルから外部に仕事 L をする．

　図 4.3 (b) のヒートポンプ・冷凍機のサイクルのようにサイクルが反時計回りの場合，作動流体は膨張することによって低温熱源から受熱量 Q_2 を受け取り，圧縮されることによって高温熱源へ排熱量 Q_1 を排出する．ここで，低温熱源からの受熱による膨張仕事が高温熱源への排熱のための圧縮仕事よりも小さいため，外部から熱機械に仕事 L をする必要がある．したがって，低温熱源から受熱し高温熱源に排熱するため，低温熱源では熱エネルギーを奪われ冷凍機として作動し，高温熱源では熱エネルギーを受け取るためにヒートポンプとして作動する．よって，ヒートポンプのみまたは冷凍機のみとして作動することはできず，必ずヒートポンプと冷凍機は同時に作動する．サイクルと受熱・排熱と作動流体の圧縮・膨張は，図 4.2 のような関係となる．

熱機械		サイクル	高温熱源（作動流体）	低温熱源（作動流体）
	熱機関	時計回り	受熱（膨張）	排熱（圧縮）
	ヒートポンプ・冷凍機	反時計回り	排熱（圧縮）	受熱（膨張）

図 4.2　熱機械とサイクル

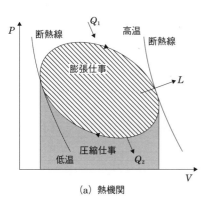 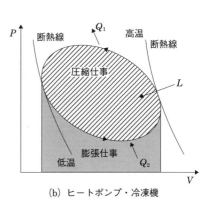

(a) 熱機関　　　　　　　　　　　　(b) ヒートポンプ・冷凍機

図 4.3　一般サイクル

> **📝 関連知識メモ**
> 気体の状態変化を複数回用いて最初の状態に戻るサイクルを $p-V$ 線図の上に描くことは簡単で，誰にでも何種類でも書くことはできる．
> しかし，そのサイクルによって作動する機関を実際に作製しなければサイクルとして認められない．

4.1.3 熱効率と成績係数

熱機関において外部へする仕事 L は受熱量 Q_1 と排熱量 Q_2 の差となるので，$L = Q_1 - Q_2$ と表される．熱機関の性能は**熱効率** η で評価し，与えられた受熱量 Q_1 のうちで仕事 L に変換された割合とする．よって，熱機関の**理論熱効率**は，次の式で定義される．

$$\eta = \frac{L}{Q_1} = \frac{Q_1 - Q_2}{Q_1} = 1 - \frac{Q_2}{Q_1} \tag{4.1}$$

ヒートポンプ・冷凍機では，外部からなされた仕事 L によって低温熱源から受熱量 Q_2 を汲み上げ，外部からの仕事 L は熱エネルギーとして Q_2 と共に高温熱源へ排熱量 Q_1 として排熱される．よって，$Q_1 = L + Q_2 (L = Q_1 - Q_2)$ となり，熱機関と同じ関係が得られる．ヒートポンプ・冷凍機の性能は**成績係数**（COP：Coefficient of Performance）によって評価し，外部からなされた仕事 L と移動した熱量の割合とする．よって，**ヒートポンプの成績係数**$(\text{COP})_h$ と**冷凍機の成績係数**$(\text{COP})_r$ はそれぞれ次の式で定義される．

$$(\text{COP})_h = \frac{Q_1}{L} = \frac{Q_2 + L}{L} = \frac{Q_2}{L} + 1 \tag{4.2}$$

$$(\text{COP})_r = \frac{Q_2}{L} = \frac{Q_1 - L}{L} = \frac{Q_1}{L} - 1 \tag{4.3}$$

ヒートポンプの成績係数 $(\text{COP})_h$ と冷凍機の成績係数 $(\text{COP})_r$ には次の関係がある．

$$(\text{COP})_h - (\text{COP})_r = \frac{Q_1}{L} - \frac{Q_2}{L} = \frac{Q_1 - Q_2}{L} = 1 \tag{4.4}$$

$$\therefore (\text{COP})_h = (\text{COP})_r + 1 \tag{4.5}$$

4-1 一般サイクルの熱効率と成績係数

▶▶▶ 理解しておこう！

熱効率は，その定義と熱力学第一法則から1を超えることはなく，1に近いほど性能が良い．成績係数は通常1以上であり大きいほど性能が良く，現在のエアコンでは暖房の成績係数が5程度，冷房の成績係数が4程度である．

しかし，1の仕事によって5倍の熱エネルギーを生み出しているわけではなく，低温熱源から高温熱源に熱エネルギーを移動しているのみであることに注意しよう．

例題 4-1　仕事と熱エネルギー

容積 $20\ \mathrm{m}^3$ の台所に冷凍機の成績係数3の冷蔵庫がある．この冷蔵庫の消費電力が $100\ \mathrm{W}$ である場合，1分間で台所の温度は何℃上昇するか．ただし，空気の密度は $\rho = 1.0\ \mathrm{kg/m}^3$，定圧比熱は $c_p = 1.005\ \mathrm{kJ/(kg \cdot K)}$ とする．

解答

冷蔵庫の仕事率（消費電力）は $100\ \mathrm{W}$ なので1分間の冷蔵庫の仕事量は $L = 100\ \mathrm{W}\ (= [\mathrm{J/s}]) \times 60\ \mathrm{s} = 6\ \mathrm{kJ}$ であり，台所内の空気の質量は $m = \rho V = 1.0\ \mathrm{kg/m}^3 \times 20\ \mathrm{m}^3 = 20\ \mathrm{kg}$ である．また，ヒートポンプの成績係数から排熱量 $Q_1 = (\mathrm{COP})_h L$ となる．ここで，ヒートポンプの成績係数は $(\mathrm{COP})_h = (\mathrm{COP})_r + 1 = 3 + 1 = 4$ である．

台所の初期温度を T_1，1分後の温度を T_2 とすると，熱量の式から $Q_1 = (\mathrm{COP})_h L = m c_p (T_2 - T_1)$ となる．よって

$$T_2 = \frac{(\mathrm{COP})_h L}{m c_p} + T_1 = \frac{4 \times 6}{20 \times 1.005} + T_1 = 1.19 + T_1$$

となり，1.19℃上昇する．

覚えよう！

ヒートポンプの成績係数 $(\mathrm{COP})_h$ と冷凍機の成績係数 $(\mathrm{COP})_r$ には，$(\mathrm{COP})_h = (\mathrm{COP})_r + 1$ という関係があるため，どちらかの成績係数を求めれば，他方は簡単に求まる．また，両辺に仕事 L をかけると $L(\mathrm{COP})_h = L(\mathrm{COP})_r + L$ となり，成績係数の定義から $Q_1 = Q_2 + L$ が得られる．

4-2 可逆カルノーサイクル

可逆カルノーサイクルは，同一温度範囲で作動するとき，最高熱効率が得られる．

▶ポイント◀
1. 可逆カルノーサイクルは，二つの断熱変化と二つの等温変化で構成されるサイクルである．
2. カルノーサイクルは熱機関として，逆カルノーサイクルはヒートポンプ・冷凍機として作動する．

4.2.1 カルノーサイクル

可逆カルノーサイクルは可逆変化で構成され，可逆カルノーサイクルを時計回りに作動すると熱機関のカルノーサイクルとなる．図 4.4（p.78）にカルノーサイクルの $p-V$ 線図を示す．状態 1 から 2 において等温変化によって作動流体を膨張しながら温度 T_H の高温熱源から熱エネルギー Q_1 を受熱し，状態 2 から 3 において断熱変化によって作動流体を膨張し温度 T_L となる．状態 3 から 4 において等温変化によって作動流体を圧縮しながら温度 T_L の低温熱源に熱エネルギー Q_2 を排出し，状態 4 から 1 において断熱変化によって作動流体を圧縮して温度 T_H となり，サイクルを完了する．

熱エネルギー Q_1 の受熱および熱エネルギー Q_2 の排熱は等温変化で行われるので

$$Q_1 = mRT_H \ln \frac{V_2}{V_1} \qquad -Q_2 = mRT_L \ln \frac{V_4}{V_3} \qquad (4.6)$$

となる．ここで，Q_2 は排熱であるため負とした．熱効率を求めるために受熱量 Q_1 と排熱量 Q_2 の比をとると

$$\frac{Q_2}{Q_1} = \frac{-mRT_L \ln \frac{V_4}{V_3}}{mRT_H \ln \frac{V_2}{V_1}} = \frac{-T_L \ln \frac{V_4}{V_3}}{T_H \ln \frac{V_2}{V_1}} = \frac{T_L \ln \frac{V_3}{V_4}}{T_H \ln \frac{V_2}{V_1}} \qquad (4.7)$$

となる．ここで，状態 2 から状態 3，状態 4 から状態 1 は断熱変化であるので

4-2 可逆カルノーサイクル

$$T_H V_2^{\kappa-1} = T_L V_3^{\kappa-1} \quad T_L V_4^{\kappa-1} = T_H V_1^{\kappa-1} \quad \therefore \frac{T_L}{T_H} = \left(\frac{V_2}{V_3}\right)^{\kappa-1} = \left(\frac{V_1}{V_4}\right)^{\kappa-1}$$

$$\therefore \frac{V_2}{V_3} = \frac{V_1}{V_4} \tag{4.8}$$

となる．よって，$\dfrac{V_2}{V_1} = \dfrac{V_3}{V_4}$ であるので，式（4.7）より

$$\frac{Q_2}{Q_1} = \frac{T_L}{T_H} \tag{4.9}$$

となる．したがって，**カルノーサイクルの理論熱効率**（カルノー効率）は

$$\eta = 1 - \frac{Q_2}{Q_1} = 1 - \frac{T_L}{T_H} \tag{4.10}$$

となり，高温熱源の温度 T_H と低温熱源の温度 T_L のみで決定される．

> **覚えよう！**
>
> カルノーサイクルにおいて，受熱量と排熱量の比は $\dfrac{Q_2}{Q_1} = \dfrac{T_L}{T_H}$ と表すことができる．この関係は比較的簡単に導けるが，覚えておこう．

4.2.2　逆カルノーサイクル

図 4.4 に示す**逆カルノーサイクル**は，可逆カルノーサイクルを反時計回りに駆動することで，ヒートポンプ・冷凍機として作動する．**ヒートポンプの成績係数**$(\mathrm{COP})_h$ と**冷凍機の成績係数**$(\mathrm{COP})_r$ は

$$(\mathrm{COP})_h = \frac{Q_1}{L} = \frac{Q_1}{Q_1 - Q_2} = \frac{1}{1 - \dfrac{Q_2}{Q_1}} = \frac{1}{1 - \dfrac{T_L}{T_H}} = \frac{T_H}{T_H - T_L} \tag{4.11}$$

$$(\mathrm{COP})_r = \frac{Q_2}{L} = \frac{Q_2}{Q_1 - Q_2} = \frac{1}{\dfrac{Q_1}{Q_2} - 1} = \frac{1}{\dfrac{T_H}{T_L} - 1} = \frac{T_L}{T_H - T_L} \tag{4.12}$$

となり，ヒートポンプ・冷凍機の成績係数も高温熱源の温度 T_H と低温熱源の温度 T_L のみで決定される．

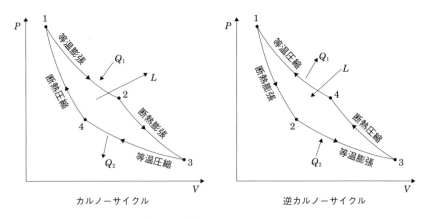

図 4.4　可逆カルノーサイクル

関連知識メモ

　フランス人のカルノーが考案したカルノーサイクルは，作動温度（サイクルの最高温度と最低温度）が決まった場合に，最も理論熱効率が高くなるサイクルである．ただし，等温変化で受熱と排熱をするためカルノーサイクルで作動する内燃機関は存在しない．
　しかし，外燃機関であるスターリングエンジンの理論熱効率はカルノーサイクルと同じになる．

覚えよう！

　熱力学ではさまざまなサイクルを学習するが，それらのサイクルは偉大な科学者が導き出したものである．それぞれのサイクルの気体の状態変化の組合せは必ず覚えよう．しかし，各サイクルの熱効率などは式変形によって導けるようにしておこう．

4-3 エントロピー

エントロピーは，変化の方向や乱雑さの度合いを示す状態量である．

▶ポイント◀
1. エントロピーは非可逆変化では必ず増加し，これは熱エネルギーの質の低下を意味する．
2. 可逆カルノーサイクルは，$T-S$ 線図（温度－エントロピー線図）を用いると簡単に理解できる．

4.3.1 クラウジウスの積分

可逆カルノーサイクルにおいて，受熱量 Q_1，排熱量 Q_2 とし高温熱源の温度 T_1，低温熱源の温度 T_2 とすると，熱量と温度の関係から

$$\frac{Q_2}{Q_1}=\frac{T_2}{T_1} \quad \rightarrow \quad \frac{Q_1}{T_1}=\frac{Q_2}{T_2} \quad \rightarrow \quad \frac{Q_1}{T_1}-\frac{Q_2}{T_2}=0$$

という関係が導かれる．ここで，Q_2 は排熱でサイクルにとって負であるのでマイナスとし

$$\frac{Q_1}{T_1}-\frac{-Q_2}{T_2}=0 \quad \rightarrow \quad \frac{Q_1}{T_1}+\frac{Q_2}{T_2}=0$$

と考える．ここで，図 4.5 に示すように任意の可逆サイクルを小さな n 個の可逆カルノーサイクルの集まりと考えると，上記の熱量と温度の関係から

$$\sum_{i=1}^{n}\frac{Q_i}{T_i}=0 \qquad (4.13)$$

となる．ここで，$n\rightarrow\infty$ として周回積分に置き換えると

$$\oint \frac{dQ}{T}=0 \qquad (4.14)$$

となる．ここで，周回積分とは関数 dQ/T をサイクルの経路に従って積分することを意味する．

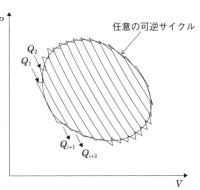

図 4.5 n 個の可逆カルノーサイクルで分割された任意の可逆サイクル

この式を**クラウジウスの積分**という．クラウジウスの積分は，可逆カルノーサイクルを仮定して求めているので，可逆過程の任意のサイクルに対して成立する．

4.3.2 エントロピー

図 4.6 のように任意の可逆サイクルにおいて 1 から 2 を通過してクラウジウスの積分を求める場合，a を通る経路と b を通る経路に分けて積分すると

$$\oint \frac{dQ}{T} = \int_{1 \to a}^{2} \frac{dQ}{T} + \int_{2 \to b}^{1} \frac{dQ}{T} = 0$$

となる．したがって

$$\int_{1 \to a}^{2} \frac{dQ}{T} - \int_{1 \to b}^{2} \frac{dQ}{T} = 0$$

$$\therefore \int_{1 \to a}^{2} \frac{dQ}{T} = \int_{1 \to b}^{2} \frac{dQ}{T} \quad (4.15)$$

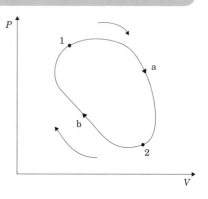

図 4.6　任意の可逆サイクル

となり，状態 1 から状態 2 へ変化する場合，dQ/T の周回積分はどのような経路を通っても等しいことがわかる．気体の状態変化の経路によらず状態 1，2 によって一義的に dQ/T の周回積分によって決まるため dQ/T は状態量であり，これがエントロピー S である．エントロピーは示量性状態量であり，**エントロピー S および比エントロピー s** は，以下の式で定義される．

$$dS = \frac{dQ}{T} \text{[J/K]} \, (dQ = TdS \text{[J]}) \qquad ds = \frac{dq}{T} \text{[J/(kg·K)]} \, (dq = Tds \text{[J/kg]})$$

$$(4.16)$$

— アドバイス ——

統計力学ではエントロピーを $S = k \ln W$ と定義し，ボルツマンの公式として知られている．ここで，k はボルツマン定数，W はミクロで見た状態の数である．簡単に考えると，とることのできる状態の数が増えてバラバラになるとエントロピーが増大する．よって，エントロピーはミクロな状態の「乱雑さの度合」を表している．

4.3.3 エントロピーと T–S 線図

エントロピー S と温度 T の関係を表したグラフを T–S 線図という．エント

4-3 エントロピー

ロピーの定義から$T-S$線図を積分して得られた値は熱エネルギーQとなる．ここで，等容変化と等圧変化の温度TとエントロピーSの関係は

$$等容変化\ T = exp\frac{S}{c_v} + C \qquad 等圧変化\ T = exp\frac{S}{c_p} + C$$

と表されるので，気体の状態変化を$T-S$線図に表すと図4.7となる．また，可逆カルノーサイクルを$T-S$線図に表すと図4.8となる．ここで，ab12で囲まれる面積がカルノーサイクルの受熱量Q_1，ab43で囲まれる面積がカルノーサイクルの排熱量Q_2となり，1234で囲まれる面積が仕事Lに相当する熱量である．

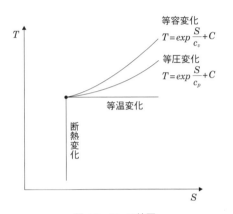

図4.7　$T-S$線図

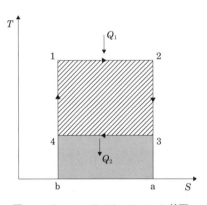

図4.8　カルノーサイクルの$T-S$線図

アドバイス

$p-V$線図を積分すると仕事が得られるので仕事線図とも呼ばれ，$T-S$線図は積分すると熱量が得られるので熱線図とも呼ばれる．$p-V$線図では等容変化と等圧変化が直線的変化となり，$T-S$線図では等温変化と断熱変化（等エントロピー変化）が直線的変化となる．

4.3.4　非可逆変化とクラウジウスの不等式

実際の自然界の変化は，必ず非可逆で元の状態に戻ることはない．ここで，図4.5に示したn個のカルノーサイクルに非可逆なカルノーサイクルが1つでも含まれれば，この任意のサイクル全体が非可逆過程となる．非可逆カルノーサイクルではエネルギーの散逸のため熱効率η_{irr}は可逆カルノーサイクルの熱効率

$\eta_{rev}\left(\eta_{rev}=1-\dfrac{T_2}{T_1}\right)$ よりも小さくなる．よって，非可逆カルノーサイクルと可逆カルノーサイクルの熱効率の関係は

$$\eta_{irr}=1-\dfrac{Q_2}{Q_1}<\eta_{rev}=1-\dfrac{T_2}{T_1} \quad \to \quad -\dfrac{Q_2}{Q_1}<-\dfrac{T_2}{T_1} \quad \to \quad \dfrac{Q_2}{Q_1}>\dfrac{T_2}{T_1}$$

$$\to \quad \dfrac{Q_2}{T_2}>\dfrac{Q_1}{T_1}$$

となり，ここで，Q_2 が排熱であり負であることを考慮すると

$$\dfrac{-Q_2}{T_2}>\dfrac{Q_1}{T_1} \quad \to \quad 0>\dfrac{Q_1}{T_1}+\dfrac{Q_2}{T_2}$$

となる．よって，非可逆過程を含む n 個のカルノーサイクルに対して

$$\sum_{i=1}^{n}\dfrac{Q_i}{T_i}<0 \tag{4.17}$$

となる．ここで，$n\to\infty$ として周回積分に置き換えると

$$\oint\dfrac{dQ}{T}<0 \tag{4.18}$$

となる．この式を**クラウジウスの不等式**という．

4.3.5 非可逆過程とエントロピー

図 4.9 の任意のサイクルの 1→a→2 が非可逆変化であり，2→b→1 が可逆変化である場合を考える．するとクラウジウスの不等式は

$$\int_{1\to a}^{2}\dfrac{dQ}{T}+\int_{2\to b}^{1}\dfrac{dQ}{T}<0$$

と書くことができる．よって

$$\int_{1\to a}^{2}\dfrac{dQ}{T}-\int_{1\to b}^{2}\dfrac{dQ}{T}<0$$

$$\int_{1\to a}^{2}\dfrac{dQ}{T}<\int_{1\to b}^{2}\dfrac{dQ}{T}$$

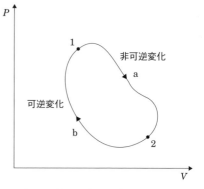

図 4.9 非可逆変化を含むサイクル

となる．ここで，1→b→2 は可逆変化であるので，エントロピーを求めることができ

4-3 エントロピー

$$\int_{1\to b}^{2} \frac{dQ}{T} = S_2 - S_1$$

となる．よって

$$\int_{1\to a}^{2} \frac{dQ}{T} < S_2 - S_1 \tag{4.19}$$

となり，dQ/T の周回積分の値よりもエントロピーの変化量 $(S_2 - S_1)$ が大きくなる．すなわち，非可逆過程の場合は可逆過程よりよりもエントロピーが増大する．これを一般的に表すと

$$dS > \frac{dQ}{T} \qquad (dQ < Tds) \tag{4.20}$$

となる．すなわち，**エントロピーの増大**する過程は**非可逆過程**であり，非可逆過程である自然界ではエントロピーが増加する方向に変化が進行する．よって，エントロピーは自然界での「変化の方向」を示している．

覚えよう！

エントロピーは，なかなか理解することが難しい概念だが，熱力学で非常に重要な状態量である．エントロピーの定義式 $dS = \dfrac{dQ}{T}$〔J/K〕（$ds = \dfrac{dq}{T}$〔J/(kg·K)〕）は絶対に覚えておこう．

また，次節にある理想気体のエントロピー変化量の計算方法も一見複雑そうだが，慣れれば簡単に導くことができる．気体の各状態変化におけるエントロピーの変化量は導き出せるようにしよう．

アドバイス

図 4.9 では，任意のサイクルの 1→a→2 が非可逆変化であり，2→b→1 が可逆変化としたが，非可逆変化と可逆変化を逆にしても同じ結果が得られる．同様の結果となるか確めてみよう．

4-4 理想気体のエントロピー変化

気体の4種類の状態変化におけるエントロピーの変化量を計算する.

▶ポイント◀
1. 可逆変化の気体の状態変化のエントロピーの計算方法を理解する.
2. エントロピーは，その絶対値よりも変化した量が重要となる.

4.4.1 理想気体のエントロピーの変化量

比エントロピーの定義 $ds = dq/T$ から，気体の状態変化を可逆変化とし，s_0 を基準として単位質量の気体の比エントロピー s を各状態変化に対して計算する. 比エントロピーの定義式を熱力学第一法則 $dq = du + pdv$ および $dq = dh - vdp$，気体の状態方程式，マイヤーの関係を用いて変形すると

$$ds = c_v \frac{dp}{p} + c_p \frac{dv}{v} = c_v \frac{dT}{T} + R \frac{dv}{v} = c_p \frac{dT}{T} - R \frac{dp}{p} \tag{4.21}$$

となる．これを積分し，さらにマイヤーの関係と比熱比を用いて変形すると

$$s = \int c_v \frac{dp}{p} + \int c_p \frac{dv}{v} + s_0 = c_v \ln pv^\kappa + s_0 \tag{4.22}$$

$$s = \int c_v \frac{dT}{T} + \int R \frac{dv}{v} + s_0 = c_v \ln Tv^{\kappa-1} + s_0 \tag{4.23}$$

$$s = \int c_p \frac{dT}{T} - \int R \frac{dp}{p} + s_0 = c_p \ln \frac{T}{p^{\frac{\kappa-1}{\kappa}}} + s_0 \tag{4.24}$$

が得られる．気体の圧力，温度，体積変化の関係がわかれば，これらの式を用いて基準状態からのエントロピーの変化量を求めることができる.

単位質量の気体が状態1から状態2に変化した場合の各気体の状態変化の比エントロピーの変化量は，以下の式を用いて求める．ここで，断熱変化では $dq = 0$ であるためエントロピーは変化しないので，断熱変化を等エントロピー変化ともいう.

4-4 理想気体のエントロピー変化

・断熱変化 $(dq=0)$　$s_2-s_1=0$　$(s=一定)$　(4.25)

・等温変化 $(dT=0)$　$s_2-s_1=R\ln\dfrac{v_2}{v_1}=-R\ln\dfrac{p_2}{p_1}\left(=R\ln\dfrac{p_1}{p_2}\right)$　(4.26)

・等圧変化 $(dp=0)$　$s_2-s_1=c_p\ln\dfrac{v_2}{v_1}=c_p\ln\dfrac{T_2}{T_1}$　(4.27)

・等容変化 $(dv=0)$　$s_2-s_1=c_v\ln\dfrac{T_2}{T_1}=c_v\ln\dfrac{p_2}{p_1}$　(4.28)

・ポリトロープ変化　$q=\dfrac{n-\kappa}{n-1}c_v(T_2-T_1)$ から　$dq=c_v\dfrac{n-\kappa}{n-1}dT$ より，

$$\therefore s_2-s_1=\int\dfrac{c_v\dfrac{n-\kappa}{n-1}dT}{T}=c_v\dfrac{n-\kappa}{n-1}\int\dfrac{dT}{T}=c_v\dfrac{n-\kappa}{n-1}\ln\dfrac{T_2}{T_1}$$

$$=c_v(n-\kappa)\ln\dfrac{v_1}{v_2}=c_v\dfrac{n-\kappa}{n}\ln\dfrac{p_2}{p_1} \quad (4.29)$$

例題4-2　エントロピーの計算例（1）

エントロピーの定義 $ds=\dfrac{dq}{T}$ から，等温変化の場合のエントロピーの変化量を表す $s_2-s_1=R\ln\left(\dfrac{v_2}{v_1}\right)$ を導きなさい．

解答

比エントロピーの定義 $ds=\dfrac{dq}{T}$ に，熱力学第一法則の閉じた系の表現 $dq=du+pdv$ を代入すると $ds=\dfrac{dq}{T}=\dfrac{du+pdv}{T}=\dfrac{du}{T}+\dfrac{pdv}{T}$ となる．ここで，定容比熱の定義 $du=c_v dT$ および気体の状態方程式 $\dfrac{p}{T}=\dfrac{R}{v}$ を代入すると $ds=\dfrac{c_v dT}{T}+\dfrac{Rdv}{v}$ となる．ここで，$dT=0$ から $ds=\dfrac{Rdv}{v}$ となり，これを積分すると次式となる．

$$s_2-s_1=\int_1^2 ds=\int_s^2 R\dfrac{dv}{v}=R\int_1^2\dfrac{dv}{v}=R[\ln v]_1^2=R[\ln v_2-\ln v_1]=R\ln\dfrac{v_2}{v_1}$$

第4章 熱力学第二法則

例題 4-3　エントロピーの計算例（2）

空気 1 kg を 0℃ から 100℃ まで加熱した場合に，等圧変化の比エントロピーの変化量は等容変化と比較していくら大きいか．また，それは何倍か．ただし，空気の等容比熱 $c_v = 0.72$ kJ/(kg·K)，比熱比を $\kappa = 1.4$ とする．

解答

等容変化の場合 $s_2 - s_1 = c_v \ln \dfrac{T_2}{T_1} = 0.72 \times 10^3 \times \ln \dfrac{373.15}{273.15} = 225$ J/(kg·K)

等圧変化の場合 $s_2 - s_1 = c_p \ln \dfrac{T_2}{T_1} = \kappa c_v \ln \dfrac{T_2}{T_1} = 1.4 \times 0.72 \times 10^3 \ln \dfrac{373.15}{273.15} = 314$ J/(kg·K)

したがって，等圧変化の場合のエントロピーの変化量は等容変化の場合と比較して 89 kJ/(kg·K) 大きい．上記の式からエントロピーの変化量の比をとると，等圧変化の場合のエントロピーの変化量は等容変化の 1.4 倍（比熱比倍）大きい．

4.4.2　固体および液体のエントロピーの変化量

固体および液体は，圧力の変化によってほとんど体積が変化しない非圧縮性である．よって，定容比熱と定圧比熱の区別はなく比熱は c であり，圧力による体積変化は無視できるために $dv = 0$ である．よって，固体および液体の比エントロピーの変化量は $ds = c_v(dT/T) + R(dv/v)$ から $ds = c(dT/T)$ となり

$$s_2 - s_1 = \int_1^2 ds = \int_1^2 c \frac{dT}{T} = c \int_1^2 \frac{dT}{T} = c \ln \frac{T_2}{T_1}$$

となる．

例題 4-4

1 kg の鉄の温度が 20℃ から 80℃ に変化した場合のエントロピーの変化量を求めなさい．ただし，鉄の比熱は $c_i = 0.5$ kJ/(kg·K) とする．

解答

固体のエントロピーの変化量の式から

$$\Delta s = s_2 - s_1 = c \ln \frac{T_2}{T_1} = 0.5 \ln \frac{80 + 273.15}{20 + 273.15} = 0.093 \text{ kJ/(kg·K)}$$

4-5 熱力学第二法則

熱エネルギーは自然界では高温から低温へ移動する．これが変化の方向である．

▶ポイント◀
1. 熱力学第二法則は，自然界の変化の方向と非可逆性を示す．
2. 熱力学第二法則を表した式はなく，言葉で定義されている．

4.5.1 熱力学第二法則の定義

熱力学第二法則を定義する数式はなく，先人達によって以下のような言葉で定義されている．

- **クラウジウスの原理**：外界に何の痕跡も残さないで，低温熱源から高温熱源に熱エネルギーを移動することはできない．
- **ケルビン・プランクの原理**：外界に何の痕跡も残さないで，熱源の熱エネルギーを循環的に仕事に変換する過程はない．
- **トムソンの原理**：一つの熱源から熱を取り出して，これをすべて仕事に変換するだけでほかに何の変化も残さないような過程はない．
- **オストヴァルトの原理**：ただ一つの熱源から熱エネルギーを受け取って，循環的に仕事をする熱機関（第二種永久機関）は存在しない．

これらは，すべて同じことを意味している．熱機関は高温熱源から受熱した熱エネルギーの一部を仕事に変換し，低温熱源に排熱しなければ熱エネルギーを循環的に仕事に変換できない．また，自然界の変化は非可逆過程であり熱エネルギーを仕事に変換する際にエネルギーの散逸があり，熱エネルギーをすべて仕事にはできないことを表している．

覚えよう！

熱力学第二法則を表す数式はない．しかし，自然界の変化の方向と非可逆性を定めた重要な法則である．熱力学第二法則を「言葉」として覚えよう．

4.5.2　エントロピー増大の法則

熱力学第二法則は，**非可逆過程**における**エントロピー増大の法則**といえる．これは，「外部から完全に遮断された閉系（閉じられた系）内のエントロピーの和は，閉系内の変化が可逆である場合一定であり，変化が非可逆である場合では増大する」と表現できる．よって，エントロピーを求めることで自然界の変化の方向が分かる．

可逆過程の例として，図 4.10 に示すような高温熱源と低温熱源を共有して可逆カルノーサイクルで作動する熱機関 M_1 とヒートポンプ・冷凍機 M_2 を考える．この 2 つの熱機械の動作は，熱機関は温度 T_L の低温熱源へ排熱量 Q_2 を排出し，冷凍機が低温熱源からその熱量 Q_2 を受熱する．ヒートポンプは温度 T_H の高温熱源へ排熱量 Q_1 を排出し，その排熱量 Q_1 を熱機関が受熱する．熱機関の仕事 $L_1 = Q_1 - Q_2$ によってヒートポンプ・冷凍機が作動する．したがって熱機関のする仕事量 L_1 とヒートポンプ・冷凍機の受ける仕事量 L_2 は等しい．

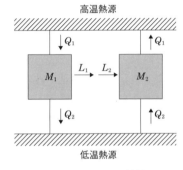

図 4.10　2 つの熱機械

低温熱源は温度 T_L で熱機関から熱量 Q_2 を受け取り冷凍機へ排出し，高温熱源は温度 T_H でヒートポンプの排熱量 Q_1 を受け取り熱機関へ排出する．よって，両熱源では受熱量と排熱量が同一であるためエントロピーの増減はない．

熱機関は温度 T_H で Q_1 を受熱し温度 T_L で Q_2 を排熱するので熱機関のエントロピー変化量 ΔS_1 は $\Delta S_1 = Q_1/T_H - Q_2/T_L$ となる．また同様に考えるとヒートポンプ・冷凍機のエントロピー変化量 ΔS_2 は $\Delta S_2 = Q_2/T_L - Q_1/T_H$ となる．したがって，この閉系全体のエントロピーの和 ΔS は

$$\Delta S = \Delta S_1 + \Delta S_2 = \left(\frac{Q_1}{T_H} - \frac{Q_2}{T_L}\right) + \left(\frac{Q_2}{T_L} - \frac{Q_1}{T_H}\right) = 0$$

となり，可逆過程において閉系内のエントロピーの和は変化しない．

非可逆過程の例として，図 4.11 のように閉系内で温度が高い物体 1（温度 T_1）と温度の低い物体 2（温度 T_2）の熱エネルギー ΔQ の移動を考える．自然界では，熱エネルギーは高温から低温の物体の移動し，逆の過程は絶対に起こらないこと

から，これは典型的な非可逆過程である．ここで，物体は熱エネルギー ΔQ が移動しても温度が変化しないほど十分大きいと考えれば，物体1のエントロピー変化量は $\Delta S_1 = -\Delta Q/T_1$，物体2のエントロピー変化量は $\Delta S_2 = \Delta Q/T_2$ となる．ここで，$T_1 > T_2$ であるから $|\Delta S_1| < |\Delta S_2|$ となり，非可逆過程の閉系内のエントロピーの和 ΔS は

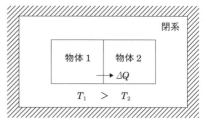

図4.11 温度の異なる物体の接触

$$\Delta S = \Delta S_1 + \Delta S_2 = -\frac{\Delta Q}{T_1} + \frac{\Delta Q}{T_2} > 0$$

と増加する．すなわち，この非可逆過程で物体1のエントロピーは減少し，物体2のエントロピーは増加し，結果として閉系全体のエントロピーの和は増加する．

熱力学第二法則は，熱エネルギーと仕事は質的に等価ではないことを示している．つまり，仕事は物体の運動から決定するが，熱エネルギーは物体の原子や分子の運動によって決まり，仕事と熱エネルギーは質が異なる．自然界は非可逆変化であり熱エネルギーは高温から低温へと移動するので，自然界の変化は必ずエントロピーが増大する方向に進む．また，温度には絶対零度という下限があるため，熱エネルギーが低温の物体に移動し，エントロピーの増大によって絶対零度に向かって熱エネルギーの質が低下し続けることになる．

例題4-5　非可逆変化とエントロピー変化

閉系内で温度100℃の鉄100 kgと温度20℃の銅80 kgを接触させて温度が一定の平衡状態となる過程の閉系内のエントロピーの和を求めなさい．ただし，鉄の比熱は $c_i = 0.5$ kJ/(kg·K) 一定，銅の比熱は $c_c = 0.4$ kJ/(kg·K) 一定とする．

解答

平衡状態となった温度を T_m とすると

$$T_m = \frac{m_1 c_1 T_1 + m_2 c_2 T_1}{m_1 c_1 + m_2 c_2} = \frac{100 \times 0.5 \times (100 + 273.15) + 80 \times 0.4 \times (20 + 273.15)}{100 \times 0.5 + 80 \times 0.4}$$

$$= 341.9 \text{ K}$$

鉄のエントロピーの変化量 ΔS_i と銅のエントロピー変化量 ΔS_c は，固体のエントロピ

一変化量から

$$\Delta S_i = S_2 - S_1 = c_i m_i \ln \frac{T_2}{T_1} = 0.5 \times 100 \times \ln \frac{341.9}{(100+273.15)} = -4.373 \text{ kJ/K}$$

$$\Delta S_c = S_2 - S_1 = c_c \ln m_c \frac{T_2}{T_1} = 0.4 \times 80 \times \ln \frac{341.9}{(20+273.15)} = 4.923 \text{ kJ/K}$$

となる.よって,閉系内のエントロピーの和は

$$\Delta S = \Delta S_i + \Delta S_c = -4.373 + 4.923 = 0.55 \text{ kJ/K} = 550 \text{ J/K}$$

となり,この非可逆過程で閉系内のエントロピーは,550 J/K 増加する.

4.5.3 熱力学第二法則と第二種永久機関

第二種永久機関とは,一つの熱源から正の熱エネルギーを受け取り,これをすべて仕事に変える以外ほかに何の痕跡も残さない機関である.つまり,第二種永久機関は,高温熱源から得た熱エネルギーを全て仕事に変換できる熱機関となる.しかし,低温熱源に排熱をしなければ循環的に熱機関を作動できず,また自然界の非可逆性によってエネルギーの散逸が起きるため,第二種永久機関の存在は否定される.

熱力学第二法則に示される非可逆性を図 4.12 に示すような熱力学以外の事例に適応し,過程が非可逆となる要因を考えてみよう.ただし,一般的に考えられるエネルギーの散逸要因である摩擦や空気抵抗はないものとする.

- 位置エネルギーと運動エネルギーの変換

    位置エネルギーと運動エネルギーを変換する場合,加速・制動時の加速度によって力が発生し,物体は質点でないため変形し,物体の変形によって熱エネルギーが生成され散逸するため永久運動はできない.

- バネの振動運動

    バネと重りの振動運動でも,バネの変形によって熱エネルギーが発生し散逸するために永久に運動を続けることはできない.

- モーターと発電機をつないだ装置

    モーターの出力で発電機を駆動して発電しモーターを作動させる装置では,モーターと発電機をつなぐ導線の内部抵抗によって与えた仕事は熱エネルギーとなって散逸し,永久には作動しない.

    すなわち,自然界の非可逆変化によって散逸したエネルギーは,最終的に熱エネルギーとなるため,非可逆過程によってエントロピーが生成され,自然界

4-5 熱力学第二法則

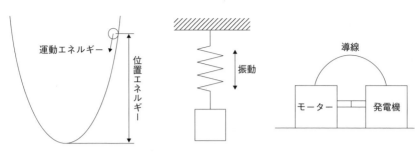

図 4.12　さまざまな非可逆過程

全体のエントロピーは増大することになる．

4.5.4　熱力学第三法則

熱力学第三法則は，ネルンストによって提唱され「エントロピーは絶対零度ではすべて等しく0である」とされる．温度には絶対零度0Kという下限がある．絶対温度は気体分子の運動エネルギーに比例し，分子運動が停止すれば絶対温度0Kとなる．しかし，0Kには到達できないと考えられる．熱力学第二法則で示されるように，熱エネルギーは高温の物体から低温の物体に移動する．よって，ある物質の温度を0Kにするには0Kより低い熱源が必要となる．よって，温度を限りなく0Kに近づけることはできるが，0Kに到達することはできない．

> **関連知識メモ**
> 統計力学で定義されるエントロピー $S = k \ln W$ が0であるということは，$k \ln W = 0$，つまり $W = 1$ となる．これは，完全結晶のように物質が一つの状態しかとれないことを意味する．

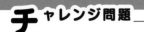

基本問題

問題 1　一般サイクルの基本的な理解
熱機関の理論熱効率が0以下にならない理由，1を超えない理由およびヒートポンプ・冷凍機において高温熱源に排熱される熱量は低温熱源から受熱する熱量よりも大きい理由を，熱力学第一法則や熱エネルギーと仕事の関係から説明しなさい．

問題 2　可逆カルノーサイクルの性質 (1)
高温熱源と低温熱源の温度の比が同じ場合，可逆カルノーサイクルを熱機関として作動した場合，作動流体の種類および熱源の温度に無関係に熱機関の理論熱効率が決まることを説明しなさい．また，高温熱源と低温熱源の温度の差が大きくなるほど理論熱効率が向上することを説明しなさい．

問題 3　可逆カルノーサイクルの性質 (2)
高温熱源と低温熱源の温度の差が同じ場合，二つの熱源の温度が高くなるほど，逆カルノーサイクルのヒートポンプの成績係数および冷凍機の成績係数が向上することを説明しなさい．

問題 4　可逆カルノーサイクルの性能 (1)
温度600℃と60℃の温度範囲で可逆カルノーサイクルによって作動する熱機関がある．この熱機関の熱効率および排熱量と受熱量の比を求めなさい．

問題 5　可逆カルノーサイクルの性能 (2)
1000℃の高温熱源から200 kJの受熱をし，低温熱源に100 kJの排熱をする可逆カルノーサイクルで作動する熱機関がある．この熱機関の熱効率と低温熱源の温度を求めなさい．

問題 6　可逆カルノーサイクルの性能 (3)
温度60℃と0℃で作動する可逆カルノーサイクルがある．熱機関として作動し低温熱源に40 kJ排熱した場合の熱効率，仕事を求めなさい．また，逆カルノーサイクルとして作動し，高温熱源に200 kJの排熱をしたとき，ヒートポンプ

の成績係数，冷凍機の成績係数，低温熱源からの受熱量，サイクルにする仕事を求めなさい．

問題**7** 可逆カルノーサイクルの性能（4）

温度40℃と-20℃で作動する逆カルノーサイクルがある．低温熱源から200 kJの受熱したとき，ヒートポンプの成績係数，冷凍機の成績係数，高温熱源への排熱量，サイクルへする仕事を求めなさい．

問題**8** エントロピーの基礎

断熱変化ではエントロピーが変化しない．この理由をエントロピーの定義から説明しなさい．

問題**9** 理想気体のエントロピーの計算（1）

体積 2 m^3 の単位質量の空気を等温変化で体積 10 m^3 まで膨張した場合のエントロピーの変化量を求めなさい．ただし，空気の気体定数を $R = 287 \text{ J}/(\text{kg} \cdot \text{K})$ とする．

問題**10** 理想気体のエントロピーの計算（2）

空気 10 kg を 30℃ から 300℃ まで加熱する際に，等容変化と等圧変化の場合でエントロピーの変化量を求め，どちらがいくら大きいかを示しなさい．ただし，空気の定容比熱を $c_v = 0.718 \text{ kJ}/(\text{kg} \cdot \text{K})$，定圧比熱を $c_p = 1.005 \text{ kJ}/(\text{kg} \cdot \text{K})$ とする．

問題**11** 熱力学第二法則の基礎

出力 100 kW で作動している熱機関から出力の10％が，温度200℃一定のシリンダ壁から温度25℃一定の大気に摩擦損失として失われていた．この系の毎秒あたりのエントロピーの増加量を求めなさい．

発展問題

問題12　カルノーサイクルの応用（1）
熱機関が可逆カルノーサイクルで作動し，高温熱源の温度1000℃，低温熱源の温度100℃，高温熱源から毎分 100 MJ の熱量を受ける場合について，熱効率，毎分あたりの低温熱源への放熱量，熱機関の出力を求めなさい．

問題13　カルノーサイクルの応用（2）
高温熱源と低温熱源の温度差が同じ場合，熱源の温度が高いほど可逆カルノーサイクルで作動する熱機関の理論熱効率が低下してしまうことを説明しなさい．

問題14　$T-S$ 線図の応用（1）
等容変化と等圧変化の温度と比エントロピーの関係は，$T = exp(s/c_v) + C$ および $T = exp(s/c_p) + C$ で表される．この関係を導きなさい．

問題15　$T-S$ 線図の応用（2）
カルノーサイクルは，サイクルが同一の高温熱源と低温熱源の間で作動した場合，理論熱効率が最高となるサイクルである．この理由を $T-S$ 線図を用いて説明しなさい．ただし，圧縮過程と膨張過程は断熱変化とする．

問題16　エントロピー応用（1）
単位質量の気体の比エントロピーの定義式 $ds = dq/T$ を熱力学第一法則，気体の状態方程式，マイヤーの関係を用いて変形し，下記の式を導きなさい．

$$ds = c_v \frac{dp}{p} + c_p \frac{dv}{v} \qquad ds = c_v \frac{dT}{T} + R \frac{dv}{v} \qquad ds = c_p \frac{dT}{T} - R \frac{dp}{p}$$

問題17　エントロピーの応用（2）
比エントロピーの定義式，熱力学第一法則，気体の状態方程式，マイヤーの関係から，下記の等圧変化と等容変化でのエントロピーの変化量を導きなさい．

$$\text{等圧変化}\,(dp = 0) \quad s_2 - s_1 = c_p \ln \frac{v_2}{v_1} = c_p \ln \frac{T_2}{T_1}$$

等容変化 ($dv=0$)　　$s_2 - s_1 = c_v \ln \dfrac{T_2}{T_1} = c_v \ln \dfrac{p_2}{p_1}$

問題18　熱力学第二法則の応用（1）

閉系内で温度80℃の鉄5 kgを温度20℃の水1 kgに入れて，鉄と水の温度が同じ平衡状態になった場合の閉系内のエントロピーの増加量を求めなさい．ただし，鉄の比熱は $c_i = 0.5$ kJ/(kg·K) 一定，水の比熱は $c_w = 4.2$ kJ/(kg·K) 一定とする．

問題19　熱力学第二法則の応用（2）

図4.10に示されるような，カルノーサイクルで作動する2つの熱機関とヒートポンプ・冷凍機を用いて，熱機関を非可逆機関とし，ヒートポンプ・冷凍機を可逆機関とした場合について，本章に示した両者が可逆機関の場合と比較しながら閉系内のエントロピーの和について考察しなさい．

第5章
エクセルギーと最大仕事

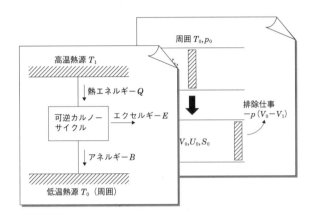

　本章では，有効仕事であるエクセルギーの工学的な意味について学ぶ．熱エネルギーを仕事に変換するには高温熱源と低温熱源が必要であり，温度の下限が絶対温度0Kであるためサイクルが作動できる温度の下限は限られている．しかし，熱機械の実質的な低温熱源の温度は室温である．ここで，大気のように受熱しても放熱しても圧力，温度が変化することがない周囲に対して得られる仕事をエクセルギーという．5-1節では，有効エネルギーであるエクセルギーと無効エネルギーであるアネルギーを熱機関を用いて考察し，可逆過程の閉じた系と開いた系のエクセルギーを求める．5-2節では，等温等容過程および等温等圧過程のヘルムホルツ自由エネルギーとギブス自由エネルギーについて学ぶ．5-3節では非可逆過程におけるエクセルギー損失とエクセルギー効率について学ぶ．本章によって，周囲まで可逆変化した場合に得られる最大仕事であるエクセルギーについて理解する．

5-1 エクセルギーとアネルギー

圧力，温度が変化しない周囲に対して得られる最大仕事がエクセルギーである．

▶ポイント◀
1. エネルギーから変換することのできる最大仕事がエクセルギーである．
2. 熱機関で仕事に変換できず捨て去るエネルギーがアネルギーである．

5.1.1 エクセルギーとアネルギー

エクセルギーとは，一定の状態を維持することができる周囲に対して，系のもつエネルギーをその周囲の状態から測定した相対的な量である．つまり，エクセルギーとは周囲に対して非平衡状態にある系の有するエネルギーから系が周囲と平衡するまでに可逆的に取り出すことのできる最大仕事と定義される．よって系が周囲と平衡状態の場合，系のもつエクセルギーは0となる．しかし，熱力学第二法則に示されるように，自然界は非可逆過程でありエネルギーの散逸によってエクセルギーは減少し，可逆過程の場合に最大仕事が得られる．

アネルギーとは，熱機関で熱エネルギーをエクセルギーに変換する際に失ったエネルギーである．つまり，熱機関によって熱エネルギーから仕事を得る際に低温熱源に捨て去るエネルギーがアネルギーである．

なお，運動エネルギー，位置エネルギー，電気エネルギーは，変化が可逆過程である場合はすべてエクセルギーであり，アネルギーは0である．すなわち，これらのエネルギーは，可逆過程ではすべて仕事に変換することができる．

ここで，エクセルギーを扱う場合，添字1は系の最初の状態を，添字0は周囲の状態を表す．

5.1.2 仕事と熱エネルギーのエクセルギー

単位質量の気体の絶対仕事は $dw=pdv$ である．しかし，気体の膨張によって周囲の気体を押しのける仕事 $-p_0 dv$ が発生するため，可逆過程の仕事から得られる比エクセルギーは $de=pdv-p_0 dv=(p-p_0)dv$ となる．

熱エネルギーから可逆過程によって得られる仕事は $w=q_1-q_0$ である．ここで，可逆過程ではエントロピーの和が変化しないため $q_0/T_0-q_1/T_1=0$ となり

$q_0/T_0 = q_1/T_1$, すなわち $q_0/q_1 = T_0/T_1$ である. よって, 熱エネルギーによる比エクセルギーは $e = q_1 - q_0 = q_1(1 - q_0/q_1) = q_1(1 - T_0/T_1)$ となる.

5.1.3　熱源から熱機関を用いて得られるエクセルギー

図 5.1 に示す可逆カルノーサイクルで作動する熱機関を用いて, **熱エネルギー**に含まれる**エクセルギー**と**アネルギー**を考える. 熱機関は, 温度 T_1 の高温熱源から熱エネルギー Q を受熱し, エクセルギー E を仕事として得る. そして, 温度 T_0 の周囲にアネルギー B を排熱する. エクセルギー E は熱エネルギー Q から取り出された仕事であるから, 熱効率の定義 $\eta = E/Q$ より

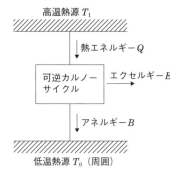

図 5.1　可逆カルノーサイクル

$$E = Q\eta \tag{5.1}$$

と表される. ここで, 可逆カルノーサイクルの熱効率は

$$\eta = 1 - \frac{T_0}{T_1} \tag{5.2}$$

であるので

$$E = Q\eta = Q\left(1 - \frac{T_0}{T_1}\right) = Q - Q\frac{T_0}{T_1} \tag{5.3}$$

となる. ここで, 高温熱源からの熱エネルギーの受熱によるエントロピーの増加量 ΔS は, $\Delta S = Q/T_1$ であるから

$$E = Q - Q\frac{T_0}{T_1} = Q - T_0\,\Delta S \tag{5.4}$$

となる. よって, アネルギー B は

$$B = T_0 \Delta S = T_0\left(\frac{Q}{T_1}\right) \tag{5.5}$$

となる. つまり, 高温熱源の温度 T_1 が高いほうが熱エネルギーに含まれるエクセルギーは大きくなり, アネルギーは小さくなる. また, アネルギーはエントロピーの増加量に比例するため, エントロピーの増加量は無効エネルギーを計る尺度となる.

5.1.4 閉じた系のエクセルギー

図5.2に閉じた系を示す．閉じた系では作動流体は静止し，非流動過程と考えられる．閉じた系内の作動流体が周囲の状態まで**可逆過程**によって変化する場合を考える．

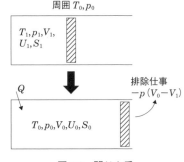

図5.2 閉じた系

閉じた系に熱力学第一法則を適応しエクセルギーを扱う際に，ピストンが移動しピストン背後の気体を周囲に排除するための仕事 $-p_0 dV$ を加味する必要がある．

よって，可逆過程の閉じた系の熱力学第一法則 $dQ = dU + dW$ を用いると，取り出された仕事 dW がエクセルギー dE であるから

$$dE = dQ - dU - p_0 dV \tag{5.6}$$

となる．ここで，dQ は系が周囲から受けた熱量であるため，周囲のエントロピーの変化量は

$$dS_0 = -dQ/T_0$$

となる．よって，$dQ = -T_0 dS_0$ となり，これを式（5.6）に代入すると

$$dE = -T_0 dS_0 - dU - p_0 dV$$

となる．

ここで，可逆過程であるため系と周囲のエントロピー変化量の和は0であり，$dS + dS_0 = 0$ となる．よって，$dS_0 = -dS$ を代入すると

$$dE = -dU + T_0 dS - p_0 dV \tag{5.7}$$

となる．

これを，閉じた系の作動流体が周囲と平衡する状態まで積分すると，可逆過程によって閉じた系から得られる**最大仕事**が**エクセルギー**として求まる．

$$E = -(U_0 - U_1) + T_0(S_0 - S_1) - p_0(V_0 - V_1) \tag{5.8}$$

5.1.5 開いた系のエクセルギー

図5.3に開いた系を示す．開いた系は定常流動状態であり，開いた系に作動流体が流入し，周囲の状態まで可逆的に変化する場合を考える．ここで，開いた系の工業仕事には気体の流入仕事および流出仕事（排除仕事）がすでに含まれてい

るため，閉じた系のように周囲への気体の排除は考慮しなくともよい．

可逆過程の開いた系の熱力学第一法則は $dQ = dH - Vdp = dH + dL_t$ であり，仕事 $+ dL_t = -Vdp$ がエクセルギー dE であるから

$$dE = -Vdp = dQ - dH \tag{5.9}$$

となる．

閉じた系と同様に $dQ = -T_0 dS_0$ を代入すると

$$dE = -dH - T_0 dS_0$$

となり，閉じた系と同様に $dS_0 = -dS$ とすると

$$dE = -dH + T_0 dS \tag{5.10}$$

が得られる．

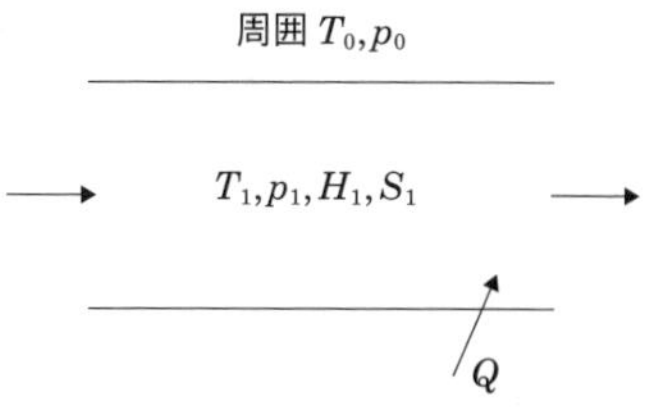

これを，開いた系に流入した作動流体が周囲と平衡する状態まで積分すると，可逆過程によって開いた系から得られる**最大仕事**が**エクセルギー**として求まる．

$$E = -(H_0 - H_1) + T_0(S_0 - S_1) \tag{5.11}$$

図 5.3 開いた系

アドバイス

エクセルギーは，周囲を基準として可逆過程によって系から取り出せる仕事である．閉じた系では，ピストンが移動することによってピストンの後ろにある圧力，温度が周囲と等しい気体を周囲へ押し出す必要があると考える．これは，気体を周囲へ排除する仕事であるので，系にとって負の仕事となる．

5-2 ヘルムホルツ自由エネルギーとギブス自由エネルギー

ヘルムホルツ自由エネルギーは等温等容過程から，ギブス自由エネルギーは等温等圧過程から得られる有効仕事である．

▶ポイント◀
1. ヘルムホルツ自由エネルギーはヘルムホルツ関数，ギブス自由エネルギーはギブス関数の変化から求める．
2. 可逆過程においても，拘束エネルギーは仕事に変換することができない．

5.2.1 閉じた系と開いた系のエクセルギーと最大仕事

閉じた系の最大仕事

可逆過程の閉じた系で作動流体から得られる**最大仕事**であるエクセルギーおよび比エクセルギーは，微分形式では以下の式となる．

$$dE = -dU + T_0 dS - p_0 dV \qquad de = -du + T_0 ds - p_0 dv \qquad (5.12)$$

これを，初期状態 1 から周囲状態 0 まで積分をすると，最大仕事は

$$E = (U_1 - U_0) - T_0(S_1 - S_0) + p_0(V_1 - V_0) \qquad (5.13)$$

$$e = (u_1 - u_0) - T_0(s_1 - s_0) + p_0(v_1 - v_0) \qquad (5.14)$$

と表される．実際は非可逆過程であるので，系から得られる仕事は最大仕事より小さいものになる．

開いた系の最大仕事

可逆過程の開いた系で作動流体から得られる**最大仕事**であるエクセルギーおよび比エクセルギーは，微分形式では以下の式となる．

$$dE = -dH + T_0 dS \qquad de = -dh + T_0 ds \qquad (5.15)$$

これを，初期状態 1 から周囲状態 0 まで積分すると，最大仕事は

$$E = (H_1 - H_0) - T_0(S_1 - S_0) \qquad e = (h_1 - h_0) - T_0(s_1 - s_0) \qquad (5.16)$$

と表される．非可逆過程の場合の仕事は最大仕事よりも小さくなる．

5-2 ヘルムホルツ自由エネルギーとギブス自由エネルギー

> **アドバイス**
>
> 添字1は系の最初の状態を，添字0は周囲の状態を表している．閉じた系または開いた系によって，作動流体は周囲の状態まで変化するので，変化の方向は状態1から状態0に向かう．ここで，系の作動流体のもつエネルギーは状態1の場合に高く，状態0に向かって減少し，最終的に周囲の状態と平衡となる．

例題 5 – 1　閉じた系のエクセルギー

周囲が温度 $T_0 = 25℃$，圧力 $p_0 = 101.3\,\text{kPa}$ とした場合，以下を求めなさい．ただし，定容比熱 $c_v = 0.718\,\text{kJ/(kg·K)}$，等圧比熱 $c_p = 1.005\,\text{kJ/(kg·K)}$ とする．

(1) 圧力 200 kPa，温度 25℃ の 1 kg の空気のもつエクセルギー
(2) 温度 500℃，圧力 101.3 kPa の 1 kg の空気のもつエクセルギー

解答

(1) 作動流体と周囲の温度 T_0 が等しいため可逆等温過程であり，$dT=0$ より比内部エネルギーは $du=c_v dT=0$ となる．また比エントロピーは $ds=c_p(dT/T)-R(dp/p)$ から $ds=-R(dp/p)$ となる．気体定数は $R=c_p-c_v$ として求める．これらの式を閉じた系の比エクセルギー $de=-du+T_0 ds-p_0 dv$ に代入すると

$$de = -du + T_0 ds - p_0 dv = T_0\left(-R\frac{dp}{p}\right) - p_0 dv = -T_0 R\frac{dp}{p} - p_0 dv$$

これを状態1から状態0まで定積分すると

$$e = \int_1^0 de = \int_1^0\left(-T_0 R\frac{dp}{p}\right) - \int_1^0 p_0 dv = -RT_0\ln\frac{p_0}{p_1} - p_0(v_0 - v_1)$$

ここで，気体の状態方程式から，$v_0 = RT_0/p_0$，$v_1 = RT_0/p_1$ となるので

$$e = -RT_0\ln\frac{p_0}{p_1} - RT_0 p_0\left(\frac{1}{p_0}-\frac{1}{p_1}\right) = RT_0\left[-\ln\frac{p_0}{p_1}-\left(1-\frac{p_0}{p_1}\right)\right] = RT_0\left(\frac{p_0}{p_1}-1-\ln\frac{p_0}{p_1}\right)$$

$$= (1.005 - 0.718)(25 + 273.15)\left(\frac{101.3\times10^3}{200\times10^3} - 1 - \ln\frac{101.3\times10^3}{200\times10^3}\right) = 16.0\,\text{kJ/kg}$$

(2) 作動流体と周囲の圧力 p_0 が等しいため可逆等圧過程であり，$dp=0$ より，比エントロピーは $ds=c_p(dT/T)-R(dp/p)$ から $ds=c_p(dT/T)$ となる．比内部エネルギーは $du=c_v dT$ である．また，この変化では体積も変化しないため，$dv=0$ である．これらの式を閉じた系の比エクセルギー $de=-du+T_0 ds-p_0 dv$ に代入すると

$$de = -c_v dT + T_0 c_p\frac{dT}{T}$$

第5章 エクセルギーと最大仕事

これを状態 1 から状態 0 まで定積分すると

$$e = \int_1^0 de = \int_1^0 (-c_v dT) + \int_1^0 c_p T_0 \frac{dT}{T} = -c_v(T_0 - T_1) + c_p T_0 \ln \frac{T_0}{T_1}$$

$$= c_v T_0 \left(\frac{T_1}{T_0} - 1 - \frac{c_p}{c_v} \ln \frac{T_1}{T_0} \right) = c_v T_0 \left(\frac{T_1}{T_0} - 1 - \kappa \ln \frac{T_1}{T_0} \right)$$

$$= 0.718(25 + 273.15) \left(\frac{500 + 273.15}{25 + 273.15} - 1 - \frac{1.005}{0.718} \ln \frac{500 + 273.15}{25 + 273.15} \right) = 55.5 \text{ kJ/kg}$$

5.2.2 等温等容過程とヘルムホルツ自由エネルギー, 等温等圧過程とギブス自由エネルギー

ヘルムホルツ自由エネルギーは系の変化を等温等容過程とした場合に，ギブス自由エネルギーは系の変化を等温等容過程とした場合に，可逆過程によって得られる最大仕事である．系の変化が**等温等容過程**であった場合，**可逆過程**における**最大仕事**は閉じた系のエクセルギーと同様に求めることができる．ここで，等容過程より容積一定であるから $dV=0$ となり

$$dW = -dU + TdS - pdV = -dU + TdS \tag{5.17}$$

となる．これを，状態 1 から状態 2 に定積分すると

$$W = \int_1^2 dW = \int_1^2 (-dU) + \int_1^2 TdS = -(U_2 - U_1) + (TS_2 - TS_1)$$

$$= (U_1 - TS_1) - (U_2 - TS_2) \tag{5.18}$$

となる．これにより，以下に定義する状態量が**ヘルムホルツ自由エネルギー**（自由エネルギー）または**ヘルムホルツ関数**である．

$$F \equiv U - TS \text{ [J]} \qquad f = u - Ts \text{ [J/kg]} \tag{5.19}$$

したがって，状態 2 が周囲（状態 0）と考えると，等温等容過程のエクセルギーはヘルムホルツ関数の変化量として求められる．

$$E = F_1 - F_0 \tag{5.20}$$

系の変化が**等温等圧過程**であった場合，**可逆過程**における**最大仕事**は開いた系のエクセルギーと同様に求めることができ

$$dW = -dH + TdS \tag{5.21}$$

である．これを，状態 1 から状態 2 に定積分すると

$$W = \int_1^2 dW = \int_1^2 (-dH) + \int_1^2 TdS = -(H_2 - H_1) + (TS_2 - TS_1)$$

$$= (H_1 - TS_1) - (H_2 - TS_2) \tag{5.22}$$

5-2 ヘルムホルツ自由エネルギーとギブス自由エネルギー

となる．これにより，以下に定義する状態量が**ギブス自由エネルギー**（自由エンタルピー）または**ギブス関数**である．

$$G \equiv H - TS \text{ [J]} \qquad g = h - Ts \text{ [J/kg]} \tag{5.23}$$

したがって，状態2が周囲（状態0）と考えると，等温等圧過程のエクセルギーはギブス関数の変化量として求められる．

$$E = G_1 - G_0 \tag{5.24}$$

このヘルムホルツ自由エネルギーおよびギブス自由エネルギーは**熱力学的ポテンシャル**ともいわれる．ここで，ヘルムホルツ自由エネルギーおよびギブス自由エネルギーの TS を**拘束エネルギー**という．可逆過程であっても，熱エネルギーが分子運動に変化する拘束エネルギー（TS）があるため，熱エネルギーをすべて仕事に変換することはできない．

5.2.3 ヘルムホルツ自由エネルギーとギブス自由エネルギーの意味

ヘルムホルツ自由エネルギーの変化量は等温等容過程におけるエクセルギーであり，ギブス自由エネルギーの変化量は等温等圧過程におけるエクセルギーである．つまり，エクセルギーとは系の変化を可逆等温定容過程と可逆等温定圧変化とした場合のヘルムホルツ自由エネルギーとギブス自由エネルギーを，系の平衡条件を周囲の状態として一般的な可逆過程に拡張したものである．ヘルムホルツ自由エネルギーとギブス自由エネルギーは系が平衡する条件がないために物質の状態だけで定まる示量性状態量であるのに対して，エクセルギーは周囲の状態が決まらなければ求まらないために状態量ではない．

自然界の現象は非可逆性のために，エントロピーが増大する方向に変化が進む．よって，ヘルムホルツ関数とギブス関数から，エントロピーの増大によってヘルムホルツ自由エネルギーおよびギブス自由エネルギーが減少する方向に変化が進む．つまり，自然界はエクセルギーが減少する方向に変化する．

関連知識メモ

ヘルムホルツ自由エネルギーとギブス自由エネルギーは，化学変化から得られる最大仕事を求める場合に用いられる．これは，化学変化では気体の状態変化からではなく物質の状態変化から最大仕事を得るために，液体と固体の化学変化は等温等容過程，気体の化学変化は等温等圧過程となるためである．

5.2.4 熱力学の一般関係式

気体の状態変化が可逆過程であるとして,比内部エネルギー u,比エンタルピー h,比ギブス自由エネルギー g(比ギブス関数),比ヘルムホルツ自由エネルギー f(比ヘルムホルツ関数)を熱力学第一法則 $dq = du + pdv$ および $dq = dh - vdp$,エントロピーの定義 $dq = Tds$ を用いて式変形すると

$$du = dq - pdv = Tds - pdv$$
$$dh = dq + vdp = Tds + vdp$$
$$dg = dh - d(Ts) = Tds + vdp - (sdT + Tds) = -sdT + vdp$$
$$df = du - d(Ts) = Tds - pdv - (sdT + Tds) = -sdT - pdv \tag{5.25}$$

と表すことができる.

これらから**マクスウェルの熱力学的関係式**として知られる,以下の 4 つの熱力学の一般関係式が得られる.このマクスウェルの熱力学的関係式から,熱力学で用いるさまざまな関係を導くことができる.

$$\left(\frac{\partial T}{\partial v}\right)_s = -\left(\frac{\partial p}{\partial s}\right)_v \qquad \left(\frac{\partial T}{\partial p}\right)_s = \left(\frac{\partial v}{\partial s}\right)_p$$
$$\left(\frac{\partial p}{\partial T}\right)_V = \left(\frac{\partial S}{\partial V}\right)_T \qquad \left(\frac{\partial V}{\partial T}\right)_p = \left(\frac{\partial S}{\partial p}\right)_T \tag{5.26}$$

📝 関連知識メモ

単位質量の気体の可逆過程におけるエクセルギーの計算方法をまとめると以下のようになる.

- 熱エネルギーおよび熱機関 $\qquad e = q_1(1 - T_0/T_1)$
- 体積変化のない場合(固体や液体) $\qquad e = cT_0\{(T_1/T_0) - 1 - \ln(T_1/T_0)\}$
- 閉じた系 $\quad e = c_vT_0\{(T_1/T_0) - 1 - \kappa\ln(T_1/T_0)\} + RT_0\{(T_1p_0/T_0p_1) - 1 - \ln(p_0/p_1)\}$
- 閉じた系で等温過程の場合 $\qquad e = RT_0\{(p_0/p_1) - 1 - \ln(p_0/p_1)\}$
- 閉じた系で等圧過程の場合 $\qquad e = c_vT_0\{(T_1/T_0) - 1 - \kappa\ln(T_1/T_0)\}$
- 開いた系 $\qquad e = c_pT_0\{(T_1/T_0) - 1 - \ln(T_1/T_0)\} - RT_0\ln(p_0/p_1)$
- 開いた系で等温過程の場合 $\qquad e = -RT_0\ln(p_0/p_1)$
- 開いた系で等圧過程の場合 $\qquad e = c_pT_0\{(T_1/T_0) - 1 - \ln(T_1/T_0)\}$

5-3 非可逆過程とエクセルギー損失

非可逆過程で得られる仕事は，可逆過程の最大仕事より必ず減少する．

▶ポイント◀
1. 非可逆過程では，エネルギーの散逸によりエクセルギーの損失が起きる．
2. エクセルギー効率は，可逆過程の最大仕事と実際の非可逆過程の仕事の比と定義される．

5.3.1 非可逆過程の要因

自然現象はすべて非可逆過程である．過程が非可逆となる原因には，**熱的非平衡**による要因と**力学的非平衡**による要因があり，それぞれ作動流体の外部で発生するものと作動流体の内部で発生するものに分類される．

熱的非平衡の発生要因は，外部要因として作動流体と装置との温度差による熱伝導があり，例として熱源から作動流体への伝熱が挙げられる．内部要因として作動流体内の温度差による伝熱がある．たとえば，エンジンの燃焼では火炎面から未燃焼混合気へと熱エネルギーが移動する．力学的非平衡の発生要因は，外部要因としては機械装置の摩擦がある．内部要因としては，作動流体内部の速度による圧力差の発生や渦の発生などが挙げられる．これら散逸したエネルギーは，最終的に熱エネルギーとなり，仕事に変換することはできない．

5.3.2 エクセルギー損失とエクセルギー効率

非可逆過程における**エクセルギー損失**を可逆カルノーサイクルを用いて求める．可逆カルノーサイクルに非可逆過程を含めるために，受熱を非可逆過程とする．つまり，熱エネルギーを移動するために熱機関の温度 T_1' が高温熱源の温度 T_1 よりも低く $T_1 > T_1' > T_0$ とする．

可逆カルノーサイクルにおけるエクセルギー E_{rev} は

$$E_{rev} = Q\left(1 - \frac{T_0}{T_1}\right) \tag{5.27}$$

であり，受熱を非可逆とした非可逆カルノーサイクルのエクセルギー E_{irr} は，

$$E_{irr} = Q\left(1 - \frac{T_0}{T_1'}\right) \tag{5.28}$$

である．したがって，**エクセルギー損失** ΔE は

$$\Delta E = E_{rev} - E_{irr} = Q\left(1 - \frac{T_0}{T_1}\right) - Q\left(1 - \frac{T_0}{T_1'}\right) = -Q\frac{T_0}{T_1} + Q\frac{T_0}{T_1'}$$

$$= T_0\left(\frac{Q}{T_1'} - \frac{Q}{T_1}\right) = T_0 \Delta S > 0 \tag{5.29}$$

となる．また，どのような過程においてもエクセルギー損失 ΔE はエントロピーの増大量 ΔS に比例すると考えると，一般的な過程におけるエクセルギー損失 ΔE は $\Delta E \propto T \Delta S$ と表すことができる．これを，ギュイ・ストドラの定理という．

可逆過程においても最大仕事に変換できないエネルギー，つまり熱機関におけるアネルギーや等温等容過程と等温等圧過程における拘束エネルギーがあるため，熱エネルギーをすべて仕事に変換できない．さらに，非可逆過程ではエントロピーの増大によるエクセルギー損失があるために，実際に得られるエクセルギーは最大仕事より減少する．ここで，可逆過程で得られる最大仕事のエクセルギー E_{rev} と非可逆過程で得られるエクセルギー E_{irr} の比を**エクセルギー効率** ε とする．

$$\varepsilon = \frac{E_{irr}}{E_{rev}} = \frac{E_{rev} - \Delta E}{E_{rev}} = 1 - \frac{\Delta E}{E_{rev}} \tag{5.30}$$

 **例題5−2** 開いた系のエクセルギーとエクセルギー効率

周囲が温度 $T_0 = 25℃$，圧力 $p_0 = 101.3\,\mathrm{kPa}$ とした場合，以下を求めなさい．ただし，定圧比熱は $c_p = 1.005\,\mathrm{kJ/(kg \cdot K)}$，気体定数は $R = 0.287\,\mathrm{kJ/(kg \cdot K)}$ とする．

(1) 圧力 $200\,\mathrm{kPa}$，温度 $25℃$ の空気 $1\,\mathrm{kg}$ が開いた系に流入し，周囲温度まで膨張する場合の最大仕事（エクセルギー）と，この場合の非可逆過程によってエントロピーが $\Delta s = 50\,\mathrm{J/(kg \cdot K)}$ 増加した場合のエクセルギー効率

(2) 温度 $500℃$，圧力 $101.3\,\mathrm{kPa}$ の空気 $1\,\mathrm{kg}$ が開いた系に流入し，周囲温度まで膨張する場合の最大仕事（エクセルギー）と，この場合の非可逆過程によってエントロピーが $\Delta s = 50\,\mathrm{J/(kg \cdot K)}$ 増加した場合のエクセルギー効率

解答

(1) 作動流体と周囲の温度が等しいため可逆等温過程であり，$dT = 0$ より比エンタル

■■ 5-3 非可逆過程とエクセルギー損失 ■■

ピーは $dh = c_p dT = 0$ となる．また，比エントロピーは $ds = c_p(dT/T) - R(dp/p)$ から $ds = -R(dp/p)$ となる．これらの式を開いた系の比エクセルギー $de = -dh + T_0 ds$ に代入すると

$$de = -dh + T_0 ds = T_0\left(-R\frac{dp}{p}\right) = -T_0 R\frac{dp}{p}$$

これを状態1から状態0まで定積分すると

$$e = \int_1^0 de = \int_1^0 \left(-T_0 R\frac{dp}{p}\right) = -RT_0\int_1^0 \frac{dp}{p} = -RT_0 \ln\frac{p_0}{p_1} = RT_0 \ln\frac{p_1}{p_0}$$

与えられた数値を代入すると，最大仕事（エクセルギー）は

$$e = RT_0 \ln\frac{p_1}{p_0} = 0.287 \times (25 + 273.15) \ln\frac{200 \times 10^3}{101.3 \times 10^3} = 58.2 \text{ kJ/kg}$$

ここで，エクセルギー損失は

$$\Delta E = T_0 \Delta S = (25 + 273.15) \times 50 = 14908 \text{ J/(kg·K)} = 14.9 \text{ kJ/kg}$$

であるので，エクセルギー効率 ε は

$$\varepsilon = 1 - \frac{14.9}{58.2} = 0.744$$

(2) 作動流体と周囲の圧力が等しいため可逆等圧過程であり，$dp = 0$ より比エントロピーは $ds = c_p(dT/T) - R(dp/p)$ から $ds = c_p(dT/T)$ となる．また，比エンタルピーは $dh = c_p dT$ であるので，開いた系の比エクセルギー $de = -dh + T_0 ds$ から

$$de = -dh + T_0 ds = -c_p dT + T_0\left(c_p \frac{dT}{T}\right) = -c_p dT + c_p T_0 \frac{dT}{T}$$

これを状態1から状態0まで定積分すると

$$e = \int_1^0 de = \int_1^0 (-c_p dT) + \int_1^0 c_p T_0 \frac{dT}{T} = -c_p(T_0 - T_1) + c_p T_0 \ln\frac{T_0}{T_1}$$

$$= c_p T_0\left(\frac{T_1}{T_0} - 1 + \ln\frac{T_0}{T_1}\right) = c_p T_0\left(\frac{T_1}{T_0} - 1 - \ln\frac{T_1}{T_0}\right)$$

与えられた数値を代入すると，最大仕事（エクセルギー）は

$$e = 1.005 \times (25 + 273.15)\left(\frac{500 + 273.15}{25 + 273.15} - 1 - \ln\frac{500 + 273.15}{25 + 273.15}\right) = 191.9 \text{ kJ/kg}$$

エクセルギー損失は

$$\Delta E = T_0 \Delta S = (25 + 273.15) \times 50 = 14908 \text{ J/(kg·K)} = 14.9 \text{ kJ/kg}$$

であるので，エクセルギー効率 ε は

$$\varepsilon = 1 - \frac{14.9}{191.9} = 0.922$$

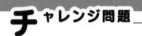

基本問題

問題 1　エクセルギーの基礎

圧力 200 kPa，温度 25℃ の 1 kg の空気が周囲圧力まで等温膨張した場合の仕事によるエクセルギーを求めなさい．ただし，周囲は温度 $T_0 = 25$℃，圧力 $p_0 = 101.3$ kPa とし，空気の気体定数 $R = 0.287$ kJ/(kg·K) とする．

問題 2　アネルギーの考え方

可逆カルノーサイクルで作動する熱機関の場合，高温熱源からの受熱量が同一なら高温熱源の温度が高いほど理論熱効率が向上することを説明しなさい．

問題 3　閉じた系のエクセルギーの基礎 (1)

周囲を温度 $T_0 = 25$℃，圧力 $p_0 = 101.3$ kPa とし，閉じた系を用いた場合，圧力 400 kPa，温度 25℃ の 1 kg の空気および温度 1000℃，圧力 101.3 kPa の 1 kg の空気から得られるエクセルギーを求めなさい．ただし，定容比熱 $c_v = 0.718$ kJ/(kg·K)，等圧比熱 $c_p = 1.005$ kJ/(kg·K) とする．

問題 4　閉じた系のエクセルギーの基礎 (2)

周囲を温度 $T_0 = 25$℃，圧力 $p_0 = 101.3$ kPa とし，閉じた系を用いた場合，圧力 0.1 kPa，温度 25℃ の 1 m^3 の空気，および温度 −100℃，圧力 101.3 kPa の 1 m^3 の空気から得られるエクセルギーを求めなさい．ただし，定容比熱 $c_v = 0.718$ kJ/(kg·K)，等圧比熱 $c_p = 1.005$ kJ/(kg·K) とする．

問題 5　開いた系のエクセルギーの基礎 (1)

圧力 1 MPa，温度 25℃ の空気 1 kg が開いた系に流入し，周囲圧力まで膨張する場合のエクセルギーを求めなさい．ただし，周囲は温度 $T_0 = 25$℃，圧力 $p_0 = 101.3$ kPa とし，空気の気体定数は $R = 0.287$ kJ/(kg·K) とする．

問題 6　開いた系のエクセルギーの基礎 (2)

圧力 101.3 kPa，温度 500℃ の空気 1 kg が開いた系に流入し，周囲温度まで低下する場合のエクセルギーを求めなさい．ただし，周囲は温度 $T_0 = 25$℃，圧力 $p_0 = 101.3$ kPa とし，定圧比熱 $c_p = 1.005$ kJ/(kg·K) とする．

発展問題

問題 7 体積変化のない場合のエクセルギー

固体や液体は圧力の影響を受けず体積も変化しない.比熱 c を一定とした場合,物質の状態を温度 T_1,圧力 p_1 とし,周囲を温度 T_0,圧力 p_0 として下記のエクセルギーの式を閉じた系の比エクセルギー $de = -du + T_0 ds - p_0 dv$ から導きなさい.

$$e = cT_0\left(\frac{T_1}{T_0} - 1 - \ln\frac{T_1}{T_0}\right)$$

問題 8 エクセルギーの応用(体積変化および圧力変化のない場合)

100℃,1 kg の鉄とアルミニウムから得られるエクセルギーを求めなさい.ただし,周囲は温度 $T_0 = 25$℃,圧力 $p_0 = 101.3$ kPa とし,鉄の比熱 $c_i = 0.5$ kJ/(kg·K) 一定,アルミニウムの比熱 $c_a = 0.9$ kJ/(kg·K) 一定とする.

問題 9 閉じた系で一般的な状態の気体から得られるエクセルギー

周囲の状態を温度 T_0,圧力 p_0 として,温度 T_1,圧力 p_1 の閉じた系の気体のエクセルギーが,以下の式となることを閉じた系の比エクセルギーの式である $de = -du + T_0 ds - p_0 dv$ から導きなさい.

$$e = c_v T_0\left(\frac{T_1}{T_0} - 1 - \kappa \ln\frac{T_1}{T_0}\right) + RT_0\left(\frac{T_1 p_0}{T_0 p_1} - 1 - \ln\frac{p_0}{p_1}\right)$$

問題 10 エクセルギーの応用(閉じた系の場合)

問題 9 の式を用いて,温度 1200℃,圧力 5 MPa の単位質量の空気から閉じた系によって得られる比エクセルギーを求めなさい.また,温度 600℃,圧力 300 kPa の場合も同様に求めなさい.ただし,周囲は温度 25℃,圧力 101.3 kPa とし,空気の定容比熱 $c_v = 0.718$ kJ/(kg·K),等圧比熱 $c_p = 1.005$ kJ/(kg·K) とする.

問題⓫　開いた系で一般的な状態の気体から得られるエクセルギー

周囲の状態を温度 T_0，圧力 p_0 として，温度 T_1，圧力 p_1 の開いた系の気体のエクセルギーが，次の式となることを開いた系の比エクセルギーの式である $de = -dh + T_0 ds$ から導きなさい．

$$e = c_p T_0 \left(\frac{T_1}{T_0} - 1 - \ln \frac{T_1}{T_0} \right) + R T_0 \ln \frac{p_1}{p_0}$$

問題⓬　エクセルギーの応用（開いた系の場合）

問題 11 の式を用いて，温度 1200℃，圧力 5 MPa の単位質量の空気から開いた系によって得られる比エクセルギーを求めなさい．また，温度 600℃，圧力 300 kPa の場合も同様に求めなさい．ただし，周囲は温度 25℃，圧力 101.3 kPa とし，空気の気体定数 $R = 0.287$ kJ/(kg·K)，等圧比熱は $c_p = 1.005$ kJ/(kg·K) とする．

問題⓭　エクセルギー効率

可逆過程によって得られるエクセルギーが 100 kJ/kg であり，非可逆過程によってエントロピーが $\Delta s = 10$ J/(kg·K) 増加した場合のエクセルギー損失とエクセルギー効率を求めなさい．ただし，周囲は温度 $T_0 = 25$℃ とする．

第6章
熱機関のサイクル

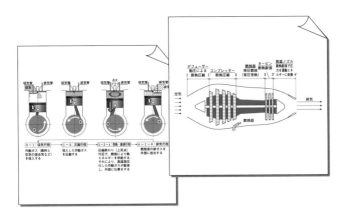

　熱エネルギーを仕事に変換する機械を熱機関という．現在，自動車や船舶などでは，ガソリンエンジンやディーゼルエンジンなどの往復動（レシプロ）エンジンが用いられている．航空機には，主にジェットエンジン（ガスタービンエンジン）が用いられている．産業用動力には，ガスエンジンやガスタービンエンジンなどが用いられている．大型の発電所の構成の一部にガスタービンが用いられている．これらの熱機関によって，多くのエネルギー変換が行われているため，その省エネや環境対応の観点から，これらの理論的サイクルを理解することは非常に重要である．本章では，代表的な熱機関であるガソリンエンジン，ディーゼルエンジン，ガスタービンエンジンの理論サイクルを学ぶ．

6-1 サイクルと熱機関

熱を仕事に変換する実用的な熱機関の熱効率はどう決まるか.

▶ポイント◀
1. 熱機関のガスサイクルとは何かを理解する.
2. レシプロエンジンの動作原理を理解する.

6.1.1 ガスサイクル

■ サイクルとは何か

作動ガスが膨張や圧縮などの状態変化を行い,元の状態に戻る一連の状態変化の組合せを「**サイクル**」という.サイクルは繰り返すこと,連続的に仕事を取り出したり,連続的に熱を低温から高温に移動したり,様々なエネルギー変換を連続的に行うことができる.特に,理想気体の状態変化を利用したサイクルを**ガスサイクル**という.実在気体の状態変化を利用した代表的なサイクルは,蒸気サイクルや冷凍サイクルであり,第8章や第9章で学ぶ.

熱エネルギーを仕事に変換する装置を熱機関という.本章では,代表的な熱機関のサイクルとして,**ガソリンエンジン,ディーゼルエンジン,ガスタービンエンジン**を取り上げ,その理論サイクルを学ぶ.

■ 往復動エンジンの動作

作動ガスの圧縮や膨張により,ピストンの往復運動を行い,連続的に動力を得る熱機関を往復動機関（Reciprocating Engine：通称レシプロエンジン）という.代表的なものは,ガソリンエンジンやディーゼルエンジンである.

図6.1に,4ストローク（サイクル）ガソリンエンジンの動作原理を示す.4ストロークエンジンでは,吸入,圧縮,膨張,排気の4行程で1つのサイクルを形成し,その動作を繰り返すことで連続的に動力を発生する.

図6.1の動作を$p-V$線図で示すと,図6.2(a)のようになる.これは,実際の4ストロークガソリン機関の$p-V$線図に相当する.同図(b)に示すのが,以下の仮定を用いて理想化したサイクルである.このサイクルは,オットーサイクルと呼ばれ,ガソリンエンジンの理論サイクルである.オットーサイクルをはじめとする代表的なガスサイクルを次節以降に学ぶ.

6-1 サイクルと熱機関

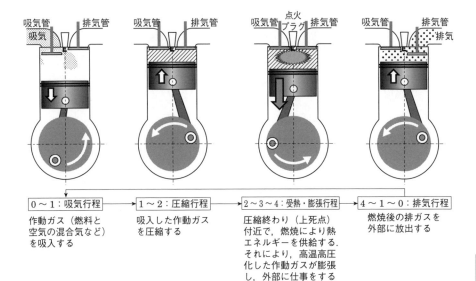

図 6.1　4 ストロークガソリンエンジンの動作

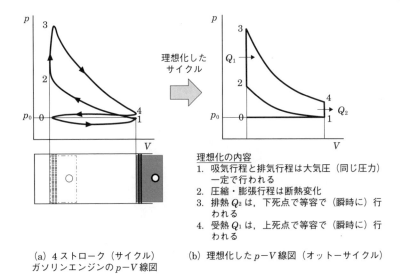

(a) 4 ストローク（サイクル）ガソリンエンジンの $p-V$ 線図

(b) 理想化した $p-V$ 線図（オットーサイクル）

理想化の内容
1. 吸気行程と排気行程は大気圧（同じ圧力）一定で行われる
2. 圧縮・膨張行程は断熱変化
3. 排熱 Q_2 は，下死点で等容で（瞬時に）行われる
4. 受熱 Q_1 は，上死点で等容で（瞬時に）行われる

図 6.2　4 ストロークガソリン機関の実際の $p-V$ 線図 (a) と理想化した $p-V$ 線図 (b)

1. 吸気行程と排気行程は大気圧一定で行われる
2. 圧縮・膨張行程は断熱変化で行われる
3. 排熱 Q_2 は，下死点で等容で（瞬時に）行われる
4. 受熱 Q_1 は，上死点で等容で（瞬時に）行われる

レシプロエンジンの圧縮比

レシプロエンジンにおいて，圧縮比 ε は重要な意味をもっている．図 6.3 に示すように，ピストンが一番下（＝シリンダ内容積が最大）の時を**下死点**（Bottom Dead Center：BDC）といい，一番上（＝シリンダ内容積が最小）の時を**上死点**（Top Dead Center：TDC）という．エンジンの用語では，ピストンが TDC から BDC に移動する間に変化する容積を**行程容積**（Displacement）V_s という．また，TDC の状態でわずかに残る容積を**燃焼室容積**（Combustion Chamber Volume）または**すきま容積**（Clearance Volume）V_c という．圧縮前を状態 1，圧縮後を状態 2 とすると，**圧縮比**（Compression Ratio）ε は，圧縮前の容積 V_1 を圧縮後の容積 V_2 で割ったものと定義される．また，$V_2 = V_c, V_1 = V_c + V_s$ なので，圧縮比は以下の式で表される．

$$\varepsilon = \frac{V_1}{V_2} = \frac{V_c + V_s}{V_c} = 1 + \frac{V_s}{V_c} \tag{6.1}$$

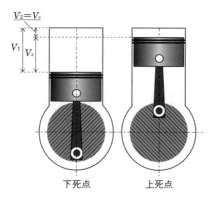

図 6.3　圧縮比の定義

6-2 レシプロエンジンのサイクル

ガソリン・ディーゼルエンジンの基本サイクルはどう示されるか.

▶ポイント◀
1. オットー・ディーゼル・サバテサイクルを理解する.
2. 平均有効圧力の意味を理解する.

6.2.1 オットーサイクル（等容サイクル）

オットーサイクルは，ガソリンエンジンなどの火花点火機関の理論サイクルであり，上死点で等容的に受熱することが特徴である．ガソリンエンジンでは，燃料と空気の混合気を圧縮し，上死点付近で火花点火し，一気に燃焼させる．そのため，オットーサイクルでは，上死点で等容で（瞬時に）受熱すると近似する．

オットーサイクルの $p-V$ 線図と $T-S$ 線図を図 6.4 に示す．

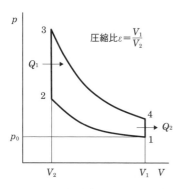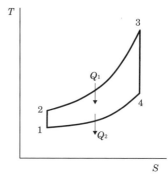

1→2 断熱圧縮：作動ガスを断熱状態（等エントロピー状態）で圧縮する
2→3 等容受熱：等容（$V=$一定，$dV=0$）で Q_1 の熱を受け取る
3→4 断熱膨張：高温高圧化した作動ガスの断熱膨張により，仕事を取り出す
4→1 等容排熱：等容（$V=$一定，$dV=0$）で Q_2 の熱を放出し，1の状態に戻る

図 6.4 オットーサイクル

オットーサイクルの理論熱効率 η_{tho} を計算する．すでに学んだ通り，熱効率の定義式は以下のように表せる．

$$\eta_{tho} = \frac{L}{Q_1} = \frac{Q_1 - Q_2}{Q_1} = 1 - \frac{Q_2}{Q_1} \tag{6.2}$$

オットーサイクルの受熱と排熱は共に等容変化（$dV=0$）なので，熱力学第一法則の式は以下のように簡略化される．

$$dQ = dU + pdV = dU = mc_v dT \tag{6.3}$$

よって，Q_1 および Q_2 は，以下の式で示される．

<受熱量 Q_1>

$$Q_1 = \int_2^3 dU = \int_2^3 mc_v dT = mc_v \int_2^3 dT = mc_v(T_3 - T_2) \tag{6.4}$$

<排熱量 Q_2>

排熱なので，負号を付けて計算すると，以下のようになる．

$$-Q_2 = \int_4^1 dU = \int_4^1 mc_v dT = mc_v \int_4^1 dT = mc_v(T_1 - T_4)$$

$$Q_2 = mc_v(T_4 - T_1) \tag{6.5}$$

式（6.4）および式（6.5）を式（6.2）に代入すると以下のようになる．

$$\eta_{tho} = 1 - \frac{Q_2}{Q_1} = 1 - \frac{mc_v(T_4 - T_1)}{mc_v(T_3 - T_2)} = 1 - \frac{T_4 - T_1}{T_3 - T_2} \tag{6.6}$$

ここで，状態1～2および状態3～4は断熱変化なので，$TV^{\kappa-1}=$ 一定の関係が成り立つ．

1～2：$T_1 V_1^{\kappa-1} = T_2 V_2^{\kappa-1}$

$$T_2 = T_1 \left(\frac{V_1}{V_2}\right)^{\kappa-1} = T_1 \varepsilon^{\kappa-1} \tag{6.7}$$

3～4：$T_3 V_3^{\kappa-1} = T_4 V_4^{\kappa-1}$

$$T_3 = T_4 \left(\frac{V_4}{V_3}\right)^{\kappa-1} = T_4 \varepsilon^{\kappa-1} \tag{6.8}$$

式（6.7）および式（6.8）を式（6.6）に代入すると，以下の関係が導かれる．

$$\eta_{tho} = 1 - \frac{T_4 - T_1}{T_3 - T_2} = 1 - \frac{(T_4 - T_1)}{\varepsilon^{\kappa-1}(T_4 - T_1)} = 1 - \frac{1}{\varepsilon^{\kappa-1}} = 1 - \left(\frac{1}{\varepsilon}\right)^{\kappa-1} \tag{6.9}$$

比熱比を変化させた際の，圧縮比と理論熱効率の関係を図6.5に示す．オットーサイクルの理論熱効率は，圧縮比 ε と比熱比 κ で決まり，両者が大きいほど高くなる．

6-2 レシプロエンジンのサイクル

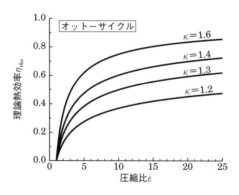

図 6.5 オットーサイクルの理論熱効率

例題 6-1　オットーサイクル

空気を作動ガスとするオットーサイクルがある．圧縮開始時の圧力が 100 kPa，温度が 27℃，圧縮比が 10，最高圧力が 5.0 MPa のとき，以下の数値を求めなさい．

(1) 理論熱効率
(2) 圧縮後の圧力と温度
(3) 最高温度

解答

(1) 作動ガスは空気なので，比熱比は 1.40 である．理論熱効率は，式 (6.9) を用いて，以下のように算出される．

$$\eta_{tho} = 1 - \left(\frac{1}{\varepsilon}\right)^{\kappa-1} = 1 - \left(\frac{1}{10}\right)^{1.4-1} = 0.602 \ (60.2\%)$$

(2) 断熱変化の関係式 $pV^\kappa = $ 一定，$TV^{\kappa-1} = $ 一定を利用して求める．

$$p_1 V_1^\kappa = p_2 V_2^\kappa \quad p_2 = p_1 \left(\frac{V_1}{V_2}\right)^\kappa = p_1 \varepsilon^\kappa = 100 \times 10^{1.4} = 2.5 \text{ MPa}$$

$$T_1 V_1^{\kappa-1} = T_2 V_2^{\kappa-1} \quad T_2 = T_1 \left(\frac{V_1}{V_2}\right)^{\kappa-1} = T_1 \varepsilon^{\kappa-1} = (27+273) \times 10^{1.4-1} = 754 \text{ K}$$

(3) 受熱過程は等容変化のため $\dfrac{p}{T} = $ 一定の関係が成り立つ．

$$\frac{p_2}{T_2} = \frac{p_3}{T_3} \quad T_3 = T_2 \frac{p_3}{p_2} = 754 \times \frac{5.0}{2.5} = 1508 \text{ K}$$

6.2.2 ディーゼルサイクル（等圧サイクル）

ディーゼルサイクルは，低速ディーゼルエンジンの理論サイクルであり，上死点で燃料を供給し（熱量 Q_1 を投入し），膨張しながら等圧で受熱することが特徴である．ディーゼルサイクルの p-V 線図と T-S 線図を図 6.6 に示す．

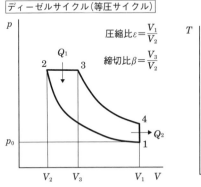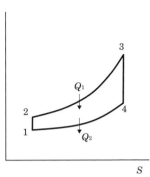

1→2　断熱圧縮：作動ガスを断熱状態（等エントロピー状態）で圧縮する
2→3　等圧受熱：等圧（p＝一定，$dp=0$）で Q_1 の熱を受け取る
3→4　断熱膨張：高温高圧化した作動ガスの断熱膨張により，仕事を取り出す
4→1　等容排熱：等容（V＝一定，$dV=0$）で Q_2 の熱を放出し，1 の状態に戻る

図 6.6　ディーゼルサイクル

ここで，等圧受熱終了時の容積 V_3 と等圧受熱開始時の容積 V_2 の比を**締切比**（Cut Off Ratio）**β**（**β は 1 より大きい**）といい，等圧受熱期間の長さを表している．

ディーゼルサイクルの理論熱効率 η_{thd} を計算する．
受熱過程は等圧変化，排熱過程は等容変化なので
＜受熱量 Q_1＞

$$Q_1 = mc_p(T_3 - T_2) \tag{6.10}$$

＜排熱量 Q_2＞

$$Q_2 = mc_v(T_4 - T_1) \tag{6.11}$$

式（6.10）および式（6.11）を熱効率の定義式に代入すると以下のようになる．

$$\eta_{thd} = 1 - \frac{Q_2}{Q_1} = 1 - \frac{mc_v(T_4 - T_1)}{mc_p(T_3 - T_2)} = 1 - \frac{T_4 - T_1}{\kappa(T_3 - T_2)} \tag{6.12}$$

ここで，状態 1〜2 は断熱変化なので，$TV^{\kappa-1}=$ 一定の関係が成り立つ．

$$T_2 = T_1 \left(\frac{V_1}{V_2}\right)^{\kappa-1} = T_1 \varepsilon^{\kappa-1} \tag{6.13}$$

状態 2〜3 は等圧受熱なので，以下の関係が成り立つ．

$$\frac{V_2}{T_2} = \frac{V_3}{T_3} \qquad T_3 = T_2 \frac{V_3}{V_2} = T_1 \varepsilon^{\kappa-1} \beta \tag{6.14}$$

状態 3〜4 は断熱膨張なので，以下の関係が成り立つ．

$$T_4 = T_3 \left(\frac{V_3}{V_4}\right)^{\kappa-1} = T_3 \left(\frac{V_2}{V_4} \cdot \frac{V_3}{V_2}\right)^{\kappa-1} = T_1 \varepsilon^{\kappa-1} \beta \left(\frac{1}{\varepsilon} \cdot \beta\right)^{\kappa-1} = T_1 \beta^{\kappa} \tag{6.15}$$

式 (6.13)〜(6.15) を式 (6.12) に代入すると，以下の関係が導かれる．

$$\eta_{thd} = 1 - \frac{T_4 - T_1}{\kappa(T_3 - T_2)} = 1 - \left(\frac{1}{\varepsilon}\right)^{\kappa-1} \left(\frac{\beta^{\kappa}-1}{\kappa(\beta-1)}\right) \tag{6.16}$$

ディーゼルサイクルの理論熱効率は，オットーサイクルと同様に圧縮比と比熱比が大きいほど高くなる．図 6.7 に，締切比を変化させた際の理論熱効率を示す．締切比が小さい（等圧受熱期間が短い）ほうが，理論熱効率が高くなる．また，同じ圧縮比と比熱比であれば，オットーサイクルのほうが理論熱効率が高くなる．

同一の圧縮比と比熱比の場合，$\eta_{tho} > \eta_{thd}$ である．しかし，ディーゼルエンジンは，ガソリンエンジンに比べて高圧縮比で運転が可能である．加えて，希薄燃焼（量論比以上の空気を導入して燃焼）のため，作動ガス中の空気の割合が多く，比熱比も高い．これらの理由により，実際には，ガソリンエンジンよりもディーゼルエンジンのほうが熱効率が高い．

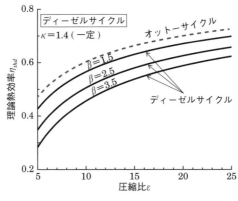

図 6.7　ディーゼルサイクルの理論熱効率

例題6-2　ディーゼルサイクル

空気を作動ガスとするディーゼルサイクルがある．圧縮開始時の温度が27℃，圧縮比が15のとき，作動ガス1 kg あたりに1500 kJ/kg の熱を供給した．
以下の数値を求めなさい．
(1) 最高温度 T_{max}
(2) 作動ガス1 kg あたりに外部になされる仕事 L

解答

(1) 作動ガスは空気なので，比熱比は1.4，等圧比熱 c_p は 1005 J/(kg・K) である．式 (6.10) において，$\dfrac{Q_1}{m} = q_1 = 1500$ kJ/kg なので，最高温度 $T_{max} = T_3$ は

$$Q_1 = mc_p(T_3 - T_2)$$

$$T_3 = T_2 + \frac{Q_1}{mc_p} = T_2 + \frac{q_1}{c_p} = T_1 \varepsilon^{\kappa-1} + \frac{q_1}{c_p} = 300 \times 15^{0.4} + \frac{1500 \times 10^3}{1005} = 2379 \text{ K}$$

(2) $\dfrac{V_2}{T_2} = \dfrac{V_3}{T_3}$ なので，$\beta = \dfrac{V_3}{V_2} = \dfrac{T_3}{T_2} = \dfrac{T_3}{T_1 \varepsilon^{\kappa-1}} = \dfrac{2379}{300 \times 15^{0.4}} = 2.68$ である．

よって，理論熱効率は式 (6.16) より

$$\eta_{thd} = 1 - \left(\frac{1}{\varepsilon}\right)^{\kappa-1}\left(\frac{\beta^\kappa - 1}{\kappa(\beta-1)}\right) = 1 - \left(\frac{1}{15}\right)^{1.4-1}\left(\frac{2.68^{1.4}-1}{1.4 \times (2.68-1)}\right) = 0.572 \ (57.2\%)$$

$$W = Q_1 \eta_{thd} = 1500 \times 0.572 = 858 \text{ kJ}$$

6.2.3　サバテサイクル（複合サイクル）

サバテサイクルは，高速ディーゼルエンジンの理論サイクルである．ディーゼルサイクルでは，上死点から等圧受熱をするが，実際の自動車用ディーゼル機関などでは，燃料を噴射してから着火するまでに時間遅れ（着火遅れ）があるため，その間にピストンが移動（膨張）してしまう．そのため，燃料は圧縮上死点より前に噴射を開始する．噴射されて燃焼室内で拡散混合しながら蓄積された混合気は，着火とともにいっせいに（等容で）燃焼する．その後，継続して噴射された燃料が，ディーゼルサイクルのように等圧で燃焼する．つまり，等容と等圧の二段階で受熱することが，サバテサイクルの特徴である．サバテサイクルの p-V 線図と T-S 線図を図6.8に示す．

ここで，ディーゼルサイクルと同様に，等圧受熱終了時の容積 V_3' と等圧受熱

□□ 6-2　レシプロエンジンのサイクル □□

サバテサイクル（複合サイクル）

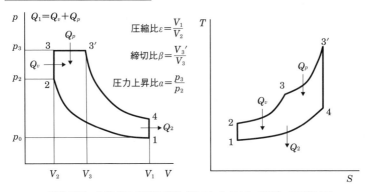

図 6.8　サバテサイクル

1 → 2　断熱圧縮：作動ガスを断熱状態（等エントロピー状態）で圧縮する
2 → 3　等容受熱：等容（$V=$一定，$dV=0$）で Q_v の熱を受け取る
3 → 3′　等圧受熱：等圧（$p=$一定，$dp=0$）で Q_p の熱を受け取る
3′→ 4　断熱膨張：高温高圧化した作動ガスの断熱膨張により，仕事を取り出す
4 → 1　等容排熱：等容（$V=$一定，$dV=0$）で Q_2 の熱を放出し，1 の状態に戻る

開始時の容積 V_3 の比が**締切比 β**（β は 1 より大きい）である．加えて，等容受熱終了時の圧力 p_3 と等容受熱開始時の圧力 p_2 との比が，**圧力上昇比 α**（α も 1 より大きい）である．

サバテサイクルの理論熱効率 η_{ths} を計算する．

受熱過程は等容変化および等圧変化なので

<受熱量 Q_1>
$$Q_1 = Q_v + Q_p = mc_v(T_3 - T_2) + mc_p(T_3' - T_3) \tag{6.17}$$

<排熱量 Q_2>
$$Q_2 = mc_v(T_4 - T_1) \tag{6.18}$$

式 (6.17) および式 (6.18) を熱効率の定義式に代入すると以下のようになる．

$$\eta_{ths} = 1 - \frac{Q_2}{Q_1} = 1 - \frac{mc_v(T_4 - T_1)}{mc_v(T_3 - T_2) + mc_p(T_3' - T_3)}$$

$$= 1 - \frac{(T_4 - T_1)}{(T_3 - T_2) + \kappa(T_3' - T_3)} \tag{6.19}$$

ここで，状態 1〜2 は断熱変化なので，$TV^{\kappa-1} =$ 一定の関係が成り立つ．

$$T_2 = T_1 \left(\frac{V_1}{V_2}\right)^{\kappa-1} = T_1 \varepsilon^{\kappa-1} \tag{6.20}$$

状態2〜3は等容変化なので，$\dfrac{p}{T}$＝一定の関係が成り立つ．

$$\frac{p_2}{T_2}=\frac{p_3}{T_3} \qquad T_3=T_2\frac{p_3}{p_2}=T_1\varepsilon^{\kappa-1}\alpha \tag{6.21}$$

状態3〜3′は等圧変化なので，$\dfrac{V}{T}$＝一定の関係が成り立つ．

$$\frac{V_3}{T_3}=\frac{V_3'}{T_3'} \qquad T_3'=T_3\frac{V_3'}{V_3}=T_1\varepsilon^{\kappa-1}\alpha\beta \tag{6.22}$$

状態3′〜4は断熱変化なので，$TV^{\kappa-1}$＝一定の関係が成り立つ．

$$T_4=T_3'\left(\frac{V_3'}{V_4}\right)^{\kappa-1}=T_3'\left(\frac{V_2}{V_4}\cdot\frac{V_3'}{V_2}\right)^{\kappa-1}=T_1\varepsilon^{\kappa-1}\alpha\beta\left(\frac{1}{\varepsilon}\cdot\beta\right)^{\kappa-1}=T_1\alpha\beta^{\kappa} \tag{6.23}$$

式(6.20)〜(6.23)を式(6.19)に代入すると，以下の関係が導かれる．

$$\eta_{ths}=1-\left(\frac{1}{\varepsilon}\right)^{\kappa-1}\left(\frac{\alpha\beta^{\kappa}-1}{(\alpha-1)+\kappa\alpha(\beta-1)}\right) \tag{6.24}$$

サバテサイクルにおいて，$\beta=1$と置くと，オットーサイクルの理論熱効率の式(6.9)が導かれる．また，$\alpha=1$と置くと，ディーゼルサイクルの理論熱効率の式(6.16)が導かれる．

6.2.4 平均有効圧力

サイクルの有効仕事Lは，$p-V$線図の面積に等しい．つまり，1サイクルでなされる仕事を増やすには，$p-V$線図の面積を大きくすればよい．行程容積（排気量）V_sを大きくすると，$p-V$線図が横軸方向に伸びるので，当然，仕事Lが増大する．行程容積を増加させると，エンジンのサイズが増大するので，行程容積でLを増大させるのには限りがある．一方で，$p-V$線図を縦軸p方向に伸ばすことによっても，Lは増加する．つまり，行程容積を増加させずにLを増やすためには，サイクル中の圧力を増加させる必要がある．

1サイクルあたりの仕事Lを，行程容積$V_s=V_1-V_2$で割ることで，単位行程容積当たりの仕事量が求まり，行程容積の異なるサイクル間の性能比較の一材料になる．$\dfrac{L}{V_s}$は圧力の次元をもっており，これを**平均有効圧力**P_mと呼ぶ．また，平均有効圧P_mは1サイクルの圧力の平均でもある．

6-2 レシプロエンジンのサイクル

$$P_m = \frac{L}{V_s} = \frac{L}{V_1 - V_2} \, [\text{Pa}] \tag{6.25}$$

図 6.9 に示すように，平均有効圧力は $p-V$ 線図の面積 L と同じ面積で，同じ行程容積の長方形を描いた際の長方形の高さに等しい．

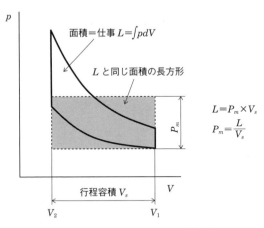

図 6.9 サイクル仕事と平均有効圧力

ここで，サバテサイクルの平均有効圧力式（6.28）を導いた後，オットーサイクルとディーゼルサイクルの平均有効圧力を導く．

$$P_m = \frac{L}{V_s} = \frac{Q_1 \eta_{ths}}{V_1 - V_2} = \frac{Q_1 \eta_{ths}}{V_1 \left(1 - \dfrac{V_2}{V_1}\right)} = \frac{\varepsilon Q_1 \eta_{ths}}{V_1(\varepsilon - 1)} \tag{6.26}$$

式（6.17） $Q_1 = m c_v (T_3 - T_2) + m c_p (T_3' - T_3) = m c_v [(T_3 - T_2) + \kappa (T_3' - T_3)]$

式（6.20） $T_2 = T_1 \varepsilon^{\kappa - 1}$

式（6.21） $T_3 = T_1 \varepsilon^{\kappa - 1} \alpha$

式（6.22） $T_3' = T_1 \varepsilon^{\kappa - 1} \alpha \beta$

理想気体の状態式より，$V_1 = \dfrac{mRT_1}{p_1}$ なので，これらを式（6.26）に代入すると，

$$P_m = \frac{p_1 \varepsilon \eta_{ths} \cancel{m c_v} \cancel{T_1} \varepsilon^{\kappa - 1} [(\alpha - 1) + \kappa \alpha (\beta - 1)]}{\cancel{m} R \cancel{T_1} (\varepsilon - 1)} \tag{6.27}$$

$c_v = \dfrac{R}{\kappa - 1}$ なので，$\dfrac{c_v}{R} = \dfrac{1}{\kappa - 1}$ となる．この式と理論熱効率の式（6.24）を式（6.27）に代入して整理すると，以下のようになる．

$$P_m = \frac{p_1 \varepsilon^\kappa [(\alpha-1) + \kappa\alpha(\beta-1)]}{(\varepsilon-1)(\kappa-1)} \left[1 - \frac{1}{\varepsilon^{\kappa-1}} \frac{\alpha\beta^\kappa - 1}{(\alpha-1) + \kappa\alpha(\beta-1)}\right]$$

＜サバテサイクルの平均有効圧力＞

$$\therefore P_m = \frac{p_1\{\varepsilon^\kappa[(\alpha-1) + \kappa\alpha(\beta-1)] - \varepsilon(\alpha\beta^\kappa - 1)\}}{(\varepsilon-1)(\kappa-1)} \tag{6.28}$$

＜オットーサイクルの平均有効圧力＞

式 (6.28) において，$\beta=1$ と置くと，以下のようになる．

$$P_m = \frac{p_1[(\alpha-1)(\varepsilon^\kappa - \varepsilon)]}{(\varepsilon-1)(\kappa-1)} \tag{6.29}$$

＜ディーゼルサイクルの平均有効圧力＞

式 (6.28) において，$\alpha=1$ と置くと，以下のようになる．

$$P_m = \frac{p_1[\varepsilon^\kappa \kappa(\beta-1) - \varepsilon(\beta^\kappa - 1)]}{(\varepsilon-1)(\kappa-1)} \tag{6.30}$$

例題6-3　サバテサイクル

空気を作動ガスとするサバテサイクルがある．圧縮開始時の圧力が $100\,\mathrm{kPa}$ 圧縮比 ε が 15，圧力上昇比 α が 2.5，締切比 β が 2.0 のとき，以下の数値を求めなさい．

(1) 理論熱効率
(2) 平均有効圧力

(1) 式 (6.24) を用いて

$$\eta_{ths} = 1 - \left(\frac{1}{\varepsilon}\right)^{\kappa-1}\left(\frac{\alpha\beta^\kappa - 1}{(\alpha-1) + \kappa\alpha(\beta-1)}\right)$$

$$= 1 - \left(\frac{1}{15}\right)^{1.4-1}\left(\frac{2.5 \times 2.0^{1.4} - 1}{(2.5-1) + 1.4 \times 2.5 \times (2.0-1)}\right) = 0.62\ (62\%)$$

(2) 式 (6.28) を用いて

$$P_m = \frac{p_1\{\varepsilon^\kappa[(\alpha-1) + \kappa\alpha(\beta-1)] - \varepsilon(\alpha\beta^\kappa - 1)\}}{(\varepsilon-1)(\kappa-1)}$$

$$= \frac{100 \times 10^3 \times \{15^{1.4} \times [(2.5-1) + 1.4 \times 2.5 \times (2.0-1)] - 15 \times (2.5 \times 2.0^{1.4} - 1)\}}{(15-1) \times (1.4-1)}$$

$$= 2.46\,\mathrm{MPa}$$

6-3 ガスタービンエンジンのサイクル

ガスタービンの基本サイクルはどう示されるか.

▶ポイント◀
1. ブレイトンサイクルの動作原理と理論熱効率を熱力学的に扱う.
2. ブレイトン再生サイクルが有効な運転領域を理解する.

6.3.1 ブレイトンサイクル

ブレイトンサイクルは,ガスタービンエンジンの理論サイクルであり,等圧で受熱と排熱を行うことが特徴である.ガスタービンエンジンの模式図および構成図を図 6.10 に示す.吸入した作動ガスを圧縮機で断熱圧縮した後,燃焼器で等圧受熱を行う.燃焼ガスをタービンで断熱膨張させ,等圧で排出(排熱)する.タービンで得られた仕事の一部は,圧縮機等を駆動するのに利用されるが,残りの仕事が回転仕事として外部に取り出され,これによって負荷(発電機,スクリューなど)を駆動する.

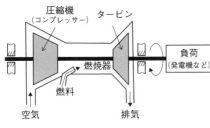

(a) ガスタービンの模式図   (b) ブレイトンサイクルの構成図

図 6.10　ガスタービンエンジン

ブレイトンサイクルの $p-V$ 線図と $T-S$ 線図を図 6.11 に示す.レシプロエンジンのサイクルでは,圧縮の度合いを示す指標として圧縮比 ε を用いた.しかしガスタービンの場合,レシプロエンジンとは異なり,ピストン圧縮などによる容積変化はなく,圧縮機やタービン内の容積が一定である.そのため,ガスタービンで圧縮の度合いを示す指標として,式 (6.31) に定義する**圧力比**(Pressure Ratio)ρ_r を用いる.

第6章 熱機関のサイクル

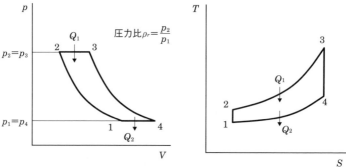

1→2 断熱圧縮：作動ガスを圧縮機で断熱状態で圧縮する
2→3 等圧受熱：等圧（$p=$一定, $dp=0$）で Q_1 の熱を受け取る
3→4 断熱膨張：作動ガスをタービンで断熱膨張させ，仕事を取り出す
4→1 等圧排熱：等圧（$p=$一定, $dp=0$）で Q_2 の熱を放出し，1の状態に戻る

図6.11　ブレイトンサイクル

$$\rho_r = \frac{p_2}{p_1}\left(=\frac{p_3}{p_4}\right) \tag{6.31}$$

ブレイトンサイクルの理論熱効率 η_{thb} を計算する．

まず，Q_1 および Q_2 は，以下の式で示される．

<受熱量 Q_1>
$$Q_1 = mc_p(T_3 - T_2) \tag{6.32}$$

<排熱量 Q_2>
$$Q_2 = mc_p(T_4 - T_1) \tag{6.33}$$

式（6.32）および式（6.33）を熱効率の定義式（6.2）に代入すると以下のようになる．

$$\eta_{thb} = 1 - \frac{Q_2}{Q_1} = 1 - \frac{mc_p(T_4 - T_1)}{mc_p(T_3 - T_2)} = 1 - \frac{T_4 - T_1}{T_3 - T_2} \tag{6.34}$$

ここで，状態1～2および状態3～4は断熱変化なので，$\dfrac{T}{p^{\frac{\kappa-1}{\kappa}}} = $ 一定が成り立つ．

1～2： $\dfrac{T_1}{p_1^{\frac{\kappa-1}{\kappa}}} = \dfrac{T_2}{p_2^{\frac{\kappa-1}{\kappa}}}$

$$T_2 = T_1\left(\frac{p_2}{p_1}\right)^{\frac{\kappa-1}{\kappa}} = T_1 \rho_r^{\frac{\kappa-1}{\kappa}} \tag{6.35}$$

6-3 ガスタービンエンジンのサイクル

3〜4 : $\dfrac{T_3}{p_3^{\frac{\kappa-1}{\kappa}}} = \dfrac{T_4}{p_4^{\frac{\kappa-1}{\kappa}}}$

$$T_3 = T_4\left(\dfrac{p_3}{p_4}\right)^{\frac{\kappa-1}{\kappa}} = T_4\rho_r^{\frac{\kappa-1}{\kappa}} \tag{6.36}$$

式 (6.35) および式 (6.36) を式 (6.34) に代入すると，以下の関係が導かれる．

$$\eta_{thb} = 1 - \dfrac{T_4 - T_1}{T_3 - T_2} = 1 - \dfrac{(T_4 - T_1)}{\rho_r^{\frac{\kappa-1}{\kappa}}(T_4 - T_1)} = 1 - \dfrac{1}{\rho_r^{\frac{\kappa-1}{\kappa}}} = 1 - \left(\dfrac{1}{\rho_r}\right)^{\frac{\kappa-1}{\kappa}} \tag{6.37}$$

図 6.12 に，比熱比を変化させた際の理論熱効率を示す．ブレイトンサイクルの理論熱効率は，圧力比 ρ_r と比熱比 κ が大きいほど高くなる．

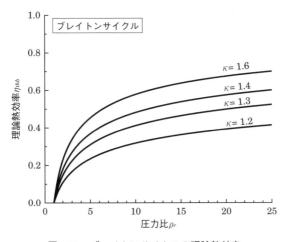

図 6.12 ブレイトンサイクルの理論熱効率

6.3.2 ブレイトン再生サイクル

ブレイトンサイクルの排熱は高温のため，その排熱を利用して圧縮後の吸気を加熱すると，排熱の回収による熱効率の向上が期待できる．これを，ブレイトン再生サイクルという．ブレイトン再生サイクルの構成図を図 6.13 に，$p-V$ 線図と $T-S$ 線図を図 6.14 に示す．再生器（熱交換器）を用いて排熱から Q_R の熱を回収し，圧縮後の作動ガスを加熱する．作動ガスは，燃焼器でさらに加熱され，タービンで膨張する．

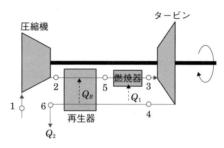

図 6.13 ブレイトン再生サイクルの構成図

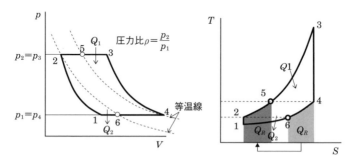

図 6.14 ブレイトン再生サイクル

再生器での熱交換が完全に行われる場合，$T_4 = T_5$，$T_2 = T_6$ になる．
よって，Q_1 と Q_2 は以下のようになる．
$T_4 = T_5$ なので
$$Q_1 = mc_p(T_3 - T_5) = mc_p(T_3 - T_4) \tag{6.38}$$
$T_2 = T_6$ なので
$$Q_2 = mc_p(T_6 - T_1) = mc_p(T_2 - T_1)$$
ブレイトン再生サイクルの理論熱効率 η_{thbr} は

$$\eta_{thbr} = 1 - \frac{Q_2}{Q_1} = 1 - \frac{T_2 - T_1}{T_3 - T_4} = 1 - \frac{T_1\left(\dfrac{T_2}{T_1} - 1\right)}{T_3\left(1 - \dfrac{T_4}{T_3}\right)} \tag{6.39}$$

式 (6.35)，(6.36) のように，1〜2 および 3〜4 は断熱変化なので
$$\frac{T_2}{T_1} = \left(\frac{p_2}{p_1}\right)^{\frac{\kappa-1}{\kappa}} = \rho_r^{\frac{\kappa-1}{\kappa}} \tag{6.40}$$

$$\frac{T_4}{T_3} = \left(\frac{p_4}{p_3}\right)^{\frac{\kappa-1}{\kappa}} = \left(\frac{1}{\rho_r}\right)^{\frac{\kappa-1}{\kappa}} \tag{6.41}$$

となる．式（6.40）と（6.41）を式（6.39）に代入すると，以下の式が得られる．

$$\eta_{thBr} = 1 - \frac{T_1}{T_3}\rho_r^{\frac{\kappa-1}{\kappa}} = 1 - \frac{\rho_r^{\frac{\kappa-1}{\kappa}}}{\sigma} \tag{6.42}$$

ここで，$\sigma = \dfrac{T_3}{T_1}$ は温度上昇比であり，サイクルの最高温度と最低温度の比である．図 6.15 に，温度上昇比 σ を変化させた際の理論熱効率を示す．通常のブレイトンサイクルでは，図 6.15 の破線で示す通り圧力比が増加するとともに理論熱効率が増加する．一方でブレイトン再生サイクルの場合，圧力比が高くなると理論熱効率は悪化する．圧力比が低く，かつ温度上昇比が大きいほど，ブレイトン再生サイクルの理論熱効率が増加する．

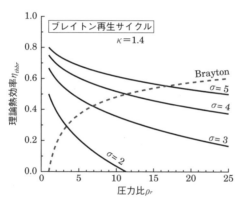

図 6.15　ブレイトン再生サイクルの理論熱効率

6.3.3　ジェットエンジン（航空機用ガスタービン）のサイクル

ジェットエンジンとは，主に航空機用に用いられるガスタービンエンジンであり，熱エネルギーを作動ガスの高速噴流にし，推力を得るための熱機関である．もっとも基本的なジェットエンジンとして，ターボジェットエンジンの基本構成を図 6.16 に示す．

流入する作動ガスは高速気流であるため大きな運動エネルギーをもっている．つまり，デフューザーによって断熱圧縮を行う（1～1'）．その後，ブレイトンサイクルと同様にコンプレッサー（圧縮機）で断熱圧縮し（1'～2），燃焼器で等圧

受熱し（2～3），タービンで断熱膨張する（3～3'）．定置用や産業用のガスタービンでは，回転動力を得るために多くのエネルギーをタービンでの膨張仕事として取り出すが，ターボジェットエンジンの場合，推進力を得るのが主目的のため，3～3'で取り出す動力は，コンプレッサーや補機類を駆動するのに必要最小限にする．その後，推進ノズルで断熱膨張し，高速噴流による推進力を得る．

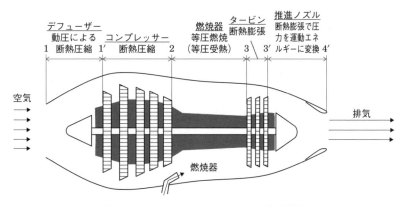

図6.16　ターボジェットエンジンの基本構成

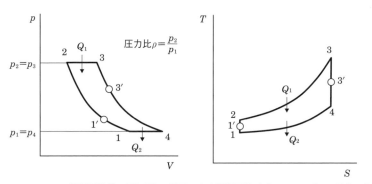

$1 \to 1'$　断熱圧縮①：高速吸気の動圧による断熱圧縮（ディフューザーで圧力に変換）
$1' \to 2$　断熱圧縮②：圧縮機による断熱圧縮
$2 \to 3$　等圧受熱：　等圧（$p=$一定，$dp=0$）でQ_1の熱を受け取る
$3 \to 3'$　断熱膨張①：作動ガスをタービンで断熱膨張させ，仕事を取り出す
$3' \to 4$　断熱膨張②：タービン通過後のまだ高圧なガスを推進ノズルで断熱膨張させ，高速気流の運動エネルギーに変える（ジェット推進）
$4 \to 1$　等圧排熱：　等圧（$p=$一定，$dp=0$）でQ_2の熱を放出し，1の状態に戻る

図6.17　ターボジェットエンジンのサイクル

6-3 ガスタービンエンジンのサイクル

ターボジェットエンジンの p-V 線図と T-S 線図を図 6.17 に示す.

圧縮機による圧縮の前段に, デフューザーによる断熱圧縮 1〜1' が行われる. また, タービンでの断熱膨張の後に, 推進ノズルによる断熱膨張 3'〜4' が行われる. つまり, 圧縮と膨張を行う装置が異なるだけで, p-V 線図はブレイトンサイクルのそれと同じである. 理論熱効率も, ブレイトンサイクルと同じで式 (6.37)(再掲)で表される.

$$\eta_{thb} = 1 - \left(\frac{1}{\rho_r}\right)^{\frac{\kappa-1}{\kappa}} \tag{6.37}$$

例題 6-4　ブレイトンサイクル

空気を作動ガスとするブレイトンサイクルがある. 初期圧力 100 kPa, 初期温度 30℃, 圧力比 10, 吸入空気の質量流量 $\dot{m} = 10$ kg/s, 最高温度 1500℃ のとき, 以下の数値を求めなさい.

(1) 圧縮後の温度
(2) 単位時間あたりの受熱量 $\dot{Q}_1$
(3) 理論熱効率
(4) 出力 $\dot{L}$

解答

(1) 作動ガスは空気なので, 比熱比は 1.4, 等圧比熱 c_p は 1005 J/(kg·K) である. 断熱変化のため, 以下の関係が成り立つ.

$$\frac{T_1}{P_1^{\frac{\kappa-1}{\kappa}}} = \frac{T_2}{P_2^{\frac{\kappa-1}{\kappa}}} \qquad T_2 = T_1 \left(\frac{p_2}{p_1}\right)^{\frac{\kappa-1}{\kappa}} = T_1 \rho_r^{\frac{\kappa-1}{\kappa}} = 303 \times 10^{\frac{1.4-1}{1.4}} = 585 \text{ K}$$

(2) 単位時間(1秒)あたりの受熱量を $\dot{Q}_1$ [J/s] とすると, 以下のように算出される.

$$\dot{Q}_1 = \dot{m} c_p (T_3 - T_2) = 10 \times 1005 \times (1773 - 585) = 11.9 \text{ MJ/s} = 11.9 \text{ MW}$$

(3) $\eta_{thb} = 1 - \left(\frac{1}{\rho_r}\right)^{\frac{\kappa-1}{\kappa}} = 1 - \left(\frac{1}{10}\right)^{\frac{1.4-1}{1.4}} = 0.482$ (48.2%)

(4) $\dot{L} = \dot{Q}_1 \eta_{thb} = 11.9 \times 0.482 = 5.74$ MJ/s

チャレンジ問題

基本問題

問題1　オットーサイクル

空気で作動するオットーサイクルにおいて，圧縮開始圧力が 100 kPa，温度が 27℃，圧縮比が 14，1 kg あたりの受熱量が 1000 kJ/kg のとき，次の (1)〜(3) を求めよ．
(1) 理論熱効率　(2) 作動ガス 1 kg あたりの有効仕事　(3) 平均有効圧力

問題2　ディーゼルサイクル

空気で作動するディーゼルサイクルにおいて，圧縮開始圧力が 100 kPa，温度が 27℃，圧縮比が 14，1 kg あたりの受熱量が 1000 kJ/kg のとき，次の (1)〜(3) を求めよ．
(1) 理論熱効率　(2) 作動ガス 1 kg あたりの有効仕事　(3) 平均有効圧力

問題3　ブレイトンサイクル

空気を作動ガスとするブレイトンサイクルが，最高圧力 1.0 MPa，最低圧力 0.1 MPa，最低温度 27℃，最高温度 1500℃ で作動している．作動ガス 1 kg あたりに対し，以下を求めよ．
(1) 受熱量　(2) 有効仕事　(3) 理論熱効率　(4) 排熱量

発展問題

問題4　ブレイトン再生サイクル

問題3の条件において，再生ブレイトンサイクルで作動させた場合，以下を求めよ．ただし，再生器での熱交換は完全（100％）に行われるものとする．
(1) 受熱量　(2) 排熱量　(3) 理論熱効率

問題5　サバテサイクル

空気を作動ガスとするサバテサイクルがある．圧縮はじめの状態が 200 kPa，70℃，圧縮比 15，圧力上昇比 2.5，締切比 1.5 のとき，以下を求めよ．
(1) 最高圧力　(2) 最高温度　(3) 理論熱効率

第7章
圧縮機のサイクル

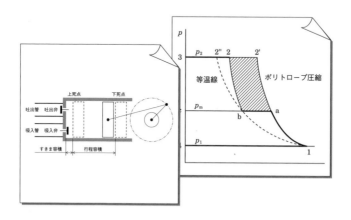

　前章で学んだ熱機関のサイクルは，燃焼により生じた熱量を，作動流体の膨張により，クランク機構やタービン羽根を介して仕事に変換するものであった．本章で取り上げる圧縮機のサイクルは，エンジンやモーターを用いて外部より圧縮機という系に圧縮仕事を入力して作動流体を圧縮することで，定常的に圧縮気体を供給するサイクルである．本章では，まず，圧縮機の種類を知り，続いて，吸入，圧縮，吐出，膨張という圧縮サイクルの過程について学ぶ．また，すきま容積のある圧縮機とすきま容積のない圧縮機について，また，1段の圧縮には限界があることを理解し，圧縮仕事の算出方法を身につける．

7-1 圧縮機とは

圧縮気体を供給する圧縮機の種類と動作について学ぶ．

▶ポイント◀
1. 圧縮機には容積形とターボ形がある．
2. 圧縮機の動作は吸入，圧縮，吐出，膨張の4つの過程で構成されている．

7.1.1 圧縮機の種類

空気機械とは，ガスタービンの前段に設置されている圧縮機や気体の圧送に用いるファンやブロワなど，吸入した気体に外部より圧縮仕事を供給して圧力を高めて送り出す機械である．ここで，圧縮機は熱機関に用いられるほか，工場でエアーシリンダーや空圧工具のように装置を動かす力として，また，圧縮空気の空気流を吹き付けることによる拡散，混合を用いる装置や紛体輸送などの空気源としても使用されている．一般に，圧力上昇が 10 kPa 未満，または圧力比が 1.1 未満のものを**ファン**，圧力上昇が 10 kPa 以上 0.1 MPa 未満，または圧力比が 1.1 以上 2.0 未満のものを**ブロワ**と呼び，これらを総称して**送風機**という．また，圧力上昇が 0.1 MPa 以上，または圧力比が 2.0 以上のものを**圧縮機**と呼んでいる．

圧縮機は圧力を高める動作原理から，**容積形圧縮機**と**ターボ形圧縮機**とに分けられる．前者は吸入気体をピストンまたはロータにより圧縮・吐出する方法であり，図 7.1 に示す往復式圧縮機，図 7.2 に示すスクリュー式圧縮機，スクロール圧縮機などがある．流量はあまり多くないが，1 段の圧力比を高くできる特徴がある．後者のターボ形圧縮機は，高速回転する羽根車により，気体に速い回転運動または軸方向の流動を与えて圧縮する方式であり，図 7.3 に示す遠心式圧縮機

図 7.1　往復式圧縮機
(提供：アネスト岩田株式会社)

図 7.2　スクリュー式圧縮機
(提供：アネスト岩田株式会社)

■■ 7-1　圧縮機とは ■■

図 7.3　遠心式圧縮機
（提供：株式会社日立製作所）

図 7.4　軸流式圧縮機
（提供：川崎重工業株式会社）

や図 7.4 に示す軸流式圧縮機がある．流量を多くできる特徴があるが，軸流式圧縮機では 1 段の圧力比が小さいので多段にして昇圧を行う．

7.1.2　往復式空気圧縮機の動作

図 7.5 に往復式空気圧縮機のシリンダー内のピストンの往復運動による空気の圧縮動作を示す．クランク機構からの動力供給によりピストンが右方向に動きシリンダー内部圧力が大気圧以下になると，その圧力差により吸入弁が開き吸入管からシリンダー内に空気を吸入する（**吸入過程**）．ピストンが下死点に到達して吸入過程が完了すると，ピストンは左方向に動き始め吸入弁が閉じ，吸入された空気が圧縮される（**圧縮過程**）．シリンダー内部圧力が吐出管に接続された空気タンクの圧力に達すると吐出弁が開き，圧縮空気が吐出される（**吐出過程**）．ピストンが上死点に到達して吐出過程が完了すると，再び，ピストンは右方向に動き始め吐出弁が閉じ，すきま容積に残留した圧縮空気が膨張し（**膨張過程**），始めの吸入過程に連結する．ここで用いられている吸入弁，吐出弁は圧力差で作動する**自動弁**であり，逆止弁構造となっている．

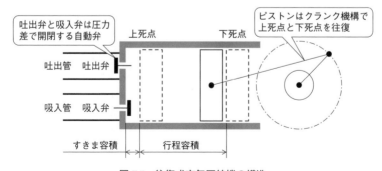

図 7.5　往復式空気圧縮機の構造

7-2 すきまのない圧縮機のサイクル

ターボ形圧縮機は圧縮動作上すきま容積をもたない.

▶ポイント◀
1. 外部から工業仕事を得て気体が圧縮される.
2. 等温圧縮, 断熱圧縮, ポリトロープ圧縮では圧縮仕事量が異なる.

ターボ形圧縮機では, 吸入口から吐出口にかけて圧縮機を通過することで気体が順次圧縮されることから, 前節で述べた往復式圧縮機のすきま容積をもたない. このような圧縮機に対応するために, すきまのない圧縮機のサイクルについて考える. 圧縮に要する仕事を図7.6に示す. その仕事量は等温圧縮 L_t (灰色部分), 断熱圧縮 L_{ad}, ポリトロープ圧縮 L_n により異なり, 同じ**圧力比** p_2/p_1 を得る場合, 等温圧縮の仕事量が最も小さいことがわかる. 同図において, 圧力 p_1 より圧力 p_2 まで圧縮するのに要する仕事は, エネルギー式と工業仕事の式を用いて表すと次のようになる. 右辺第1項は運動エネルギー, 第2項が圧縮仕事を表す. ここで, 1サイクルあたりの気体の質量を m, 圧縮機入口流速を w_1, 出口流速を w_2 とする.

等温圧縮
$$L_t = m\frac{w_2^2 - w_1^2}{2} + mRT_1 \ln\frac{p_2}{p_1} \tag{7.1}$$

断熱圧縮
$$L_{ad} = m\frac{w_2^2 - w_1^2}{2} + m(h_2 - h_1) = m\frac{w_2^2 - w_1^2}{2} + mc_p(T_2 - T_1)$$

$$= m\frac{w_2^2 - w_1^2}{2} + \frac{\kappa}{\kappa - 1}mRT_1\left[\left(\frac{p_2}{p_1}\right)^{\frac{\kappa-1}{\kappa}} - 1\right] \tag{7.2}$$

ポリトロープ圧縮
$$L_n = m\frac{w_2^2 - w_1^2}{2} + \frac{n}{n-1}mRT_1\left[\left(\frac{p_2}{p_1}\right)^{\frac{n-1}{n}} - 1\right] \tag{7.3}$$

ここで, 圧縮仕事は気体を圧縮するために外界より系に仕事を与えるので負の値となる. しかし, 本章では圧縮仕事を主体に考えるので, 上記のように, この値を正の値として取り扱うこととする. また, 吸入口と吐出口の速度差が小さい場合は運動エネルギーの項は無視することができる. 図7.6よりわかるように, 等温圧縮の仕事量が最も小さいので, 圧縮機では等温圧縮に近づけるために, 圧縮中に発生する熱を冷却フィンや冷却水ジャケットで放熱する. しかし, 充分な冷却ができないことから, ポリトロープ圧縮として取り扱うことが多い.

なお, 等温圧縮およびポリトロープ圧縮の途中で気体からの放熱量は, 式 (3.33), (3.35) および式 (3.59) より, 次のように求められる.

■■ 7-2 すきまのない圧縮機のサイクル ■■

等温圧縮　　$Q = p_1 V_1 \ln \dfrac{p_2}{p_1}$ 　　　　　　　　　　　　(7.4)

ポリトロープ圧縮　　$Q = m c_v \dfrac{\kappa - n}{n - 1} (T_2 - T_1)$ 　　　　　　　(7.5)

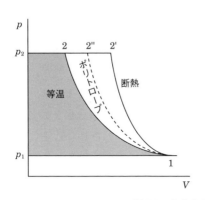 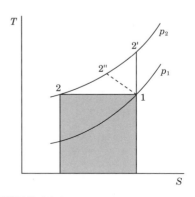

図7.6　すきまのない圧縮機のサイクル

例題 7-1　圧縮過程のちがいによる圧縮仕事の大小

圧力 0.1 MPa，温度 300 K の空気 1 m³ を 0.5 MPa まで圧縮したい．等温圧縮 L_t，断熱圧縮 L_{ad}，ポリトロープ圧縮（$n = 1.3$）L_n における圧縮仕事を求めなさい．ただし，運動エネルギーは無視し，空気の比熱比は 1.4 とする．

解答

理想気体の状態方程式（3.1）より，圧縮する空気の質量を求める．

$$m = \dfrac{pV}{RT} = \dfrac{0.1 \times 10^6 \times 1}{287 \times 300} = 1.16 \text{ kg}$$

また，圧力比は $p_2/p_1 = 0.5/0.1 = 5$ である．

$$L_t = m R T_1 \ln \dfrac{p_2}{p_1} = 1.16 \times 287 \times 300 \ln 5 = 161 \text{ kJ}$$

$$L_{ad} = m \dfrac{\kappa R T_1}{\kappa - 1} \left[\left(\dfrac{p_2}{p_1} \right)^{\frac{\kappa - 1}{\kappa}} - 1 \right] = 1.16 \times \dfrac{1.4 \times 287 \times 300}{1.4 - 1} \times \left[5^{\frac{1.4 - 1}{1.4}} - 1 \right] = 204 \text{ kJ}$$

$$L_n = m \dfrac{n R T_1}{n - 1} \left[\left(\dfrac{p_2}{p_1} \right)^{\frac{n - 1}{n}} - 1 \right] = 1.16 \times \dfrac{1.3 \times 287 \times 300}{1.3 - 1} \times \left[5^{\frac{1.3 - 1}{1.3}} - 1 \right] = 195 \text{ kJ}$$

7-3 すきまのある圧縮機のサイクル

すきま容積のある往復式圧縮機の圧縮仕事を求める．

▶ポイント◀
1. すきまのある場合は吸入過程で吸入できる容積は行程容積よりも小さい．
2. 圧縮機には圧縮可能な限界値がある．

容積形圧縮機の一つである往復式圧縮機では，一般にピストンが上死点に達したとき，シリンダーヘッドとピストンの間に**すきま容積**を有することから，すきまのある圧縮機のサイクルを考える．図7.7に容積形圧縮機の各過程を示す．状態1から2では，外部からの動力によりシリンダー内に吸入された気体をピストンが圧縮する．状態2から3では，シリンダー内の圧力が空気タンクの圧力を上回り，この圧力差により吐出弁が開いて圧縮気体が吐出される．状態3から4では，すきま容積に残留した高圧の気体が膨張する．状態4から1では，シリンダー内圧力が外部圧力を下回り負圧となり，この圧力差により吸入弁が開いて外部より新しい気体が吸入される．

ここで，**すきま容積** $V_c(=V_3)$ と**行程容積** $V_s(=V_1-V_3)$ との比を**すきま比**といい，$\varepsilon_0=V_c/V_s$ で表す．また，上記のように，すきま容積の残留気体が膨張して外部圧力まで圧力低下した後に，新しい外気の吸入が始まるので，実際の**吸込容積** V_i と行程容積 V_s の比を**容積効率**といい，$\eta_v=V_i/V_s$ で表す．

次に，圧縮過程と膨張過程を各々ポリトロープ変化と仮定して，容積効率と圧力比の関係を示すと次式のようになる．

$$\eta_v = \frac{V_i}{V_s} = 1 - \varepsilon_0\left[\left(\frac{p_2}{p_1}\right)^{\frac{1}{n}} - 1\right] \tag{7.6}$$

図7.8に示すように，吐出圧力が増加し圧力比が増大すると，吸込容積が減少することから容積効率が減少することがわかる．ここで，$\eta_v=0$ となる条件は

$$\frac{p_2}{p_1} = \left(\frac{1}{\varepsilon_0} + 1\right)^n \tag{7.7}$$

となり，この圧力比になると，ピストンは行程を往復するのみで，新しい気体を吸入し圧縮気体を吐出できなくなり，1段圧縮機の圧力比の限界値となる．たとえば，すきま比 $\varepsilon_0=0.04$，ポリトロープ指数 $n=1.3$ を式（7.7）に代入すると，圧力比 $p_2/p_1=69$ となり，1段圧縮機の圧力比の限界値がわかる．

7-3 すきまのある圧縮機のサイクル

次に,作動流体に与えられる圧縮仕事を求める.吸入した新しい気体を圧縮する圧縮過程と,吐出されずにすきま容積に残留した気体が膨張する膨張過程が,同じポリトロープ指数 n の状態変化であると仮定した場合の圧縮仕事 L を,式(7.3)を用いて求めると式(7.8)となる.第一項がピストンによる圧縮仕事であり,第二項はすきま容積に残留した気体が膨張するときの膨張仕事である.圧縮過程と膨張過程の差が正味の圧縮仕事となり,有効に気体に与えた仕事となる.

$$L = \frac{n}{n-1} p_1 V_1 \left[\left(\frac{p_2}{p_1} \right)^{\frac{n-1}{n}} - 1 \right] - \frac{n}{n-1} p_1 V_4 \left[\left(\frac{p_2}{p_1} \right)^{\frac{n-1}{n}} - 1 \right]$$

$$= \frac{n}{n-1} p_1 (V_1 - V_4) \left[\left(\frac{p_2}{p_1} \right)^{\frac{n-1}{n}} - 1 \right] = \eta_v \frac{n}{n-1} p_1 V_s \left[\left(\frac{p_2}{p_1} \right)^{\frac{n-1}{n}} - 1 \right] \quad (7.8)$$

この式より,すきまのある圧縮機の所要仕事 L は,吸込容積が $V_i = V_1 - V_4$ である,すきまのない圧縮機($\eta_v = 1$, $V_s = V_1$)の圧縮仕事に等しいことがわかる.

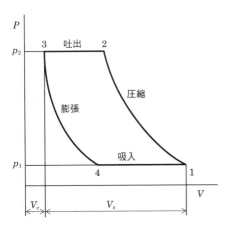

図 7.7 すきまのある圧縮機のサイクル

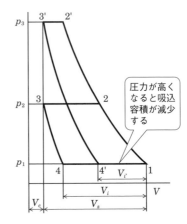

図 7.8 行程容積と吸入容積の関係

> **関連知識メモ**
>
> 圧縮機はガスタービンの燃焼器の直前に多段の軸流式圧縮機を設置する場合と,圧縮機の前後に補機を装備して使用する場合がある.工場に設置される大型の圧縮機にはさまざまな補機が接続されている.圧縮機前に大気中のちりが吸入されないように吸入フィルタ,圧縮機後に圧縮空気中の水分を除去するドライヤ,工場内環境管理や製品の品質管理のためのオイルセパレータやミストフィルタ,供給圧縮空気の圧力を安定化させるためのレシーバタンクなどが接続されている.

7-4 多段圧縮機のサイクル

高圧縮のための多段圧縮の中間圧力と圧縮仕事を求める．

▶ポイント◀
1. 中間冷却により等温圧縮に近づけて圧縮仕事を節約する．
2. 多段圧縮では各段の圧力比を等しくすると最も効率が良くなる．

　前節でみたように，圧縮機の圧力比が大きくなると，容積効率が小さくなるので，一般には**多段圧縮**にして，1段での圧縮機の圧力比を5程度にして運転する．さらに，段と段の間に中間冷却器をおいて，ポリトロープ圧縮で上昇した気体の温度を**中間冷却**により初期温度にもどし，全体として等温圧縮に近づけて圧縮することで，圧縮仕事を少なくするようにしている．

　2段圧縮機について図7.9のp-V線図を用いながら考える．1段目の低圧シリンダーで圧力p_1から中間圧力p_mまでポリトロープ圧縮する（1→a）．次に，中間冷却による圧縮により上昇した温度T_nを初期温度のT_1まで下げる（a→b）．その後，2段目の高圧シリンダーで圧力p_mから圧力p_2までポリトロープ圧縮する（b→2）．このようにすることで，1段目と2段目の圧縮機はシリンダーが独立して動作しているので，各段の容積効率の減少を防ぐことができる．また，この圧縮を1段のポリトロープ圧縮とした場合と比較すると，同図の斜線で示した面積に相当する圧縮仕事を軽減し，等温圧縮に近づけることができる．

　次に，1段目と2段目を接続する**中間圧力**p_mの求め方について考える．図7.9の仕事線図の中で，1段目では面積1ac4に相当する圧縮仕事を行い，2段目では面積b23cに相当する圧縮仕事を行う．1段と2段の圧縮仕事の和は式(7.3)を用いて次のように求められる．ただし，1サイクルで吸入される気体の質量をmとし，ポリトロープ指数nは同じとし，運動エネルギーは無視する．

$$L_n = \frac{n}{n-1} mRT_1 \left[\left(\frac{p_m}{p_1} \right)^{\frac{n-1}{n}} - 1 \right] + \frac{n}{n-1} mRT_1 \left[\left(\frac{p_2}{p_m} \right)^{\frac{n-1}{n}} - 1 \right] \quad (7.9)$$

ここで，圧縮仕事L_nの最小値を求める条件は$dL_n/dp_m = 0$である．式(7.9)をこの条件で解くと次式を得る．

$$\frac{p_m}{p_1} = \frac{p_2}{p_m} = \left(\frac{p_2}{p_1} \right)^{\frac{1}{2}} \quad (7.10)$$

この式より，各段の圧力比が等しくなるように中間圧力p_mを選択することが

■■ 7-4 多段圧縮機のサイクル ■■

望ましいことがわかる．式（7.9）に式（7.10）の条件を代入することで，2段圧縮の圧縮仕事を求めることができる．

$$L_n = \frac{2n}{n-1} mRT_1 \left[\left(\frac{p_2}{p_1} \right)^{\frac{n-1}{2n}} - 1 \right] \tag{7.11}$$

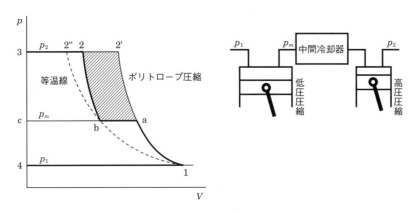

図7.9 中間冷却を行う2段圧縮機

例題 7-2　2段圧縮機の所要仕事

圧力 0.1 MPa，温度 20℃の空気 5 kg を 3 MPa までポリトロープ圧縮で 2段圧縮する場合の中間圧力 p_m と圧縮仕事を求めなさい．ただし，ポリトロープ指数 n は 1.4 とする．

解答

題意より $p_1 = 0.1$ MPa，$T_1 = 273 + 20$ K，$m = 5$ kg，$p_2 = 3$ MPa である．
式（7.10）より，適正な中間圧力を次のように求める．

$$\frac{p_m}{p_1} = \frac{p_2}{p_m} = \left(\frac{p_2}{p_1} \right)^{\frac{1}{2}} = \left(\frac{3}{0.1} \right)^{\frac{1}{2}} = 5.48$$

中間圧力は $p_m = 5.48 \times 0.1 = 0.55$ MPa
式（7.11）より，圧縮仕事は次のように求められる．

$$L_n = \frac{2n}{n-1} mRT_1 \left[\left(\frac{p_2}{p_1} \right)^{\frac{n-1}{2n}} \right] = \frac{2 \times 1.4}{1.4 - 1} \times 5 \times 287 \times (273 + 20) \times \left[\left(\frac{3}{0.1} \right)^{\frac{1.4-1}{2 \times 1.4}} - 1 \right]$$

$$= 1.84 \text{ MJ}$$

チャレンジ問題

基本問題

問題1 すきまのない圧縮機

あるターボ形圧縮機で，圧力 0.1 MPa，温度 15℃ の空気 5 kg を 0.5 MPa まで圧縮する．すきまのない 1 段圧縮とし，(a) 等温圧縮，(b) 断熱圧縮，および (c) ポリトロープ圧縮 ($n = 1.35$) の場合で，以下の値を求めなさい．ただし，運動エネルギーと摩擦損失は無視をする．
(1) 圧縮仕事
(2) 圧縮後の温度
(3) 圧縮中の冷却により奪う熱量

問題2 圧縮の所要動力

すきまのない圧縮機で，圧力 0.1 MPa，温度 15℃ の空気を毎分 15 kg の割合で 0.5 MPa まで 1 段圧縮する．(a) 等温圧縮，(b) 断熱圧縮，および (c) ポリトロープ圧縮 ($n = 1.30$) の場合の所要動力を求めなさい．ただし，運動エネルギーと摩擦損失は無視をする．

問題3 すきまのある圧縮機

行程容積 30 L，すきま比 0.05 の往復式圧縮機を用いて，0.1 MPa の空気を毎分 5 m³ の割合で 0.5 MPa まで 1 段圧縮する．圧縮過程と膨張過程のポリトロープ指数を $n = 1.30$ として，圧縮に必要な所要動力を求めなさい．

問題4 容積効率

すきま比 0.06，行程容積 1 L の往復式 1 段圧縮機で，圧力 0.1 MPa，温度 20℃ の空気を圧力 0.6 MPa までポリトロープ圧縮するときの，(a) 容積効率と (b) 圧縮仕事を求めなさい．ただし，圧縮過程と膨張過程のポリトロープ指数は $n = 1.30$ とする．

問題5 すきま比と限界圧力比

圧縮過程と膨張過程ともにポリトロープ指数 $n = 1.30$ の空気圧縮機がある．すきま比を $\varepsilon_0 = 0.05, 0.04, 0.03$ とした場合の圧縮空気を送りだせなくなる圧力比を求めなさい．

問題 6　1段圧縮仕事と2段圧縮仕事

空気を圧力比 10 で圧縮したい．1 段断熱圧縮の圧縮仕事 L_1 と 2 段断熱圧縮の圧縮仕事 L_2 の仕事の比はいかほどになるか求めなさい．

発展問題

問題 7　容積効率とすきま比 ε_o の関係

圧縮過程と膨張過程を各々ポリトロープ変化と仮定して，容積効率と圧力比の関係が式（7.6）となることを導き出しなさい．

$$\eta_v = \frac{V_i}{V_s} = 1 - \varepsilon_o \left[\left(\frac{p_2}{p_1} \right)^{\frac{1}{n}} - 1 \right]$$

問題 8　3段圧縮機の中間段の圧力比

すきまのない圧縮機で，3 段圧縮する場合，(a) 第 1 段圧縮で p_1 から p_a，(b) 第 2 段圧縮で p_a から p_b，(c) 第 3 段圧縮で p_b から p_3 に圧縮するとき，圧縮仕事を最小にする各圧力比を求めなさい．ただし，各段はポリトロープ指数 n のポリトロープ圧縮とする．

問題 9　多段圧縮

すきまのない圧縮機で，圧力 0.1 MPa，温度 20℃ の空気 10 kg を 3 MPa まで圧縮するのに，(a) 1 段圧縮，(b) 2 段圧縮，(c) 3 段圧縮の場合について以下の値を求めなさい．
(1) 圧縮仕事
(2) 各段の圧縮仕事を最小にする最適な圧力比
(3) (2) の圧力比で運転した場合の各段の圧縮後の温度
(4) 中間冷却で初期温度に戻す場合の放熱量

第8章
蒸気の性質と蒸気サイクル

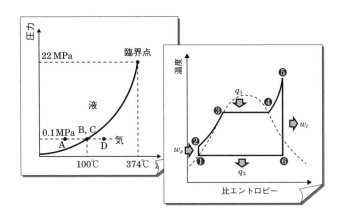

　ここでは，火力発電所や原子力発電所で用いられている蒸気サイクルについて学ぶ．蒸気サイクルは，水を作動流体として火力や原子力による熱源から熱エネルギーを得て，高温高圧の蒸気とし，蒸気タービンで膨張させ，動力を得るものである．このとき，作動流体の水は広い範囲の圧力・温度・比体積の状態になり，気相や液相またはそれらの二相の状態へと変化している．したがって，蒸気サイクルを理解する，または利用するうえで蒸気の性質を理解することは必要不可欠である．

　ガスサイクルと異なる点として，作動流体の液相の状態が含まれる．すなわち理想気体の状態式は適用できない．そのため，蒸気のさまざまな状態量を得るためには，蒸気表に示された値を用いることになるので，その利用方法もここで学ぶ．また，もう一つガスサイクルと異なる点として，気相から液相もしくは液相から気相へと相変化に伴う潜熱を利用する．潜熱は相変化に必要なエネルギーであり，その値は大きく，密度の高い液相と合わせて用いるので，高密度なエネルギーの交換ができる．

8-1 蒸気の性質

蒸気でサイクルを利用するには，まずはその性質を理解することから．

▶ポイント◀
1. 気相と液相の関係を理解しよう．
2. 気相と液相の二相域では，その存在比である乾き度で状態量が決まる．

8.1.1 相平衡と状態変化

蒸気サイクルにおいて，作動流体の水は気相だけでなく液相も利用する．比較的密度が小さく圧縮性に富むのが気相で，密度が大きく非圧縮性に近いのが液相である．密度の逆数は比体積になるので，気相は体積が変化しやすく，液相は変化しにくいことになる．したがって，膨張により外部へ仕事をするうえでは気相を利用し，圧縮により流体の圧力を高めたいときは仕事が少ない液相を利用すればよいことになる．蒸気サイクルでは，気相と液相を利用した**気液二相サイクル**である．

図8.1に気相と液相の二つの相からなる系を考える．外部との熱や仕事の出入りがなく，二つの相が平衡状態になっているときを**相平衡**であるという．外部との熱や仕事の出入りがあると，気相と液相の存在割合が変化し，別の相平衡状態へとなる．図8.2に一定圧力の下，外部

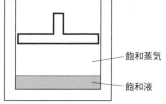

図 8.1 二相の系

から熱が加えられた際に相平衡の状態が移り変わる様子を示す．図8.2の (A) は全てが液相であり，この状態から加熱すると，やがて一部が気相になり，気液

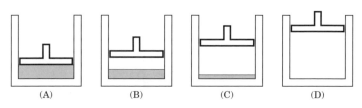

図 8.2 一定圧力下で加熱される二相の系

8-1 蒸気の性質

二相状態になる（B）．さらに加熱すると気相の割合が増し（C），その後はすべてが気相になる（D）．このときの温度変化の様子を圧力が大気圧とした例を図8.3に示す．加熱しているので，（A）の状態では液相の温度は上昇する．しかしながら，（B）および（C）の状態では温度は一定になる．これは，加熱されたエネルギーは，液相から気相への相変化するためのエネルギーとして消費されているからである．そして（D）の状態では気相のみなので，気相の温度が上昇する．このように相変化に必要なエネルギーは**潜熱**と呼ばれ，とくに液相から気相への潜熱は**蒸発潜熱**（**蒸発熱**）と呼ばれる．また，（A）や（D）のときのようにそれぞれの相の温度を変化させるために必要なエネルギーは**顕熱**と呼ばれ，先に学んだ定圧比熱や定容比熱がこれにあてはまる．ここで，潜熱は温度が変化しないのでその単位は〔kJ/kg〕であり，顕熱は〔kJ/(kg・K)〕であることに注意しなければならない．なお，図8.3では温度が100℃において液相から気相へ変化している．これは，液相の温度が上昇するにつれて圧力も上昇し，その圧力が外からの圧力に等しくなるところで起こる．液相から気相に変化が始まる圧力を**飽和蒸気圧力**と呼び，そのときの温度を**飽和温度**もしくは**沸点**と呼ぶ．とくに圧力が大気圧の場合は，**標準沸点**と呼び，水では100℃である．

図8.4に水の飽和蒸気圧力の温度依存性を示す．この曲線を飽和蒸気圧曲線と呼ぶ．100℃のとき，1気圧（大気圧）となり，温度が高いほど，飽和蒸気圧力も高い．したがって，大気圧が低い高い山の上では等しくなる飽和蒸気圧力の温度も低くなるので，低い温度で沸騰が始まる．密閉容器に入れた水の気側を真空ポンプで引くと，常温でも沸騰がみられるのも同じ理由である．逆に圧力を加えることによって，100℃以上のお湯をつくることもできる．図8.4において，飽和蒸気圧曲線より上側が液相，下側が気相となる．したがって，図8.4中のA～Dの点は，図8.2のA～Dの状態に対応する．なお，約374℃で飽和蒸気圧力曲線は終わる．

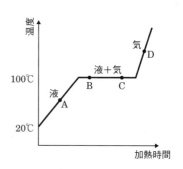

図8.3 大気圧下で加熱時の水の温度変化

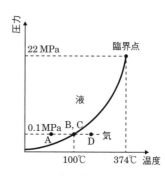

図8.4 水の飽和蒸気圧曲線

この末端の温度は臨界温度と呼ばれ，そのときの圧力は 22 MPa に達し，臨界圧力と呼ばれ，この境界点を**臨界点**という．この温度・圧力以上では，気相と液相の区別がつかなくなる．この状態は，超臨界状態と呼ばれ，気相のような圧縮性を示すとともに液相のような高密度な流体となる．

図 8.5 に p–v 線図を示す．図 8.5 中の A～D の点も図 8.2 の A～D の状態に対応する．図 8.3 の B と C の状態は気液二相域なので，

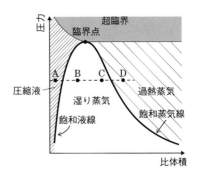

図 8.5　水の p–v 線図

図 8.4 中ではそれらの点が重なってしまうが，比体積を横軸にとった p–v 線図で見ればその違いがわかる．図 8.5 には，飽和線が示されており，ある温度における飽和蒸気圧力に対して飽和蒸気比体積と飽和液体比体積がある．飽和線の頂点は臨界点であり，そのときの比体積は臨界比体積といい，水では約 0.0031 m³/kg である．飽和液線よりも左側がすべて液相となり，**圧縮液**と呼ばれ，飽和蒸気線よりも右側がすべて気相となり，**過熱蒸気**と呼ばれる．また，飽和線の内側は気液二相域であり，**湿り蒸気**と呼ばれる．

8.1.2　乾き度

湿り蒸気の乾き度について説明する．図 8.3 の B と C の状態は図 8.4 中でそれらの点が重なるので，温度と圧力は同じである．図 8.5 より B と C の状態で異なるのは比体積である．この比体積の違いを示すのが，**乾き度**である．乾き度は，湿り蒸気全体の質量に対する飽和蒸気の質量の比で表される．図 8.6 にその状態を示す．

次に，湿り蒸気の状態量について説明する．水は理想気体の状態式が適応できないので，実験データに基づいた実用的な状態式が開発されている．その状態式の式形は非常に複雑であるので，一般的には温度や圧力に対する状態量を表で示した**蒸気表**を使用する．蒸気表の具体的な使用方法は，後で述べる蒸気サイクルと合わせて説明する．蒸気表では，飽和状態および一相域における状態

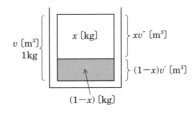

図 8.6　湿り蒸気と乾き度

量が示されているが，湿り蒸気の状態量は示されておらず，乾き度を用いて算出することになる．蒸気表の状態量は単位質量あたりで示されており，乾き度は湿り蒸気 1 kg に対する飽和蒸気の質量であるので，飽和状態の状態量を用いて容易に算出が可能である．乾き度を x としたときの比体積を算出する場合，飽和液の比体積を v'，飽和蒸気の比体積を v'' とすると，乾き度 x の湿り蒸気の比体積 v は以下のように算出できる．

$$v = xv'' + (1-x)v' \tag{8.1}$$

ここで，式 (8.1) の右辺第 1 項は気相の比体積であり，第 2 項は液相の比体積である．同様に比エンタルピー，比エントロピーも以下のように計算できる．

$$s = xs'' + (1-x)s' \tag{8.2}$$
$$h = xh'' + (1-x)h' \tag{8.3}$$

また，湿り蒸気の状態量から乾き度を算出する場合は式 (8.1)，(8.2)，(8.3) を変形し

$$x = \frac{v-v'}{v''-v'} = \frac{h-h'}{h''-h'} = \frac{s-s'}{s''-s'} \tag{8.4}$$

として求められる．

例題 8-1　乾き度の計算

ある温度における湿り蒸気の比体積が 20.0 m³/kg であった．この温度における飽和液の比体積 v' は 0.01 m³/kg，飽和蒸気の比体積 v'' は 32.9 m³/kg である．このときの乾き度を求めよ．

解答

式 (8.4) に各比体積の値を代入して求めると

$$x = \frac{v-v'}{v''-v'} = \frac{20.0 - 0.01}{32.9 - 0.01} = 0.61$$

となる．

8-2 蒸気表

理想気体の状態式は適用できないが，蒸気表があれば大丈夫．

▶ポイント◀
1. 飽和表と一相域の表を使い分けよう．
2. 表にない条件では，その前後の値を用いて，比から求める．

8.2.1 蒸気表（飽和表）

気液二相域を扱う蒸気サイクルでは，気液の境界情報が非常に重要になる．そこで，飽和状態のみの蒸気表（飽和表）があり，温度基準と圧力基準で用意されている．湿り蒸気の温度がわかっていれば，温度基準の飽和表から飽和蒸気圧力がわかり，湿り蒸気の圧力がわかっていれば，圧力基準から飽和温度がわかる．また表には，温度と圧力のほかに飽和液ならびに飽和蒸気の比体積と比エンタルピー，比エントロピーが示されている．乾き度を算出する際，もしくは乾き度から湿り蒸気の状態量を算出する際にこの表を用いることになる．

なお，飽和表の値は，温度基準であれば温度の，圧力基準であれば圧力の区切りのよい間隔でしか示されていないので，求めたい条件の前後の値から比例計算をすればよい．

例題 8-2　蒸気表（飽和表：温度基準）から状態量を求める

45℃における飽和蒸気圧力および飽和蒸気の比体積，比エントロピー，比エンタルピーを求めよ．

解答

付録（p.241）に示す蒸気表（飽和表）の温度基準の表では，45℃の値が直接得られないので，その前後の40℃と50℃の値から求める．40℃の飽和蒸気圧力 p, 飽和蒸気の比体積 v'', 比エントロピー s, 比エンタルピー h はそれぞれ，7.3849 kPa, 19.515 m³/kg, 8.2555 kJ/(kg·K), 2573.5 kJ/kg であり，50℃のそれらは，それぞれ，12.352 kPa, 12.027 m³/kg, 8.0748 kJ/(kg·K), 2591.3 kJ/kg であるので

$$p = \frac{12.352 - 7.3849}{50 - 40} \times (45 - 40) + 7.3849 = 9.868 \text{ kPa}$$

■■ 8-2 蒸 気 表 ■■

$$v = \frac{12.072 - 19.515}{50 - 40} \times (45 - 40) + 19.515 = 15.771 \text{ m}^3/\text{kg}$$

$$s = \frac{8.0748 - 8.2555}{50 - 40} \times (45 - 40) + 8.2555 = 8.1652 \text{ kJ}/(\text{kg}\cdot\text{K})$$

$$h = \frac{2591.3 - 2573.5}{50 - 40} \times (45 - 40) + 2573.5 = 2582.4 \text{ kJ/kg}$$

と計算できる.

8.2.2 蒸気表（一相域）

　蒸気の状態量は，気相であっても理想気体の状態式は用いることができず，当然のことながら液相にも用いることができないので,蒸気表を用いることになる．一相域の蒸気表は，行に温度が，列に圧力が区切りのよい間隔で配置されており，求めたい温度と圧力における枠に比体積と比エンタルピー，比エントロピーが示されている．求めたい温度と圧力が表にない場合には，前後の値から比例計算をすることになる．

　また，蒸気表の値を適当な等温・等圧・等乾き度線で図上に示した線図を用いるのも便利である．T-s 線図は，横軸にエントロピーをとっているため，ポンプによる断熱圧縮やタービンによる断熱膨張は，垂直な線で表され，ボイラーによる蒸発過程や複水器による凝縮過程は，等圧変化であるので等圧線に沿って変化を追うことができる．

　さらに，h-s 線図は，縦軸にエンタルピーとしているため，縦方向の幅がエンタルピー変化量となり，たとえば，タービンの断熱膨脹では，等エントロピー変化のため垂直な直線となり，直線の長さが，タービンで得られるエンタルピー変化量として直接得ることができる．

例題 8-3　蒸気表（一相域）から状態量を求める

　水の 300℃，10 MPa における比体積，比エントロピー，比エンタルピーを求めよ．

解答

　付録（p.245）に示す蒸気表（一相域）から，比体積，比エントロピー，比エンタルピーをそれぞれ 0.001398 m³/kg，3.2488 kJ/(kg·K)，1343.3 kJ/kg と求められる．

8-3 蒸気サイクル

相変化を利用した高密度なエネルギー変換である．

▶ポイント◀
1. 開いた系なので，エンタルピーの変化でエネルギーを算出する．
2. 各状態のエンタルピーは蒸気表から求められる．

8.3.1 蒸気サイクルの構成

　蒸気で動力を得るには，外部の熱源を用いて高温高圧の蒸気を生成し，蒸気タービンで膨張させることになる．膨張後の蒸気を回収し，再度利用する（サイクルとする）ために図8.7に示す機器が必要となる．

　低温の飽和液❶をポンプで昇圧し，高圧低温の圧縮液❷にする．

　昇圧後の圧力を保ちながら蒸発器で熱が供給され，圧縮液❷は温度が上がり，飽和液❸に達した後，飽和蒸気❹になり，さらに過熱器においても熱が供給されることで高温高圧の過熱蒸気❺となる．

　過熱蒸気❺はタービンで断熱膨張し，湿り蒸気❻となる．

　このとき，湿り蒸気❻は，復水器の冷却水の温度になり，湿り蒸気の飽和蒸気は冷却水を通じて放熱され，飽和液❶に戻る．

　このサイクルを**ランキンサイクル**と呼ぶ．

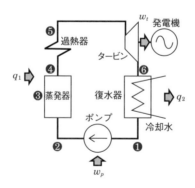

図8.7　蒸気サイクルの構成

8.3.2 蒸気サイクルの各状態変化

蒸気サイクルの構成における各機器での蒸気の変化について，図 8.8 の $p-v$ 線図ならびに図 8.9 の $T-s$ 線図を用いて，それぞれの状態変化の際の移り変わりを示す．

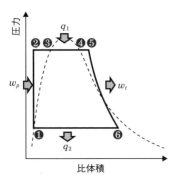

図 8.8 $p-v$ 線図上のランキンサイクル

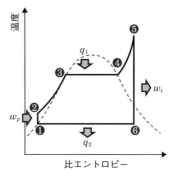

図 8.9 $T-s$ 線図上のランキンサイクル

ポンプによる断熱圧縮（❶→❷）

飽和液はポンプによって圧縮されるので，$p-v$ 線図において圧力が上昇するとともに比体積が小さくなる．このとき，液相はほぼ非圧縮性であるので比体積の変化は小さい．したがって，ポンプの動力 w_p も小さく，場合によっては無視する．また，$T-s$ 線図上においては，断熱変化のため，**等エントロピー変化**となり，温度軸に平行に進み，わずかに温度が上昇する．

蒸発器，過熱器による等圧加熱（❷→❸→❹→❺）

蒸発器，過熱器においては，ポンプによる昇圧後の圧力に保たれるので，**等圧加熱**となるため，$p-v$ 線図上では❷→❸→❹→❺と比体積に水平に移動し，過熱蒸気の比体積が大きい状態となる．また，$T-s$ 線図上においては，圧縮液❷から飽和液❸になるまで等圧線に沿って飽和温度まで温度が上昇し，飽和液❸から飽和蒸気❹になるまでは，湿り蒸気のため飽和温度で一定となり，飽和蒸気❹になると等圧線に沿って温度が上昇し，過熱蒸気❺となる．

タービンによる断熱膨張（❺→❻）

タービンにより過熱蒸気❺は断熱膨張し，$p-v$ 線図上では圧力が下がるとともに比体積が大きく変化する．また，$T-s$ 線図上においては，断熱変化のため，

等エントロピー変化となり，横軸の比エントロピー軸に対して，垂直に変化し，温度が下がる．このときの外部への仕事を w_t とする．

復水器による等圧放熱（❻→❶）

湿り蒸気❻の温度は冷却水の温度となり，そのときの飽和蒸気圧力で，**等圧放熱**により，飽和液まで凝縮されて比体積が小さくなるので，$p-v$ 線図上では横軸の比体積に対して水平に値が減少する方向で進む．また，$T-s$ 線図上では，飽和温度となるので，横軸の比エントロピーに対して水平に値が減少する方向で進む．

8.3.3 蒸気サイクルの熱効率

蒸気サイクルの各機器では開いた系になるため，機器の前後におけるエネルギーの変化量は，エンタルピーの変化量を求めればよい．それぞれの状態におけるエンタルピーは，蒸気表から求めることになる．

ポンプ仕事 w_p

ポンプ仕事は，図8.9における飽和液❶から圧縮液❷にする際のエンタルピー差であるから

$$w_p = h_2 - h_1 \tag{8.5}$$

で求められる．または，工業仕事の式を用いて

$$w_p = \int_1^2 v\,dp \tag{8.6}$$

とし，比体積の変化が無視できるとすると

$$w_p = v(p_2 - p_1) \tag{8.7}$$

から計算することもできる．

タービン仕事 w_t

タービン仕事は，タービン入口の過熱蒸気❺とタービン出口の湿り蒸気❻におけるそれぞれのエンタルピーの差であるから

$$w_t = h_5 - h_6 \tag{8.8}$$

で求められる．

正味仕事 w

動力として取り出すことができる正味の仕事 w は，タービン仕事からポンプ仕事を差し引いた値になるので以下となる．

$$w = w_t - w_p = (h_5 - h_6) - (h_2 - h_1) \tag{8.9}$$

8-3 蒸気サイクル

受熱量 q_1

熱源から作動流体に熱量が供給されるのは、蒸発器と過熱器からであり、圧縮液❷から過熱蒸気❺におけるそれぞれのエンタルピーの差となるので

$$q_1 = h_5 - h_2 = h_5 - h_1 - w_p \tag{8.10}$$

で求められる．

放熱量 q_2

放熱量は，湿り蒸気❻から圧縮液❶におけるそれぞれのエンタルピーの差になるので

$$q_2 = h_6 - h_1 \tag{8.11}$$

で求められる．

理論熱効率 η

熱効率は，受熱量に対する正味仕事の比であるので

$$\eta = \frac{w}{q_1} = \frac{(h_5 - h_6) - (h_2 - h_1)}{h_5 - h_2} \tag{8.12}$$

で求められる．また，ポンプ仕事を無視できるとすると

$$\eta = \frac{w}{q_1} = \frac{(h_5 - h_6) - w_p}{h_5 - h_1 - w_p} \approx \frac{(h_5 - h_6)}{h_5 - h_1} \tag{8.13}$$

で求められる．

 例題 8-4 ランキンサイクルの熱効率の計算

水を作動流体とするランキンサイクルにおいて，タービン入口の温度と圧力がそれぞれ380℃，5 MPa であり，復水器の圧力が 0.01 MPa のとき，ボイラーにおける受熱量とタービン出口における乾き度，タービンで得られる仕事量，および理論熱効率を求めよ．ただし，ポンプによる仕事は無視するものとし，ボイラーへは復水器出口の飽和水の状態で給水されるものとせよ．

解答

タービン入口の条件から蒸気表を用いると，図 8.9 における過熱蒸気❺の比エントロピーと比エンタルピーは $s_5 = 6.5732$ kJ/(kg·K)，$h_5 = 3146.9$ kJ/kg であることがわかる．タービンでは断熱膨張のため，等エントロピー変化となるので，湿り蒸気❻の比エントロピーは過熱蒸気❺のそれと等しくなり，$s_6 = s_5 = 6.5732$ kJ/(kg·K) である．また，湿り蒸気❻の飽和蒸気圧力は，復水器の圧力と等しくなるため，蒸気表より飽和蒸気圧

力が 0.01 MPa の飽和液と飽和蒸気の比エントロピーはそれぞれ，$s' = 0.64920$ kJ/(kg·K)，$s'' = 8.1488$ kJ/(kg·K) であるから，式（8.4）を用いて乾き度 x を求め

$$x = \frac{s_6 - s'}{s'' - s'} = \frac{6.5732 - 0.64920}{8.1488 - 0.64920} = 0.790$$

となる．この乾き度を用いて湿り蒸気❻の比エンタルピーを求めるため，飽和蒸気圧力が 0.01 MPa の飽和液と飽和蒸気の比エンタルピーを蒸気表から求めると，それぞれ，$h' = 191.81$ kJ/kg，$h'' = 2583.9$ kJ/kg であるので，式（8.3）より

$$h_6 = xh'' + (1-x)h' = h' + x(h'' - h')$$
$$= 191.81 + 0.790 \times (2583.9 - 191.81) = 2081.6 \text{ kJ/kg}$$

となる．また，このときの飽和液における比エンタルピーは h_1 であるので

$$h_1 = h' = 191.81 \text{ kJ/kg である．}$$

受熱量 q_1 は，式（8.10）よりポンプ動力は 0 として

$$q_1 = h_5 - h_2 = h_5 - h_1 - w_p = 3146.9 - 191.81 - 0 = 2955.1 \text{ kJ/kg}$$

と求められる．

タービンで得られる仕事 w_t は，式（8.8）より

$$w_t = h_5 - h_6 = 3146.9 - 2081.6 = 1065.3 \text{ kJ/kg}$$

と求められる．

熱効率は，ポンプ仕事を無視するので，タービン仕事が正味の仕事となるので

$$\eta = \frac{w}{q_1} = \frac{1065.3}{2955.1} = 0.360$$

となる．

8.3.4 蒸気再熱サイクル

実際の問題として，蒸気タービン出口の湿り度が高いとタービンでの摩擦損失や材料の腐食性が高くなる．その問題を解決するため，図 8.10 に示すような**再熱サイクル**が考案された．このサイクルでは，一つ目のタービン出口 A で飽和圧力に近い過熱蒸気を再度ボイラーの再熱器に導いて再加熱し，二つ目のタービンで復水器圧力まで膨張させる．これにより，湿り度が低くなり，また疑似的に等温変化になることからカルノーサイクルに近づくため，熱効率も向上し，再熱器を複数設置すればより良くなる．しかしながら，再熱器を複数設置するにはコストが莫大にかかることを考慮に入れる必要がある．

8-3 蒸気サイクル

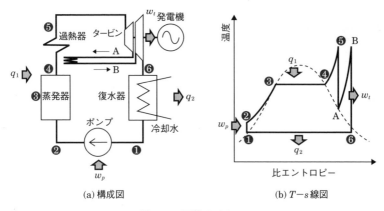

(a) 構成図　　(b) $T-s$ 線図

図 8.10　再熱サイクル

8.3.5　蒸気再生サイクル

ランキンサイクルの熱効率を上げるため，再熱サイクルと共に用いられるのが**再生サイクル**である．再生サイクルは，図 8.11 に示すように，蒸気タービンの途中 A から蒸気の一部を抽気して，圧縮液❷→ B までの加熱に利用する．これにより，ボイラーで供給する熱量を少なくすることができ，復水器で放出する熱量が少なくなるので，熱効率は向上する．

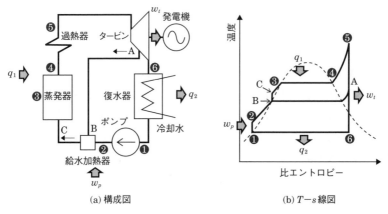

(a) 構成図　　(b) $T-s$ 線図

図 8.11　再生サイクル

チャレンジ問題

基本問題

問題1　乾き度の計算

50℃における湿り蒸気の比体積が $10.0 \text{ m}^3/\text{kg}$ であった．このときの乾き度ならびに比エンタルピー，比エントロピーを求めよ．

問題2　ランキンサイクルの熱効率

水を作動流体とするランキンサイクルにおいて，タービン入口の蒸気が5 MPa, 300℃, 復水器の圧力が 0.02 MPa のとき，以下を求めよ．
(1) タービン出口における乾き度 x
(2) ボイラーにおける受熱量 q_1
(3) タービンで得られる仕事量 w_t
(4) 理論熱効率 η

ただし，給水ポンプによる仕事は無視するものとし，ボイラーへは復水器出口の飽和水の状態で給水されるものとせよ．

発展問題

問題3　乾き度の計算

49℃における湿り蒸気の比体積が $10.0 \text{ m}^3/\text{kg}$ であった．このときの乾き度ならびに比エンタルピー，比エントロピーを求めよ．

問題4　ランキンサイクルの熱効率

水を作動流体とするランキンサイクルにおいて，タービン入口の蒸気が5 MPa, 300℃, 復水器の圧力が 0.02 MPa のとき，以下を求めよ．
(1) タービン出口における乾き度 x
(2) ボイラーにおける受熱量 q_1
(3) タービンで得られる仕事量 w_t
(4) 給水ポンプで要する仕事量 w_p
(5) 理論熱効率 η

第9章
冷凍サイクル

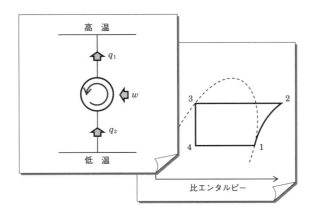

　ここでは，エアコンや冷蔵庫などで用いられている冷凍サイクルについて説明する．ランキンサイクルと同様に気液二相を利用して，潜熱により熱エネルギーを変換する．蒸発潜熱により周囲から熱エネルギーを奪うことで物体を冷却するのである．ランキンサイクルは外部の熱エネルギーからタービンで動力を得るのに対して，冷凍サイクルは外部の動力で圧縮機を回して冷熱を得る．また，冷凍サイクルは冷熱と同時に温熱も得られるので，暖房にも利用でき，動力から熱をくみ上げるイメージからヒートポンプサイクルとも呼ばれる．なお，冷凍サイクルの作動流体は水よりも沸点が低い物質が用いられ，冷媒と呼ばれる．冷媒は，用途に合わせてさまざまな種類がある．本章では，代表的な冷媒を用いた冷凍能力の算出まで説明する．

9-1 冷媒

冷やす媒体であるから冷媒と呼ぶ．その種類はさまざまである．

▶ポイント◀
1. 冷媒に必要な条件を理解しよう．
2. 冷媒の種類とその特徴を理解しよう．

9.1.1 冷媒とは

物体を冷やすには，その物体から熱を奪う必要がある．そのためには，液体から気体に相変化するときの**蒸発潜熱**を用いる．身近な例として，腕に注射をする前に消毒のためにアルコールで皮膚を拭くと冷たく感じるが，これは，アルコールが蒸発し，そのエネルギー（蒸発潜熱）が皮膚の表面から奪われたからである．夏に打ち水をするのも同様である．しかし，水の標準沸点は高く，より低い温度を実現する必要があるクーラーや冷蔵庫には向かない．そこで，沸点の低い物質を用いている．冷凍サイクルの作動流体を**冷媒**という．

9.1.2 冷媒の種類

冷媒として用いる物質は，沸点が適度に低く，適度な圧力で液化することが必要である．沸点が低すぎると使用する温度で圧力が高くなりすぎてしまい，また液化しないと潜熱が利用できない．身近な液化ガスは，アンモニアやプロパン，ブタン等が挙げられるが，アンモニアは毒性や金属の腐食性もあり，プロパンやブタンは可燃性があるので，安全性に問題がある．そこでフロン（フッ素化合物）が使用されるようになった．フロンはメタンやエタンの炭化水素の水素がフッ素や塩素で置換された物質である．ただし，塩素がオゾン層破壊をすることがわかり，塩素を除いた代替フロンが開発され，現在使用されている．ところが，この代替フロンは地球温暖化係数が大きく，その値が低い物質の利用へ開発が進められている．二酸化炭素は，代替フロンに比べれば地球温暖化係数が千分の一程度の冷媒としても注目されている．本書では，エアコンや冷蔵庫に広く使用されている代替フロンの R134a（ジフルオロエタン）や代替フロンの中でも比較的地球温暖化係数の低い R32（ジフルオロメタン），そして R744（二酸化炭素）を用いて説明する．

9-2 冷凍（ヒートポンプ）サイクル

冷凍サイクルは，逆ランキンサイクルである．

▶ポイント◀
1. 冷凍サイクルとヒートポンプサイクルは同じである．
2. $p-h$ 線図を使いこなそう．

9.2.1 冷凍サイクルの概念

ランキンサイクルと冷凍サイクルの概念図を図9.1に示す．**冷凍サイクル**は，動力により熱エネルギーを生み出すので，熱エネルギーから動力を生み出すランキンサイクルの逆サイクルである．また，冷凍サイクルは熱をくみ上げて低温部を生むだけでなく，高温部も生み出すので，**ヒートポンプサイクル**とも呼ばれる．

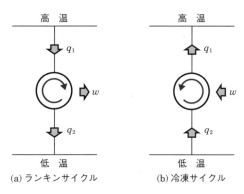

図9.1 ランキンサイクルと冷凍サイクルの概念図による比較

ランキンサイクルの性能評価は，供給された熱量に対する動力で算出する熱効率を用いるが，冷凍サイクルの性能評価は，入力する動力に対する放熱量もしくは吸熱量で算出する性能係数 COP（Coefficient of Performance）の値を用いる．COP は放熱時（暖房モード）と吸熱時（冷房時モード）では異なり，それぞれ

暖房時：$(\mathrm{COP})_h = q_1/w$ (9.1)

冷房時：$(\mathrm{COP})_c = q_2/w$ (9.2)

として計算する．

9.2.2 冷凍サイクルの構成

冷媒は蒸発して吸熱し，飽和蒸気になる．この飽和蒸気を液化して再度利用する（サイクルとする）ために図 9.2 に示す機器が必要となる．飽和蒸気❶を圧縮機で加圧し，高圧の過熱蒸気❷にする．断熱圧縮となり，温度も上昇する．温度と圧力が高くなった冷媒は，凝縮器で熱を放出することで飽和蒸気を経て液化して湿り蒸気になり，飽和液❸になる．凝縮器における凝縮温度における**等温・等圧過程**になる．飽和液❸では，まだ温度が高いので，膨張弁で蒸発器の圧力まで膨張させる．弁では仕事をしないので，エネルギーは保存され，**等エンタルピー変化**となり，圧力が下がると共に温度も下がり，湿り蒸気❹になる．湿り蒸気❹は蒸発器内で蒸発して吸熱し，飽和蒸気❶に戻る．このサイクルを蒸発器による吸熱を利用目的としたときに冷凍サイクル，凝縮器による放熱を利用目的としたときにヒートポンプサイクルと区別することがある．

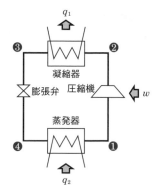

図 9.2　冷凍サイクルの構成

9.2.3 冷凍サイクルの各状態変化

冷凍サイクルの構成における各機器での冷媒の変化について，図 9.3 の $p-h$ 線図を用いる．$p-h$ 線図を用いると，横軸がエンタルピーとなるので，各変化における横方向への変化幅が直接エネルギー量となり，線図上でのエネルギー変換効率が直感的に理解しやすくなる．また，縦軸に圧力をとると，2 つの等圧変化として凝縮器および蒸発器において飽和蒸気圧力での等圧変化になるからである．

圧縮機による断熱圧縮（❶→❷）

飽和蒸気は圧縮機によって断熱圧縮されるので，可逆断熱変化と仮定すると $p-h$ 線図において**等エントロピー線**に沿って圧力が上昇する．

凝縮器による等圧加熱（❷→❸）

凝縮器においては，凝縮温度（凝縮器の飽和温度）における飽和蒸気圧力になるので，過熱蒸気❷から飽和液❸になるまでは**等圧過程**となる．したがって $p-h$ 線図上では❷→❸と横軸の比エンタルピーに水平に移動し，比エンタルピーは減

少し，放熱過程となる．

膨張弁による等エンタルピー変化（❸→❹）

膨張弁により飽和液❸は等エンタルピー変化となり，横軸の比エンタルピー軸に対して，垂直に変化し，p–h 線図上では圧力が下がる．

蒸発器による等圧吸熱（❹→❶）

湿り蒸気❹は蒸発器により等圧過程のもと吸熱して気化し，飽和蒸気❶に戻る．p–h 線図上では圧力一定で横軸の比エンタルピーに平行に増加する．

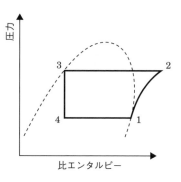

図 9.3　p–h 線図上の冷凍サイクル

9.2.4　冷凍サイクルの熱効率

冷凍サイクルの各機器でもランキンサイクルと同様に開いた系になるため，機器の前後におけるエネルギーの変化量は，エンタルピーの変化量を求めればよい．それぞれの状態におけるエンタルピーは，使用する冷媒の蒸気表から求めることになる．

圧縮機の動力 w_c

圧縮機の動力は，飽和蒸気❶から過熱蒸気❷にする際のエンタルピー差であるから

$$w_c = h_2 - h_1 \tag{9.3}$$

で求められる．

放熱量 q_1

放熱量は，凝縮器入口の過熱蒸気❷と凝縮器出口の飽和液❸におけるそれぞれのエンタルピーの差であるから

$$q_1 = h_2 - h_3 \tag{9.4}$$

で求められる．

吸熱量 q_2

吸熱量は，蒸発器入口の湿り蒸気❹と蒸発器出口の飽和蒸気❶におけるそれぞれのエンタルピーの差であるから

$$q_2 = h_1 - h_4 \tag{9.5}$$

で求められる．

成績係数 COP

成績係数は，冷却モードと加熱モードで異なる．冷却モードの成績係数 COP_c は，圧縮機の動力に対する吸熱量の比であるので

$$COP_c = q_2/w \tag{9.6}$$

で求められる．また，加熱モードの成績係数 COP_h は，圧縮機の動力に対する放熱量の比であるので

$$COP_h = q_1/w \tag{9.7}$$

で求められる．ここで，エネルギー収支を考えると，$q_1 = q_2 + w$ であるので

$$COP_h = q_1/w = (q_2 + w)/w = q_2/w + 1 = COP_c + 1 \tag{9.8}$$

となり，加熱モードの COP_h は冷却モードの COP_c に 1 加えた値になる．

例題 9-1　冷凍（ヒートポンプ）サイクルの成績係数の計算

蒸発温度を $-15℃$，凝縮温度が $30℃$ のヒートポンプサイクルにおいて，圧縮仕事 w_c，放熱量 q_1，成績係数 COP_h を求めよ．また，冷媒の $-15℃$ のときの飽和蒸気の比エンタルピーを $566.56\ kJ/kg$，圧縮機出口の過熱蒸気の比エンタルピーを $591.47\ kJ/kg$，$30℃$ のときの飽和液の比エンタルピーを $442.75\ kJ/kg$ とせよ．

解答

飽和蒸気❶の比エンタルピーは $h_1 = 566.56\ kJ/kg$，過熱蒸気❷の比エンタルピーは $h_2 = 591.47\ kJ/kg$ であるから，圧縮仕事 w_c は式（9.3）より

$$w_c = h_2 - h_1 = 591.47 - 566.56 = 24.91\ kJ/kg$$

となり，凝縮器出口の飽和液❸における比エンタルピーは $h_3 = 442.75\ kJ/kg$ であるから放熱量 q_1 は式（9.4）より

$$q_1 = h_2 - h_3 = 591.47 - 442.75 = 148.72\ kJ/kg$$

となる．したがって，成績係数 COP_h は式（9.7）より

$$COP_h = q_1/w_c = 148.72/24.91 = 5.97$$

となる．

9-3 吸収式冷凍機

吸収式冷凍機は，冷媒が吸収液に吸収される際の潜熱を利用して冷却し，吸収された冷媒を加熱して再生し，サイクルとしている．

▶ポイント◀
1. 冷媒と吸収液の2成分からなる．
2. 冷凍サイクルと同じく潜熱を利用して冷却する．

9.3.1 吸収式冷凍機の原理

吸収式冷凍機の作動流体は，**冷媒**と**吸収液**の2つの物質からなる．例として，冷媒にアンモニアを，吸収液に水を用いる．アンモニアは水に溶けやすく，水に吸収されてアンモニア水になる．図9.4 に示すように，液体のアンモニアと水が入った容器を弁で隔て，弁を開けるとアンモニアは蒸発し，水に吸い込まれるように水の容器に移動する．このとき，液体のアンモニアを入れていた容器は，アンモニアが気化することにより蒸発潜熱で冷却される．これが吸収式冷凍機の原理である．ここで，気化してしまったアンモニアは，アンモニア水となるが，加熱するとアンモニアを放出する．これを連続運転とするためにサイクルを構築する必要がある．

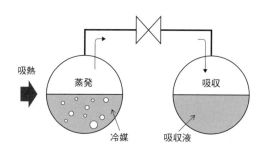

図 9.4　吸収式冷凍機の原理

図 9.5 に吸収式冷凍サイクルの構成を示す．生成したアンモニア水を別の容器に移動させ，加熱させて水からアンモニアを取り除く．この操作を**再生**と呼ぶ．アンモニアを取り除いた水は吸収容器に戻し，加熱されて生じたアンモニア蒸気

は，凝縮器で冷却して液化し，蒸発器に戻す．吸収容器に戻された水によって蒸発器に戻った液化アンモニアが気化して吸収され，連続的に冷却する吸収式冷凍サイクルとなる．

冷媒と吸収液の組合せとして，アンモニア／水のほかに，水／臭化リチウムがあり，水が冷媒，臭化リチウムが吸収液の役割となる．

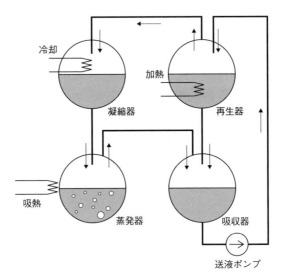

図9.5　吸収式冷凍サイクルの構成

チャレンジ問題

基本問題

問題1 ヒートポンプサイクルの成績係数の計算

冷媒に R134a を用いたヒートポンプサイクルにおいて，蒸発温度を 20℃，凝縮温度を 60℃ としたときの圧縮仕事 w_c，放熱量 q_1，成績係数 COP_h を求めよ．

発展問題

問題2 冷凍サイクルの成績係数の計算

冷媒に R134a，R32，CO_2 を用いたそれぞれの冷凍サイクルにおいて，蒸発温度を 0℃，凝縮温度を 20℃ としたときの圧縮仕事 w_c，吸熱量 q_2，成績係数 COP_c を求め，冷媒の種類による違いを説明せよ．

関連知識メモ

新冷媒

エアコンの新冷媒として R32 が登場した．ただし，まったく新しいかというとそうではない．これまでの R410A という混合冷媒の一成分でしかないのだ．R410A は R32 と R125 がそれぞれ 50％ の質量比からなる．近年の冷媒に求められているのは，地球温暖化係数（GWP: Grobal Warming Potential）が低いものである．GWP は，地表からの赤外線による放射熱を物質が吸収することで気温の上昇をもたらす指標であり，二酸化炭素を基準とした無次元数である．R125 の GWP は 3500 に対し，R32 の GWP は 675 であり，R410A の GWP は 2090 であった．したがって，R32 は環境にやさしい冷媒といえる．そもそも R125 を混ぜていた理由は，R32 の可燃性や圧力を下げるためであったが，技術の進歩により，R32 を単体で使用できるようになった．しかしながら，R32 の GWP が 675 であることは地球に十分やさしいとはいえない．現在開発中の新冷媒は GWP が一桁のものである．代表的かつ近い将来に使用されるであろう新冷媒として R1234yf が挙げられる．R1234yf は炭素結合に二重結合をもつオレフィン系物質であり，大気寿命が短いため，GWP が小さい．また，カーエアコンで広く使用されている R134a と同じような熱力学性質であることから，機器の交換をすることなく冷媒のみを入れ替えるだけで使用可能である．なお，R134a の GWP は 1300 であり，ヨーロッパを起点として新車のエアコン用冷媒の GWP は 150 以下のものに規制されている．

第10章
湿り空気と空気調和

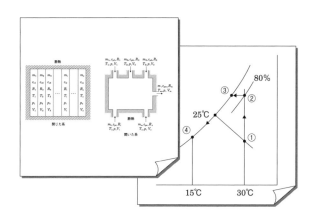

　本章で学ぶ空気調和（air conditioning）は，一般的に「空調」という略語で広く用いられている．空気調和とは，室内環境を人間が快適に過ごすため（快適用空気調和）や機械装置が安定して作動するために（産業用空気調和），温度と湿度を同時に調整することである．空気調和では空気を水分（水蒸気）とそれ以外の成分（乾燥空気）の混合気体（湿り空気）と考え，湿り空気の中の水蒸気量を湿度と定義している．なお，湿り空気中の乾燥空気と水蒸気の温度は同一である．
　10-1 節ではダルトンの分圧の法則によって混合気体の性質を理解する．10-2 節では湿度を定義し，10-3 節では混合気体としての湿り空気の物性値を求める．10-4 節では具体的な空気調和の方法と湿り空気線図を用いた空調に必要な水蒸気量や熱エネルギーの求め方を学ぶ．本章によって，空気調和の考え方，空気調和の方法を学び，空気調和に必要な水分や熱エネルギーの求め方を理解する．

10-1 混合気体

空気調和の湿り空気は，乾燥空気と水蒸気の 2 成分の混合気体として扱う．

▶ポイント◀
1. ダルトンの分圧の法則によって混合気体の各成分の比率が求まる．
2. 混合気体の物性値は，各成分の物性値とモル分率または質量分率から求める．

10.1.1 ダルトンの分圧の法則

x 種類の気体が均一に混合する混合気体を作製する．ここで，混合気体が温度 T，圧力 p，体積 V である場合，混合気体中の各気体の温度は混合気体と同じ T であり，各気体は混ざり合いながら体積 V を占めている．ここで，各気体のモル数を ν_i とすると混合気体のモル数は

$$\nu = \nu_1 + \nu_2 + \cdots + \nu_x = \sum_{i=1}^{x} \nu_i \tag{10.1}$$

となり，この混合気体に対する気体の状態方程式は

$$pV = \nu R_0 T = (\nu_1 + \nu_2 + \cdots \nu_x) R_0 T = \nu_1 R_0 T + \nu_2 R_0 T + \cdots + \nu_x R_0 T \tag{10.2}$$

となる．両辺を混合気体の体積 V で割ると

$$p = \frac{\nu R_0 T}{V} = \frac{\nu_1 R_0 T}{V} + \frac{\nu_2 R_0 T}{V} + \cdots + \frac{\nu_x R_0 T}{V} \tag{10.3}$$

となる．ここで，i 成分の気体に対する気体の状態方程式は $p_i = \nu_i R_0 T / V$ であるので，これを代入すると混合気体の圧力 p は

$$p = p_1 + p_2 + \cdots + p_x = \sum_{i=1}^{x} p_i \tag{10.4}$$

と表される．ここで，混合気体の圧力 p を**全圧**，i 成分の気体の圧力 p_i をその気体の**分圧**という．混合気体全体のモル数 ν $(\nu = \nu_1 + \nu_2 + \cdots + \nu_x = \sum_{i=1}^{x} \nu_i)$ と i 成分の気体のモル数 ν_i の比をモル分率 r_i $(r_i = \nu_i / \nu)$ という．混合気体中の各気体の分圧 p_i は，i 成分の気体の方程式 $p_i = \nu_i R_0 T / V$ と混合気体の状態方程式 $V = \nu R_0 T / p$ から

$$p_i = \frac{v_i R_0 T}{V} = \frac{v_i R_0 T}{\dfrac{v R_0 T}{p}} = \frac{v_i}{v} p = r_i p \tag{10.5}$$

となる.したがって,各気体の分圧 p_i はモル分率 r_i と全圧 p から求めることができる.

ここで,混合後の各気体の温度,圧力が混合気体と等しいと考えると,i 成分の気体は混合気体中で体積 V_i を占め,混合気体中の各気体の体積分率はモル分率と等しくなる ($r_i = v_i/v = V_i/V$).

▶▶▶ 理解しておこう！

窒素と酸素を混合して 100 kPa の空気を作るとき,容器に体積 20％と 80％になる部分に仕切りを設け,体積 80％に 100 kPa の窒素を,体積 20％に 100 kPa の酸素を入れる.ここで,仕切りを外すと窒素,酸素とも容器全体に広がって窒素分圧 80 kPa,酸素分圧 20 kPa の空気となる.つまり,同一圧力・温度の複数の気体を混同すると,各気体のもとの体積分率が混合気体での分圧となる.

10.1.2 気体の混合

図 10.1 に示すように,複数の気体を混合する場合,**閉じた系**を用いる容積 V 一定の容器内での混合（**定容混合**）と,**開いた系**を用いる圧力 p 一定のもとで流路内における定常流れによる混合（**定圧混合**）がある.

閉じた系の定容混合の場合,混合前の各気体の温度,圧力,体積は異なっているが,混合後は各気体は容器全体に広がるために各気体の体積は容器の体積 V,温度は各気体を混合した混合温度 T_m となり,i 成分の気体は分圧 p_i となる.混合が断熱で行われ ($dQ = 0$),等容変化であり外部へ絶対仕事はしないため ($pdV = 0$),熱力学第一法則の閉じた系の表現 ($dQ = dU + pdV$) から混合前後で内部エネルギーは変化しない ($dU = 0$).よって,各気体の内部エネルギーの変化量の和は 0 となるので,混合後の温度を T_m とすると

$$\sum_{i=1}^{x} \Delta U_i = \sum_{i=1}^{x} c_{vi} m_i (T_m - T_i) = 0 \qquad \sum_{i=1}^{x} c_{vi} m_i T_m = \sum_{i=1}^{x} c_{vi} m_i T_i$$

$$\therefore T_m = \frac{\sum_{i=1}^{x} c_{vi} m_i T_i}{\sum_{i=1}^{x} c_{vi} m_i} \tag{10.6}$$

となる．また混合気体の体積は V, 質量は $m = \sum_{i=1}^{x} m_i$, 圧力は $p = \sum_{i=1}^{x} p_i$ となる．

開いた系 の定圧混合の場合，混合前の各気体の温度，体積は異なっているが，流路に各気体を流入するために各気体の圧力 p_i は等しくなければならず，流出する混合気体の圧力 p も等しくなる．混合気体の温度は各気体を混合した混合温度 T_m となり，混合は断熱で行われ（$dQ=0$）外部へ工業仕事はしない（$-vdp=0$）とすると，熱力学第一法則の開いた系の表現（$dQ=dH-Vdp$）から混合前後でエンタルピーは変化しない．（$dH=0$）よって，各気体のエンタルピーの変化量の和は 0 となるので，混合後の温度を T_m とすると

$$\sum_{i=1}^{x} \Delta H_i = \sum_{i=1}^{x} c_{pi} m_i (T_m - T_i) = 0 \qquad \sum_{i=1}^{x} c_{pi} m_i T_m = \sum_{i=1}^{x} c_{pi} m_i T_i$$

$$\therefore T_m = \frac{\sum_{i=1}^{x} c_{pi} m_i T_i}{\sum_{i=1}^{x} c_{pi} m_i} \tag{10.7}$$

となる．混合気体の圧力は p, 体積 V は各気体の体積が $V_i = m_i R_i T_m/p$ であるので，この和として求められ $V = \sum_{i=1}^{x} V_i = \sum_{i=1}^{x} m_i R_i T_m/p = T_m/p \sum_{i=1}^{x} m_i R_i$ となり，混合気体の質量は各気体の質量から $m = \sum_{i=1}^{x} m_i$ となる．

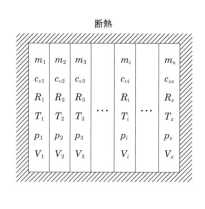
(a) 閉じた系

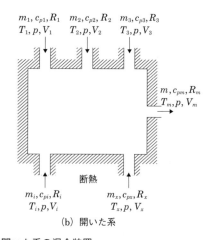
(b) 開いた系

図 10.1 閉じた系と開いた系の混合装置

□□ 10-1　混 合 気 体 □□

10.1.3　混合気体の物性

混合気体の気体定数 R_m および分子量 M は，各気体のモル分率 $r_i = v_i/v$ または質量分率 $g_i = m_i/m$ を用いて，以下のように求まる．

$$R_m = \frac{1}{\sum_{i=1}^{x} \frac{r_i}{R_i}} = \sum_{i=1}^{x} g_i R_i \qquad M = \sum_{i=1}^{x} M_i r_i = \frac{1}{\sum_{i=1}^{x} \frac{g_i}{M_i}} \tag{10.8}$$

混合気体の定容比熱 c_v，定圧比熱 c_p は，i 成分の定容比熱 c_{vi}，定圧比熱 c_{pi} と質量分率を用いて

$$c_v = \sum_{i=1}^{x} g_i c_{vi} \, [\text{kJ}/(\text{kg}\cdot\text{K})] \qquad c_p = \sum_{i=1}^{x} g_i c_{pi} \, [\text{kJ}/(\text{kg}\cdot\text{K})] \tag{10.9}$$

として求まる．ここで，1 kg の混合気体を定容または定圧のもとで加熱する場合，必要な熱エネルギーは混合前後で同じである．

✎ 関連知識メモ ✰

機械工学では質量を基準として気体を扱う場合が多いが，混合気体をモル数を基準として各気体のモル分率を用いて混合気体の物性値を表すと，以下のようになる．

ガス定数　　$R_m = \dfrac{1}{\sum_{i=1}^{x} \dfrac{r_i}{R_i}} = \dfrac{1}{\dfrac{1}{R_0}\sum_{i=1}^{x} \dfrac{v_i}{v}} = \dfrac{1}{\dfrac{1}{R_0}} = R_0$　（一般気体定数）

分子量　　　$M = \sum_{i=1}^{x} M_i r_i$

定容モル比熱　$C_v = \sum_{i=1}^{x} r_i C_{vi} \, [\text{kJ}/(\text{kmol}\cdot\text{K})]$　　C_{vi}：各気体の定容モル比熱

定圧モル比熱　$C_p = \sum_{i=1}^{x} r_i C_{pi} \, [\text{kJ}/(\text{kmol}\cdot\text{K})]$　　C_{pi}：各気体の定圧モル比熱

10-2 湿度

湿度には複数の定義がある．各湿度の定義を正確に理解しよう．

▶ポイント◀
1. 湿度は，乾燥空気と水蒸気の混合した湿り空気中の水蒸気量から定義される．
2. 水蒸気の絶対量を扱うときは絶対湿度を用い，体感的には相対湿度を使う．

10.2.1 空気調和で用いる用語

空気調和でよく用いられる用語の定義を以下に示す．
- **空気調和**：人工的に温度と湿度を制御すること．日常では空調という．
- **湿り空気**：空気はさまざまな気体の混合気体であるが，空気調和で対象とする空気は水蒸気とそれ以外の成分（乾燥空気）の混合物を考え，湿り空気という．
- **飽和**：任意の温度，圧力において湿り空気が含むことのできる最大の水蒸気を含有した状態をいう．
- **水蒸気分圧**：湿り空気中の水蒸気の分圧のこと．
- **飽和水蒸気分圧**：ある圧力，温度において飽和したときの水蒸気の分圧のこと．
- **露点**：ある圧力で湿り空気が飽和に達したときの温度．

10.2.2 湿度の定義

絶対湿度は，乾燥空気 $1\,\mathrm{kg}$ と水蒸気 $x\,[\mathrm{kg}]$ からなる湿り空気 $1+x\,[\mathrm{kg}]$ の場合の $x\,[\mathrm{kg/kg(DA)}]$（DA：Dry Air）である．よって，水蒸気 $m_w\,[\mathrm{kg}]$ を含む湿り空気 $M\,[\mathrm{kg}]$ の絶対湿度は $x = m_w/(M - m_w)$ となる．

相対湿度は，湿り空気に含まれる水蒸気質量と同一温度，同一圧力における飽和水蒸気質量との比であり，通常パーセンテージで表す．

比較湿度（飽和度）は，湿り空気の絶対湿度と同一温度，同一圧力における飽和絶対湿度との比であり，通常パーセンテージで表す．

10-2 湿度

10.2.3 湿度の関係

乾燥空気のガス定数を R_a また分圧を p_a，水蒸気のガス定数を R_w また分圧を p_w とする．湿り空気中の乾燥空気と水蒸気の温度 T，体積 V は同一であり，湿り空気の全圧は $p = p_a + p_w$ であるので，各湿度は以下のように表される．

▶ 絶対湿度 x〔kg/kg(DA)〕

温度 T，体積 V の湿り空気に含まれる乾燥空気質量 m_a と水蒸気質量 m_w は，気体の状態方程式から，それぞれ $m_a = p_a V / R_a T$，$m_w = p_w V / R_w T$ と表される．乾燥空気 1 kg に対する水蒸気質量が絶対湿度 x〔kg/kg(DA)〕であるから

$$x = \frac{m_w}{m_a} = \frac{\dfrac{p_w V}{R_w T}}{\dfrac{p_a V}{R_a T}} = \frac{\dfrac{p_w}{R_w}}{\dfrac{p_a}{R_a}} = \frac{R_a}{R_w} \frac{p_w}{p_a} = \frac{R_a}{R_w} \frac{p_w}{p - p_w} \tag{10.10}$$

となり，絶対湿度は湿り空気の全圧と水蒸気分圧から求まる．絶対湿度は，空気調和において，加湿または除湿する水分量を求めるときに用いる．

▶ 相対湿度 φ〔%〕

温度 T，体積 V における飽和水蒸気質量 m_s は飽和水蒸気分圧を p_s とすると $m_s = p_s V / R_w T$ であり，温度 T，体積 V の湿り空気に実際に含まれる水蒸気質量は水蒸気分圧が p_w であるので $m_w = p_w V / R_w T$ である．よって相対湿度 φ は

$$\varphi = \frac{m_w}{m_a} = \frac{\dfrac{p_w V}{R_w T}}{\dfrac{p_s V}{R_w T}} = \frac{p_w}{p_s} \tag{10.11}$$

となり，大気状態の飽和水蒸気分圧と水蒸気分圧から求まる．日常的に用いられている湿度が相対湿度であるために感覚的に理解しやすい．

▶ 比較湿度 ϕ〔%〕

温度 T，体積 V における絶対湿度 x と同一条件の飽和絶対湿度 x_s は，式 (10.10) から

$$x_s = \frac{R_a}{R_w} \frac{p_s}{p - p_s} \qquad x = \frac{R_a}{R_w} \frac{p_w}{p - p_w}$$

と表される．よって，比較湿度 ϕ は次式によって求めることができる．

$$\phi = \frac{x}{x_s} = \frac{\dfrac{R_a}{R_w}\dfrac{p_w}{p-p_w}}{\dfrac{R_a}{R_w}\dfrac{p_s}{p-p_s}} = \frac{p_w}{p_s}\frac{p-p_s}{p-p_w} \tag{10.12}$$

▬ 絶対湿度,相対湿度,比較湿度の関係

絶対湿度,相対湿度,比較湿度の関係は,次のように表すことができる.

$$x = \frac{R_a}{R_w}\frac{p_w}{p-p_w} = \frac{R_a}{R_w}\frac{\varphi p_s}{p-\varphi p_s} \quad \text{(絶対湿度と相対湿度の関係)} \tag{10.13}$$

$$\phi = \frac{p_w}{p_s}\frac{p-p_s}{p-p_w} = \varphi\frac{p-p_s}{p-\varphi p_s} \quad \text{(比較湿度と相対湿度の関係)} \tag{10.14}$$

$$x = \phi x_s \quad \text{(絶対湿度と比較湿度の関係)} \tag{10.15}$$

アドバイス

相対湿度と比較湿度はよく似ているが,相対湿度は湿り空気全体を 1 kg として飽和状態と比較しているのに対し,比較湿度は絶対湿度つまり乾燥空気 1 kg に対する水蒸気質量を飽和状態に対して比較している.

しかし,水蒸気質量は乾燥空気質量に比べて小さいために,常温,常圧では相対湿度と比較湿度には大差はない.

関連知識メモ

相対湿度 φ と比較湿度 ϕ には,以下の関係がある.

$$\phi = \varphi\frac{p-p_s}{p-\varphi p_s}$$

ここで,相対湿度 φ は 100% を超えることはできない.

よって,$\varphi < 1$ であるから $p-p_s < p-\varphi p_s$ である.したがって

$$\frac{\phi}{\varphi} = \frac{p-p_s}{p-\varphi p_s} < 1$$

となり,比較湿度 ϕ は相対湿度 φ よりも必ず小さくなる.

10-3 湿り空気の性質

湿り空気の物性値と空気調和に必要なエネルギーを求めよう．

▶ポイント◀
1. 湿り空気は乾燥空気と水蒸気の混合物として，気体定数などの湿り空気の物性値を求める．
2. 湿り空気の全熱は，温度による顕熱と水蒸気のもつ潜熱の和である．

10.3.1 湿り空気の物性値

乾燥空気と水蒸気の混合気体である湿り空気の物性値は以下のように求める．ここで，湿り空気の絶対湿度を x〔kg/kg(DA)〕とすると乾き空気は 1 kg であるから，乾き空気と水蒸気の湿り空気中の質量混合割合はそれぞれ $g_a = 1/(1+x)$ および $g_w = x/(1+x)$ となる．ここで，$1 \gg x$ であるため，$g_a = 1/(1+x) \cong 1$ および $g_w = x/(1+x) \cong x$ と考えることができる．

よって，湿り空気の定容比熱，定圧比熱，気体定数は

- **定容比熱** $\quad c_v = \sum_{i=1}^{x} g_i c_{vi} = g_a c_{va} + g_w c_{vw} = \dfrac{1}{1+x} c_{va} + \dfrac{x}{1+x} c_{va} = x c_{vw}$ (10.16)

- **定圧比熱** $\quad c_p = \sum_{i=1}^{x} g_i c_{pi} = g_a c_{pa} + g_w c_{pw} = \dfrac{1}{1+x} c_{pa} + \dfrac{x}{1+x} c_{pw} = c_{pa} + x c_{pw}$ (10.17)

- **気体定数** $\quad R = \sum_{i=1}^{x} g_i R_i = g_a R_a + g_w R_w = \dfrac{1}{1+x} R_a + \dfrac{x}{1+x} R_w = R_a + x R_w$ (10.18)

によって求まる．ここで，常温，常圧における乾燥空気と水蒸気の定容比熱，定圧比熱，気体定数は，それぞれ表 10.1 のとおりである．

表 10.1 乾燥空気と水蒸気の物性値

	定容比熱 c_v〔kJ/(kg·K)〕	定圧比熱 c_p〔kJ/(kg·K)〕	気体定数 R〔kJ/(kg·K)〕
乾燥空気	0.718	1.005	0.287
水蒸気	1.399	1.861	0.462

また，湿り空気の気体定数は，乾燥空気と水蒸気のモル分率から

$$R = \frac{1}{\sum_{i=1}^{x} \frac{r_i}{R_i}} = \frac{1}{\frac{r_a}{R_a} + \frac{r_w}{R_w}} = \frac{1}{\frac{v_a}{vR_a} + \frac{v_w}{vR_w}} \tag{10.19}$$

となる．ここで，モル分率と分圧の関係 $p_i = (v_i/v)p$ から $r_i = v_i/v = p_i/p$ となり

$$R = \frac{1}{\frac{v_a}{vR_a} + \frac{v_w}{vR_w}} = \frac{1}{\frac{p_a}{pR_a} + \frac{p_w}{pR_w}} = \frac{R_a}{\frac{p_a}{p} + \frac{p_w R_a}{pR_w}} = \frac{R_a}{\frac{p - p_w}{p} + \frac{p_w R_a}{pR_w}}$$

$$= \frac{R_a}{1 - \frac{p_w}{p} + \frac{p_w R_a}{pR_w}} = \frac{R_a}{1 - \left(1 + \frac{R_a}{R_w}\right)\frac{p_w}{p}} \tag{10.20}$$

となる．よって，全圧と水蒸気分圧から湿り空気の気体定数を求めることができる．また，湿り空気の比容積は

$$v = \frac{V}{m} = \frac{RT}{P} = (R_a + xR_w)\frac{T}{p} = \left(\frac{R_a}{R_w} + x\right)\frac{R_w T}{p} \tag{10.21}$$

から求めることができる．

10.3.2　湿り空気の熱エネルギー

空気調和は基本的に大気圧力のもとで行われるため定圧変化であり，湿り空気のもつ熱エネルギーはエンタルピーを用いて表すことができる．湿り空気のエンタルピーは，温度による熱エネルギーすなわち**顕熱**と蒸発した水蒸気のもつ熱エネルギー（水を蒸発させ水蒸気にするための熱エネルギー）すなわち**潜熱**の和となり，これを**全熱**という．よって，**全熱＝顕熱＋潜熱**である．ここで，潜熱は水蒸気がもつ熱エネルギーなので温度に無関係である．また，全熱に占める顕熱の割合を**顕熱比**（SHF：Sensible Heat Factor）という（**顕熱比＝顕熱／全熱**）．顕熱比は，湿り空気に与えたエンタルピーのうち，温度変化に使われた割合である．

よって，温度 t 〔℃〕の湿り空気の全熱は 0℃ を基準とすると

$$h = c_p t + rx \tag{10.22}$$

となる．ここで，$c_p t$ は温度に比例する湿り空気の顕熱，r は水の蒸発熱であり飽和水蒸気表から読み取る．rx が湿り空気中の水蒸気のもつ潜熱である．

10-3 湿り空気の性質

例題 10-1

気圧 101.3 kPa の下で,気温 20℃,乾燥空気 1 kg,絶対湿度 0.012 kg/kg(DA)(相対湿度 75％)の湿り空気がある.
(1) 乾燥空気と水蒸気の分圧を求めなさい.
(2) この湿り空気の定圧比熱を求めなさい.
(3) この湿り空気に 0.003 kg の水を気化して絶対湿度を増加する場合に必要な潜熱を求めなさい.
(4) 加湿後の湿り空気の 0℃ を基準とした全熱を求めなさい.
　ただし,20℃ における飽和水蒸気分圧を $p_s = 2.3$ kPa,水の蒸発熱を $r = 2454.3$ kJ/kg とする.

解答

(1) 初期状態の水蒸気分圧は $p_w = \varphi p_s = 0.75 \times 2.3 = 1.73$ kPa,全圧が気圧 101.3 kPa であるので乾燥空気分圧は $p_a = p - p_w = 101.3 - 1.73 = 99.6$ kPa となる.
(2) 湿り空気の定圧比熱は,$c_p = c_{pa} + x c_{pw} = 1.005 + 0.012 \times 1.861 = 1.027$ kJ/(kg·K) である.
(3) 0.003 kg の水を気化する潜熱は $rx = 2454.3 \times 0.003 = 7.36$ kJ である.
(4) 加湿後の絶対湿度は 0.015 kg/kg(DA),湿り空気の質量は 1.015 kg であるので,湿り空気の 0℃ を基準とした全熱は
$$H = mh = m(c_p t + rx) = 1.015 \times (1.005 \times 20 + 2454.3 \times 0.015) = 57.8 \text{ kJ}$$

アドバイス
空気調和において,単に加湿または除湿をする場合,エンタルピーは水の気化または凝縮による潜熱であり,温度が変化しないため,顕熱比は 0 となる.
　加熱または冷却のみを行う場合,エンタルピーはすべて顕熱に用いられるため,顕熱比は 1 となる.

10-4 湿り空気線図と空気調和

湿り空気線図は,絶対湿度,相対湿度や比エンタルピーを読み取る強い味方となる.

▶ポイント◀
1. 湿り空気線図では,乾球,湿球温度から湿度や比エンタルピーを読み取ることができる.
2. 空気調和には,加熱・冷却と加湿・除湿の組み合わせから8種類の方法がある.

10.4.1 乾球温度と湿球温度

湿り空気線図を利用する際に,乾湿計の乾球温度 t と湿球温度 t' を用いる.乾球温度は気温であり,湿球温度は棒状温度計の球部をガーゼなどで覆い,ガーゼの他の端を水に浸した場合の温度である.つまり,湿球温度は水が蒸発するときの潜熱によって乾球より温度が下がり,相対湿度が低いほど低下する.

よって,飽和状態では水が蒸発しないため乾球温度と湿球温度は露点 t'' と等しく, $t=t'=t''$ となる.

10.4.2 湿り空気線図

図 10.2 に湿り空気線図を示す.湿り空気線図は,横軸が乾球温度,縦軸が絶対湿度または水蒸気分圧である.

湿り空気線図には斜め軸として湿球温度が記載されており,湿り空気の乾球温度と湿球温度から,湿り空気の比エンタルピー,比容積,絶対湿度,相対湿度,水蒸気分圧,飽和水蒸気分圧,露点を読み取ることができる.

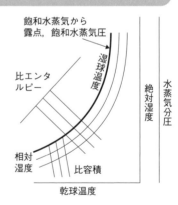

図 10.2 湿り空気線図

10.4.3 空気調和

空気調和は，基本的な温度変化による加熱・冷却，湿度変化による加湿・除湿とこれらを組み合わせた以下のような8種類の空気調和の方法がある．

加熱, 冷却, 加湿, 除湿, 加熱加湿, 加熱除湿, 冷却加湿, 冷却除湿

これらの空気調和を湿り空気線図で表すと，図10.3のような変化となる．加熱と冷却は顕熱のみが変化し，絶対湿度は変化しないので湿り空気線図では水平方向に状態が変化する．しかし，温度変化によって飽和水蒸気分圧は変化するために相対湿度は変化する．加湿と除湿では，湿り空気の温度は変化せずに絶対湿度と相対湿度が変化し，湿り空気線図では垂直方向に状態が変化する．その他の空気調和では温度と湿度が同時に変化する．

湿り空気を冷却して露点 t'' まで到達させ，さらに冷却すると飽和状態のまま湿り空気中の水蒸気が水となって結露する．これを冷却除湿という．

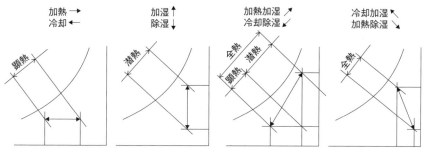

図 10.3　空気調和の種類と顕熱・潜熱・全熱

> **アドバイス**
>
> 空気調和を行う場合，湿り空気に与える顕熱と潜熱を計算し全熱をエンタルピーとして与えればよいが，湿り空気線図を用いれば空気調和を行う前後の湿り空気の状態から直ちに全熱を求めることができる．

例題 10-2

湿り空気線図を用いて次の問いに答えなさい．湿り空気 1 kg を大気圧 101.3 kPa のもとで，乾球温度 30℃，湿球温度 25℃ の湿り空気①を加湿して相対湿度 80%②とする．露点温度③まで温度を下げ，さらに冷却して 15℃ の飽和空気④とする．

(1) ①の状態の絶対湿度と相対湿度
(2) ②の状態の湿球温度と絶対湿度
(3) ①→②での熱量変化（潜熱）
(4) 露点温度③
(5) ②→④での熱量変化と除湿量

解答

(1) 絶対湿度：0.018 kg/kg(DA)
  相対湿度：65%
(2) 湿球温度：27.2℃
  絶対湿度：0.022 kg/kg(DA)
(3) 潜熱：9（= 86 − 77）kJ/kg(DA)
(4) 露点：26.5℃
(5) 熱量変化：44（= 86 − 42）kJ/kg(DA)
  除湿量：0.011（= 0.022 − 0.011）kg/kg(DA)

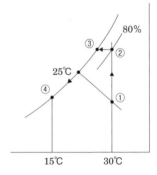

図 10.4 例題 10-2 の湿り空気線図

アドバイス

例題 10-2 に示すように，湿り空気線図を用いて湿り空気の状態を求める場合，湿り空気の乾球温度，湿球温度，絶対湿度，相対湿度などの変化を順序立てて丁寧に追うことが大切である．

チャレンジ問題

基本問題

問題1　分圧の求め方

空気は多成分の混合ガスであるが，モル分率で酸素 0.21，窒素 0.79 の混合気体とみなすことができる．大気圧力 101.3 kPa の場合の酸素と窒素の分圧を求めなさい．また，酸素が 105 mol あった場合，窒素は何 mol であるか．

問題2　混合温度の求め方

閉じた系である容器を用いて，温度 50℃ の水素 0.4 kg と温度 30℃ のヘリウム 0.6 kg を混合する場合，混合後の温度を求めなさい．ただし，水素とヘリウムの定容比熱は，それぞれ $c_{vH_2} = 10.12$ kJ/(kg·K)，$c_{vHe} = 3.16$ kJ/(kg·K) とする．

問題3　混合気体のガス定数

空気がモル分率で酸素 0.21，窒素 0.79，質量分率で酸素 0.23，窒素 0.77 の混合気体であるとき，モル分率と質量分率から空気の気体定数を求めなさい．ただし，酸素と窒素の気体定数をそれぞれ $R_O = 259.8$ J/(kg·K)，$R_N = 296.8$ J/(kg·K) とする．

問題4　湿り空気の物性値

大気圧力 101.3 kPa および常温における湿り空気の比容積 v を式 (10.21) および表 10.1 から，温度 T と絶対湿度 x を用いて表しなさい．

問題5　顕熱，潜熱，全熱

気圧 101.3 kPa のもとで，気温 16℃，乾燥空気 1 kg，絶対湿度 0.005 kg/kg(DA) の湿り空気がある．加湿して絶対湿度 0.010 kg/kg(DA) とし，その後，加熱して温度を 26℃ とする．この加熱加湿に必要な全熱を求めなさい．ただし，水の蒸発熱は 16℃ では $r = 2463.8$ kJ/kg，26℃ では $r = 2440.2$ kJ/kg とする．

問題 6　湿り空気線図の使い方

大気圧 101.3 kPa のもとで，乾球温度 35℃，相対湿度 50％の湿り空気①を減湿して相対湿度 40％②とする．その後，冷却して飽和空気③とする．湿り空気線図を用いて，次の値を求めなさい．

(1) ①の状態の絶対湿度
(2) ①の状態の湿球温度
(3) ①の状態の比エンタルピー
(4) ②の状態の絶対湿度
(5) ②の状態の比エンタルピー
(6) ①→②で単位質量の湿り空気の除湿量
(7) ①→②で単位質量の湿り空気潜熱の変化
(8) ③の状態の相対湿度
(9) ③の状態の比エンタルピー
(10) ②→③で単位質量の湿り空気が失った顕熱
(11) ②→③の変化における顕熱比
(12) ①→③の変化における顕熱比

発展問題

問題 7　混合気体の応用

2種類の気体 A と B を混合して混合気体を作成する．気体 A および気体 B は，それぞれ質量 m_A〔kg〕および m_B〔kg〕であり，定容比熱 c_{vA}〔J/(kg·K)〕および c_{vB}〔J/(kg·K)〕，定圧比熱 c_{pA}〔J/(kg·K)〕および c_{pB}〔J/(kg·K)〕としたときに，混合気体の比熱比をこれらの記号を用いて表しなさい．

問題 8　混合気体の性質

混合気体のみかけの気体定数 R_m と分子量 M が，下記で求まることを示しなさい．

$$R_m = \frac{1}{\sum_{i=1}^{x} \frac{r_i}{R_i}} = \sum_{i=1}^{x} g_i R_i \qquad M = \sum_{i=1}^{x} M_i r_i = \frac{1}{\sum_{i=1}^{x} \frac{g_i}{M_i}}$$

問題 9　湿度の関係
水蒸気分圧 p_w を絶対湿度 x を用いて表しなさい．

問題 10　湿り空気線図の応用（1）
大気圧 101.3 kPa のもとで，乾球温度 25℃，湿球温度 20℃ の湿り空気を加熱・加湿して乾球温度 30℃，絶対湿度 0.015 kg/kg(DA) とする．最初の状態の絶対湿度，相対湿度，比容積と変化後の相対湿度，比容積および顕熱比を湿り空気線図を用いて求めなさい．

問題 11　湿り空気線図の応用（2）
大気圧 101.3 kPa のもとで，乾球温度 30℃，絶対湿度 0.015 kg/kg(DA) の湿り空気を冷却除湿した後，加熱して乾球温度 30℃，絶対湿度 0.010 kg/kg(DA) とする．冷却除湿の際に低下させる飽和温度，全熱と加熱の際の顕熱を湿り空気線図を用いて求めなさい．

問題 12　湿り空気線図の応用（3）
送風量が毎時 100 m³ の上記の問題 10 と同じ初期状態の湿り空気①を冷却・除湿して，乾球温度 20℃，湿球温度 15℃②とする．その後，加熱して最初の気温③に戻す．湿り空気線図を以下の値を用いて求めなさい．
(1) 湿り空気の状態①〜③を湿り空気線図に線で示しなさい．
(2) ①の状態の送風質量
(3) ②の状態の絶対湿度
(4) ②の状態の相対湿度
(5) ②の状態の比容積
(6) ①→②で単位質量の湿り空気から奪う除湿量
(7) ①→②での比エンタルピー変化量（全熱）
(8) ①→②での顕熱比
(9) ③の状態の相対湿度
(10) ②→③で単位質量の空気の加湿量
(11) ①→③での比エンタルピー変化量

第11章
気体の流動

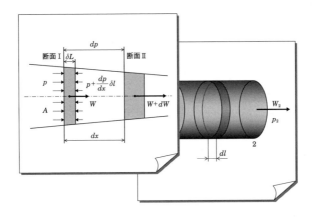

　これまでの章では作動流体が装置内を流動して熱量や仕事をやり取りする際に運動エネルギーを無視して話が進められてきた．しかし，蒸気タービン，ガスタービン，ジェットエンジンなどのように，熱エネルギーを仕事に変えるために，高速流体のもつ運動エネルギーを利用する装置が多く，気体や蒸気が流動するときの性質を理解する必要がある．本章では，流れの基礎式をもとにして，熱力学の観点から気体の流動の特徴をまとめるとともに，気体がノズルや管路を流動する流速や質量流量の変化とノズルと管路の閉塞について学ぶ．

11-1 ガス流動の基礎式

ガス流動の基礎式をもとに気体の流動の性質について学ぶ．

▶ポイント◀
1. 音速は気体の種類とその場の状態量で決まる．
2. 亜音速では通常の流れ，超音速では特性が逆転する．

11.1.1 気体の流動の条件

ガスタービンや蒸気タービンなどの熱機関での気体の流動は，一般に**内部流**と呼ばれるノズルや流路内の流れである．一方，飛行機などの機体の外側の流れを**外部流**という．ここで扱う内部流では，流路内の流れに垂直な断面の流体の速度，温度，圧力，密度，エンタルピーなどの状態量が一様な値を取る，一次元流れとする．また，断面積が種々に変化する流路内で，気体や蒸気の状態量が時間的に変化しない定常流れを扱う．これらをまとめて**一次元定常流**という．

気体が高速で流動する際，圧力 p，温度 T，比容積 v（密度 $\rho = 1/v$）と関連して速度 w が変化する．これらの変数が関連した問題を解くためには，流れの連続の式，運動方程式，エネルギー式，およびこれらを関連付ける理想気体の状態方程式が必要となる．次項では，各々の式を使いやすい形式に変形していく．

11.1.2 流れの基礎式

状態方程式

3章で学んだように，作動流体の圧力 p，比容積 v，温度 T は理想気体の状態方程式に従う．

$$pv = RT \tag{11.1}$$

両辺の対数を取り，微分形にすれば次式となる．

$$\frac{dp}{p} + \frac{dv}{v} - \frac{dT}{T} = 0 \tag{11.2}$$

連続の式

連続の式とは，作動流体が流路内を流れる途中で作動流体が周囲に流出したり，流入することがない，流路内での質量の保存則を表すものである．すなわち，定常流では断面 $A\,[\mathrm{m^2}]$ を流速 $w\,[\mathrm{m/s}]$ で通過する密度 $\rho\,[\mathrm{kg/m^3}]$ の気体の質量

11-1 ガス流動の基礎式

流量 m_f〔kg/s〕は一定であるから，連続の式は次のようになる．

$$m_f = Aw\rho = Aw/v \tag{11.3}$$

両辺の対数を取り，微分形にすれば次式となる．

$$\frac{dA}{A} + \frac{dw}{w} + \frac{d\rho}{\rho} = 0 \tag{11.4}$$

$$\frac{dA}{A} + \frac{dw}{w} - \frac{dv}{v} = 0 \tag{11.5}$$

運動方程式

図 11.1 に示すように，水平な流路を一次元の定常流で流動する微小長さ δl の流体部分が，流れ方向に受ける力の釣り合いを考える．まず，ニュートンの法則より $F = ma$ であり，加速度 a は次のように示される．

$$F = ma = m\frac{dw}{dt} = m\frac{dw}{dx}\frac{dx}{dt} = mw\frac{dw}{dx} \tag{11.6}$$

この関係より，流体部分の質量 m による慣性力は $mwdw/dx$ となる．さらに，流体部分に加わる力は，前後の圧力差による力：$-(dp/dx)\delta l \cdot A$，粘性力による摩擦：dL_f/dx より運動方程式は

$$mw\frac{dw}{dx} = -\frac{dp}{dx}\delta l \cdot A - \frac{dL_f}{dx} \tag{11.7}$$

となる．単位質量あたりとし，$v = \dfrac{\delta l \cdot A}{m}$ とすると

$$w\frac{dw}{dx} = -\frac{dp}{dx}v - \frac{dl_f}{dx} \tag{11.8}$$

さらに両辺に dx を乗ずると次式となる．

$$wdw = -vdp - dl_f \tag{11.9}$$

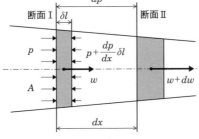

図 11.1　一次元の定常流れ

エネルギー式

図 11.1 に示した水平流れにおいて，断面Iと断面IIの間で周囲より受けた熱量 q が，運動エネルギーの増加，エンタルピーの増加 $h_2 - h_1$，工業仕事 l_t へと消費されるとき，エネルギーの釣り合いは次式となる．

$$\frac{1}{2}w_1^2 + h_1 + q = \frac{1}{2}w_2^2 + h_2 + l_t \tag{11.10}$$

$$q = \frac{1}{2}(w_2^2 - w_1^2) + h_2 - h_1 + l_t \tag{11.11}$$

開いた系の熱力学第一法則より，$q = h_2 - h_1 - \int_1^2 vdp$ を代入すると次式となる．

$$\frac{1}{2}(w_2^2 - w_1^2) + l_t = -\int_1^2 vdp \tag{11.12}$$

管内流れでは仕事をしないので $l_t = 0$，さらに，微分形で表すと次式となる．

$$wdw = -vdp \tag{11.13}$$

これは，式（11.9）の摩擦がない場合と同じことを示している．

11.1.3　気体の流れの性質

全エンタルピー，全温度，全圧力

図 11.2 に示すような，流速 w の流れがタービン羽根の前縁の流れの分岐点で流速 $0 [\text{m/s}]$ となる点を**よどみ点**という．運動エネルギーが 0 となる，よどみ点での各状態量を**全エンタルピー** h_0，**全温度** T_0，**全圧力** p_0 といい，次のように表すことができる．エネルギー式（11.10）より，外部との熱量の交換がない断熱変化で，仕事もなく，よどみ点での速度は 0 なので，次式のように全エンタルピーが求められる．ここで，任意点の比エンタルピーを h，絶対温度を T とする．

$$h_0 = \frac{1}{2}w^2 + h \tag{11.14}$$

また，$h = c_p T$ の関係を用いると，次式のように全温度が求められる．

$$T_0 = \frac{1}{2c_p}w^2 + T \tag{11.15}$$

ここで，$c_p = \dfrac{\kappa R}{\kappa - 1}$ を代入すると次のようになる．

11-1 ガス流動の基礎式

$$\frac{\kappa}{\kappa-1} p_0 v_0 = \frac{1}{2} w^2 + \frac{\kappa}{\kappa-1} pv \tag{11.16}$$

さらに,断熱変化の関係 $pv^\kappa = p_0 v_0^\kappa$ より,$v_0 = \left(\dfrac{p}{p_0}\right)^{\frac{1}{\kappa}} v$ を用いると次のように全圧力が求められる.

$$p_0 = p \left(1 + \frac{\kappa-1}{2\kappa} \frac{w^2}{pv}\right)^{\frac{\kappa}{\kappa-1}} \tag{11.17}$$

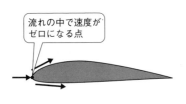
(a) 翼の前縁、円柱の前縁

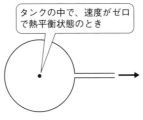
(b) 貯気槽

図11.2 よどみ点

音速とマッハ数

音速とは,微小な圧力変動が可逆断熱的(等エントロピー的)に圧縮性流体中を伝播する速度のことである.気体の比熱比 κ,気体定数 R,絶対温度 T,比容積 v,密度 ρ とすると,理想気体の音速 a は次のように表すことができる.

$$a = \sqrt{\kappa RT} = \sqrt{\kappa pv} = \sqrt{\kappa \frac{p}{\rho}} \tag{11.18}$$

流速 w とその点における音速 a との比を**マッハ数 M** といい,次のように表す.

$$M = \frac{w}{a} = \frac{w}{\sqrt{\kappa RT}} \tag{11.19}$$

前述した全温度と全圧力を,マッハ数 M を用いて記述すると次のようになる.全温度の式(11.15)は

$$T_0 = T + \frac{1}{2c_p} w^2 = T + \frac{\kappa-1}{2\kappa R} w^2 = T\left(1 + \frac{\kappa-1}{2\kappa RT} w^2\right)$$

$$= T\left(1 + \frac{\kappa-1}{2} M^2\right) \tag{11.20}$$

ここで，断熱変化の関係 $\dfrac{T}{p^{\frac{\kappa-1}{\kappa}}}=\dfrac{T_0}{p_0^{\frac{\kappa-1}{\kappa}}}$ を代入すると全圧力は次のようになる．

$$p_0 = p\left(1+\dfrac{\kappa-1}{2}M^2\right)^{\frac{\kappa}{\kappa-1}} \tag{11.21}$$

> **覚えよう！**
>
> マッハ数が 1 未満の流れ（$M<1$）の状態を**亜音速**，マッハ数が 1 を超える流れ（$M>1$）の状態を**超音速**，マッハ数が $M=1$ の状態を**音速**という．

先細流路と末広流路の流動特性

表 11.1 のように，流れ方向に断面積が小さくなる場合を**先細流路**，また，断面積が大きくなる場合を**末広流路**という．流路入口のマッハ数が $M<1$ の亜音速の場合と，$M>1$ の超音速の場合で，流動特性には以下のような特徴がある．

● 流路断面積変化 dA と流速変化 dw の関係

エネルギー式（11.13）$wdw = -vdp$ より

$$dp = -\dfrac{wdw}{v} \tag{11.22}$$

断熱変化の関係式 $pv^{\kappa}=$ 一定の対数を取り，微分形で示すと次のようになる．

$$\dfrac{dv}{v} = -\dfrac{1}{\kappa}\dfrac{dp}{p} \tag{11.23}$$

式（11.22）と（11.23）を連続の式（11.5）に代入すると次のようになる．

$$\dfrac{dA}{A} = \dfrac{dv}{v} - \dfrac{dw}{w} = -\dfrac{1}{\kappa}\dfrac{dp}{p} - \dfrac{dw}{w} = \dfrac{1}{\kappa}\dfrac{wdw}{pv} - \dfrac{dw}{w} = \left(\dfrac{w^2}{\kappa pv}-1\right)\dfrac{dw}{w}$$

$$= (M^2-1)\dfrac{dw}{w} \tag{11.24}$$

まとめると

$$\dfrac{dA}{A} = (M^2-1)\dfrac{dw}{w} \tag{11.25}$$

この式より，マッハ数が $M<1$（亜音速）では括弧内が負となり，流路断面積 A が拡大すると流速 w は減速する．また，断面積 A が減少すると流速 w は増速することを示している．一方，マッハ数が $M>1$（超音速）では括弧内が正となり，流路断面積 A が拡大すると流速 w は増速する．また，断面積 A が減少すると流

11-1 ガス流動の基礎式

速 w は減速することを示している．

● **流路断面積変化 dA と圧力変化 dp の関係**

エネルギー式 (11.13) $wdw = -vdp$ より

$$\frac{dw}{w} = -\frac{1}{w^2}vdp \tag{11.26}$$

式 (11.23) と (11.26) を連続の式 (11.5) に代入すると次のようになる．

$$\frac{dA}{A} = \frac{dv}{v} - \frac{dw}{w} = -\frac{1}{\kappa}\frac{dp}{p} + \frac{1}{w^2}vdp = \frac{1}{\kappa}\left(\frac{\kappa pv - w^2}{w^2}\right)\frac{dp}{p}$$

$$= \frac{1}{\kappa}\left(\frac{1}{M^2} - 1\right)\frac{dp}{p} \tag{11.27}$$

まとめると

$$\frac{dA}{A} = \frac{1}{\kappa}\left(\frac{1}{M^2} - 1\right)\frac{dp}{p} \tag{11.28}$$

この式より，マッハ数が $M<1$（亜音速）では括弧内が正となり，流路断面積 A が拡大すると圧力 p は増加する．また，断面積 A が減少すると圧力 p も減少することを示している．一方，マッハ数が $M>1$（超音速）では括弧内が負となり，流路断面積 A が拡大すると圧力 p は減少する．また，断面積 A が減少すると圧力 p は増加することを示している．

式 (11.25) と式 (11.28) より，流路の入口の流速が局所の音速より大きいか，小さいかにより，流路断面積の変化と流動状態の変化の関係が逆になることがわかる．この関係を表 11.1 にまとめて示す．

表 11.1 先細流路・末広流路を通過するときの流速と圧力の変化

流路断面積 A の変化		先細流路	末広流路
入口条件	亜音速 ($M<1$)	流速↑ 圧力↓	圧力↑ 流速↓
	超音速 ($M>1$)	圧力↑ 流速↓	流速↑ 圧力↓

11-2 ノズル内の流れ

ノズル内の流れは入口条件と背圧により決まる．

▶ポイント◀
1. 先細ノズルでは，臨界圧力のとき音速となり，最大質量流量となる．
2. 音速以上の流れを得るにはラバルノズルを用いる．

11.2.1 ノズルの流速と質量流量

蒸気タービン，ジェットエンジン，ロケットのノズルは流動気体のもつ熱エネルギーを運動エネルギーに変換する流路である．ノズル流出時の流出速度が重要な値となるので，まず，ノズル流出速度について考えてみる．

気体はノズル内を高速流動するので，その間は断熱変化であり，外部への仕事を行わないものとする．また，ノズル入口の初速度を $w_1 \fallingdotseq 0$ とみなすとエネルギーの式（11.10）よりノズルからの**流出速度** w_2 は次式となる．

$$w_2 = \sqrt{2(h_1 - h_2)} \qquad (11.29)$$

可逆断熱変化による運動エネルギーの増加量は，エンタルピーの減少量と関連し，図 11.3 に示すような減少量 $\Delta h = h_1 - h_2$ を**断熱熱落差**という．

実際のノズル内の流動では，流動摩擦損失による摩擦熱のために流体の温度が高まり，その容積 V が増加しエントロピー s が増加する．この結果，減少量は $\Delta h' = h_1 - h_2'$ となり，これを**熱落差**という．摩擦熱の一部は流体のもつ熱量に加わり，再び加速のために使われるのでエネルギー損失は $\Delta h_f = h_2' - h_2$ となる．

可逆断熱流れの場合，定圧比熱を一定と仮定し，$h = c_p T$ と $T_1/p_1^{(\kappa-1)/\kappa} = T_2/p_2^{(\kappa-1)/\kappa}$ を導入すると，式（11.29）はさらに次式のようになる．

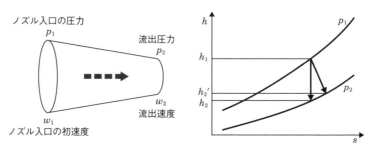

図 11.3　ノズル内の状態変化

$$w_2 = \sqrt{2(h_1-h_2)} = \sqrt{2c_p T_1\left(1-\frac{T_2}{T_1}\right)} = \sqrt{\frac{2\kappa}{\kappa-1}p_1 v_1\left[1-\left(\frac{p_2}{p_1}\right)^{\frac{\kappa-1}{\kappa}}\right]}$$

(11.30)

ここで，式（11.30）は図 11.4 の任意断面においても成り立つので，ノズル内の任意断面における流速は次式のように表される．

$$w = \sqrt{\frac{2\kappa}{\kappa-1}p_1 v_1\left[1-\left(\frac{p}{p_1}\right)^{\frac{\kappa-1}{\kappa}}\right]} \quad (11.31)$$

また，任意断面の面積を A とすると，**質量流量** m_f は式（11.3）から $m_f = Aw/v$ となり，さらに断熱流における $p_1 v_1^\kappa = p v^\kappa$ の関係を用いると次式となる．

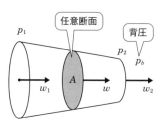

図 11.4 ノズル内の流速と圧力

$$m_f = \frac{Aw}{v_1}\left(\frac{p}{p_1}\right)^{\frac{1}{\kappa}} = \frac{A}{v_1}\left(\frac{p}{p_1}\right)^{\frac{1}{\kappa}}\sqrt{2\frac{\kappa}{\kappa-1}p_1 v_1\left[1-\left(\frac{p}{p_1}\right)^{\frac{\kappa-1}{\kappa}}\right]}$$

$$= A\sqrt{2\frac{\kappa}{\kappa-1}\frac{p_1}{v_1}\left[\left(\frac{p}{p_1}\right)^{\frac{2}{\kappa}}-\left(\frac{p}{p_1}\right)^{\frac{\kappa+1}{\kappa}}\right]}$$

(11.32)

11.2.2 先細ノズルと臨界圧力

次にノズルを通過する質量流量が，**先細ノズル**出口以後の圧力（**背圧**）p_b の変化に伴いどのように変化するかを考える．ノズル入口の圧力 p_1，比容積 v_1，先細ノズル出口面積 A_2 を質量流量の式（11.32）に代入し，背圧を p_1 から真空（$p=0$）まで変化させたときの質量流量の変化を図 11.5 に示す．背圧を減少させると，質量流量は増加し，背圧が臨界圧力 p_c で**最大質量流量** m_{fmax} となり，さらに背圧を減圧しても最大質量流量は保たれる．

ここで，式（11.32）より，最大質量流量となる条件は次式となる．

$$\frac{d}{dp}\left[\left(\frac{p}{p_1}\right)^{\frac{2}{\kappa}} - \left(\frac{p}{p_1}\right)^{\frac{\kappa+1}{\kappa}}\right] = 0 \qquad (11.33)$$

これを解くと次式となる．

$$p = p_1\left(\frac{2}{\kappa+1}\right)^{\frac{\kappa}{\kappa-1}} \equiv p_c \qquad (11.34)$$

このときの圧力 p を特にノズル入口圧力 p_1 に対する**臨界圧力 p_c** という．

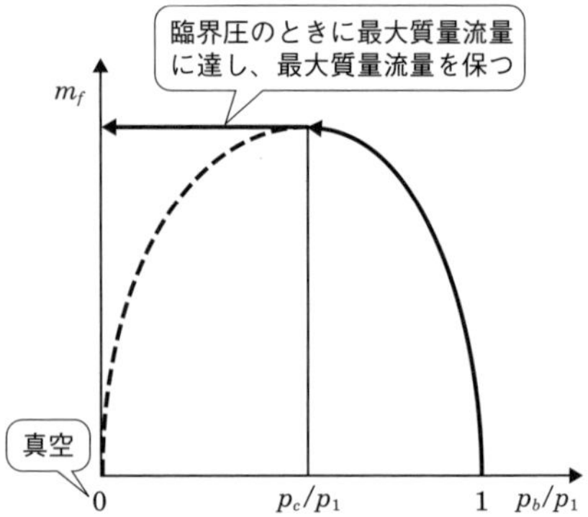

図11.5 背圧と質量流量の関係

ここで，臨界圧力 p_c の式（11.34）をノズル内の任意断面における流速の式（11.31）に代入すると次式となる．

$$w_c = \sqrt{\frac{2\kappa}{\kappa+1} p_1 v_1} \qquad (11.35)$$

この速度を初期条件 $p_1 v_1$ に対する**限界速度**という．さらに，断熱変化の関係 $p_1 v_1^{\kappa} = p_c v_c^{\kappa}$ を用いて整理すると次式となる．

$$w_c = \sqrt{\frac{2\kappa}{\kappa+1} p_c \left(\frac{\kappa+1}{2}\right)^{\frac{\kappa}{\kappa-1}} v_c \left(\frac{2}{\kappa+1}\right)^{\frac{1}{\kappa-1}}} = \sqrt{\kappa p_c v_c} = \sqrt{\kappa R T_c} \qquad (11.36)$$

このように，限界速度は臨界圧力が生じている場での音速と同じ流速である．

ここで，臨界圧力 p_c と限界速度 w_c は，先細ノズル出口面積 A_2 で生じているので，最大質量流量は式（11.3）（11.34）（11.35），さらに，断熱変化の関係 $p_1 v_1^{\kappa} = p_c v_c^{\kappa}$ を用いて整理すると次式となる．

$$m_{f\max} = \frac{A_2 w_c}{v_c} = A_2 w_c \frac{1}{v_1}\left(\frac{p_c}{p_1}\right)^{\frac{1}{\kappa}} = A_2 \sqrt{\frac{2\kappa}{\kappa+1} p_1 v_1} \frac{1}{v_1}\left(\frac{2}{\kappa+1}\right)^{\frac{1}{\kappa-1}}$$

$$= A_2 \sqrt{\kappa \frac{p_1}{v_1}\left(\frac{2}{\kappa+1}\right)^{\frac{\kappa+1}{\kappa-1}}} = A_2 \frac{p_1}{\sqrt{RT_1}} \sqrt{\kappa \left(\frac{2}{\kappa+1}\right)^{\frac{\kappa+1}{\kappa-1}}} \qquad (11.37)$$

このように，限界速度と最大質量流量は，気体の比熱比 κ とノズル入口の状態（p_1, v_1）により定まることがわかる．

11.2.3 先細ノズルと先細・末広ノズル（ラバルノズル）

前項でみたように，先細ノズル（図 11.6）で気体の流速を増速させる場合，入口条件を一定として出口の背圧を減圧することで，出口流速と質量流量が増加する．背圧が臨界圧力に達すると，出口流速は限界速度（音速）となり，最大質量流量となる．さらに背圧を減圧した場合，先細ノズル出口より不足膨張波が発生してノズル出口直後に背圧まで減圧する．流れが乱れるが，出口流速は音速であり，最大質量流量を保つ．この状態を**ノズルの閉塞（チョーク）**という．これは，ノズル下流で起こった変化が上流へ伝わる速度は，その場の局所音速と同一流速なので，ノズル出口で限界速度（音速）に達した場合，圧力変化が上流に伝ぱしないので，臨界圧力以下に背圧を下げても先細ノズル内の流れは影響を受けず，閉塞状態となるのである．

さらに増速して超音速流れを得るためには，図 11.7 に示すような，先細流路の先に末広流路を接続した**先細・末広ノズル（ラバルノズル）**を用いる．ノズルの最小直径部を**のど部（スロート）**という．背圧を下げていくと，入口からのど部までは先細ノズルと同様な流れとなる．のど部が臨界圧力に達すると，のど部では限界速度，最大質量流量となる．さらに背圧を適正に減圧していくと，のど部以降ではノズルの直径が拡大するため流体は自ら膨張を続け速度が増速し音速以上の超音速流れとなる．ただし，のど部で閉塞状態なので最大質量流量は一定のままである．

ここでラバルノズルの流出速度 w_2 とのど部の限界速度 w_c の比は，式（11.31）と式（11.35）から次式となる．

$$\frac{w_2}{w_c} = \sqrt{\frac{\kappa+1}{\kappa-1}\left[1-\left(\frac{p_2}{p_1}\right)^{\frac{\kappa-1}{\kappa}}\right]} \tag{11.38}$$

これを**速度増加率**という．さらに，式（11.38）において背圧 $p_b = 0$ の場合

$$\frac{w_2}{w_c} = \sqrt{\frac{\kappa+1}{\kappa-1}} \tag{11.39}$$

となり，最大値となる．

第 11 章　気体の流動

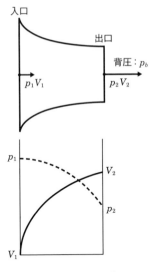

図 11.6　先細ノズル

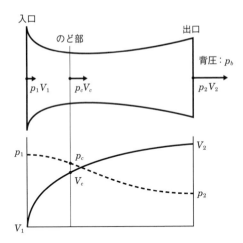

図 11.7　先細・末広ノズル（ラバルノズル）

📝 関連知識メモ ☆

　先細・末広ノズル（ラバルノズル）は，蒸気タービン，ロケットエンジン，超音速ジェットエンジン，超音速風洞などに使用される．先細・末広ノズルを初めて実用に用いたのは，スウェーデンの技術者，カール・グスタフ・パトリック・ド・ラバル（Karl Gustaf Patrik de Laval）である．ラバルは1882年，先細ノズルを用いて衝動蒸気タービンを製作し，その概念を確立した．しかし，先細ノズルではノズルよりロータに流入する蒸気の運動エネルギーが小さいためにタービンの回転数は低かった．その後改良を重ね，1888年には，ラバルは従来の先細ノズルに末広部分を付け加えることにより，蒸気をさらに膨張させ，タービンを飛躍的に高速回転で運転させることに成功した．

　一方，流れをノズルのど部で閉塞させ，臨界状態を利用して気体の質量流量を測定する装置を臨界流量計といい，この目的で使用されるノズルは臨界ノズルと呼ばれる．式（11.37）より明らかなように，臨界流量計では，のど部面積を通過する気体の最大質量流量は，上流の全圧と全温度のみを測定して得ることができる．モータースポーツ競技において，エンジンへの吸入空気量を制限してエンジンの出力を制限する目的でエアリストリクターという部品が使用される．これは臨界流量計の原理を応用したものである．

11-3. 円管内の流動

円管の長さと流れの条件による円管の流動特性について学ぶ.

▶ポイント◀
1. 壁面摩擦抵抗により流れのエネルギーが損失する.
2. 断熱流ではエネルギー逸散による膨張で,流れが増速して閉塞に達する.

11.3.1 円管内の流動の基礎式

円管内を蒸気や気体が高速で流動するとき,入口から出口にかけて摩擦抵抗により圧力が降下し,流速が変化する.この圧力降下は,円管内の表面粗さ,円管の長・短,断熱流れ・等温流れなどの状態変化により異なる.

気体の流動の運動方程式(11.9)より運動エネルギー,圧力降下,摩擦損失の釣り合いの関係は次式の通りである.

$$wdw = -vdp - dl_f \tag{11.40}$$

これを積分すると

$$\frac{w_2^2 - w_1^2}{2} + l_f = -\int_1^2 vdp \tag{11.41}$$

となる.ここで,図11.8のような円管内の流動を考える.内径 D,長さ l の円管内を流体が微小長さ dl 流れるとき,生じる摩擦損失 dl_f は実験によると次式のように求められる.

$$dl_f = f\frac{dl}{D}\frac{w^2}{2} \tag{11.42}$$

ここに,f は摩擦係数であり,管内直径,管内表面粗さ,レイノルズ数より求められる.この式を式(11.40)に代入すると次式となる.

$$wdw + f\frac{dl}{D}\frac{w^2}{2} = -vdp \tag{11.43}$$

これは,流体が円管内の摩擦抵抗に打ち勝って,圧力降下をしながら流動するエネルギーの釣り合いを示す基礎式である.この式を用いて,円管の長・短,および断熱流れ・等温流れの状態変化による圧力降下を次に示す.

■ 短い管の場合

短い管では入口と出口の流速の変化は微小であるので無視し,気体の密度は一

定とすると，式（11.43）より圧力降下は次式となる．

$$p_1 - p_2 = f \frac{w^2 \rho}{2D} l \tag{11.44}$$

▰ 長い管の場合

長い円管流れでは，ガス管のように温度が一定な地中に埋設された等温流動，断熱材で保温された断熱流動が考えられる．その入口と出口の圧力差は次式のように表される．各式の導出に関しては，チャレンジ問題を参照すること．

● 等温流動の場合

$$p_1 - p_2 = p_1 \left(1 - \sqrt{1 - f \frac{l}{D} \frac{w_1^2}{p_1 v_1}} \right) \tag{11.45}$$

● 断熱流動の場合

$$p_1 - p_2 = p_1 \left(1 - \frac{T_2}{T_1} \frac{w_1}{w_2} \right) \tag{11.46}$$

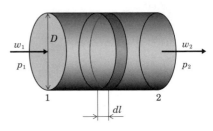

図 11.8　円管内の流動

11.3.2　管の閉塞

連続の式（11.5），運動方程式（11.9），マッハ数（11.19），および円管内の流動の基礎式（11.43）と連携することにより，断面積が一様な円管の定常流れを，次式のように得る．ただし，κ は比熱比である．以下の式の導出に関してはチャレンジ問題を参照すること．

$$\frac{dT}{T} - (1 - \kappa M^2) \frac{dw}{w} + \frac{\kappa M^2}{2} \frac{f}{D} dl = 0 \tag{11.47}$$

等温流動の場合は，$dT = 0$ なので，式（11.47）の括弧内が正になることから $1 - \kappa M^2 > 0$ の条件より，流速は $M < 1/\sqrt{\kappa}$ までしか増速しないことがわかる．

摩擦のある断熱流動の場合は，式（11.47）に断熱条件を入れると次式を得る．

$$\frac{dw}{w} = \frac{\kappa M^2}{2(1 - M^2)} \frac{f}{D} dl \tag{11.48}$$

ここで，円管入口のマッハ数が $M < 1$ の場合，断熱された管内で生じる摩擦によるエネルギー逸散により，気体が膨張し円管内の流速が増大する．しかし，流速は音速を超えることはなく，この円管に流せる最大質量流量が存在することを示す．この状態はノズルの臨界状態に相当し，**管の閉塞（チョーク）**という．

チャレンジ問題

基本問題

問題1 気体の種類と音速
温度30℃の空気，ヘリウム，二酸化炭素の音速を求めなさい．

問題2 気体の密度と音速
海抜0mの標準大気圧101.3 kPa，温度15℃，密度1.225 kg/m^{3}と高度10000 mの大気圧26.5 kPa，温度−50℃，密度0.414 kg/m^{3}の音速を求めなさい．

問題3 よどみ点と状態量（1）
温度800℃，圧力600 kPaの燃焼ガスが流速200 m/sでタービン羽根に流入するときのよどみ点での，全温度と全圧力を求めなさい．ただし，比熱比を$\kappa = 1.35$，定圧比熱を$c_p = 1.00 \text{ kJ/(kg·K)}$とする．

問題4 よどみ点と状態量（2）
温度30℃，圧力300 kPaの大きなタンクから円管に空気が可逆断熱的に流出しているとき，円管のある断面の流速を測定したところ100 m/sであった．この点での温度および圧力を求めなさい．

問題5 ノズルの流出速度
圧力2 MPa，温度600℃の過熱蒸気を0.5 MPaまで適正なノズルで断熱膨張させる場合の出口流速を以下の方法で求めなさい．ただし，過熱蒸気の比熱比を$\kappa = 1.30$，気体定数$R = 462 \text{ J/(kg·K)}$とし，ノズルの流入速度は無視できるものとする．
(1) 蒸気のh-s線図の断熱熱落差から求める．
(2) ノズルの任意の断面における式から求める．

問題6 臨界圧力での状態量
圧力1 MPa，温度400 Kの空気が，先細ノズルにより0.1 MPaまで断熱膨張する．ノズル出口直径を10 mmとしたとき以下の値を求めなさい．
(1) 臨界圧力　　(2) 限界速度　　(3) 最大質量流量

問題 7　全圧力の式の導出
全温度の式（11.15）から全圧力の式（11.17）を導出しなさい．

問題 8　先細・末広ノズルによる速度増加率
圧力 0.1 MPa の空気を適正な先細・末広ノズル（ラバルノズル）を用いて加速する．背圧を 0.05 MPa，0.01 MPa，および真空とした場合の速度増加率を求めなさい．

発展問題

問題 9　貯気槽からのノズルによる流出
圧力 1 MPa，温度 350 K の貯気槽より適正な先細・末広ノズルを用いて 0.01 MPa まで空気が可逆断熱的に膨張している．のど部における圧力，温度，速度，質量流量，およびノズル出口における速度を求めなさい．ただし，のど部の直径を 100 mm とする．

問題 10　適切なノズル選択
ノズルを用いて，入口圧力 p_1 の流体を適正膨張させて背圧 p_b とする場合，以下の条件では，先細ノズルとラバルノズルのどちらを使用するべきか．
(1) 空気（$\kappa = 1.4$）を $p_1 = 1.0$ MPa から $p_b = 0.5$ MPa に適正膨張する．
(2) 過熱蒸気（$\kappa = 1.30$）を $p_1 = 5.0$ MPa から $p_b = 0.05$ MPa に適正膨張する．
(3) 乾き飽和蒸気（$\kappa = 1.135$）を $p_1 = 1.8$ MPa から $p_b = 1.2$ MPa に適正膨張する．

問題 11　長い円管の圧力降下の式の導出
直径が同一な長い円管の等温流動における圧力降下の式（11.45）を導出しなさい．

問題 12　マッハ数を用いた円管流れの式の導出
連続の式（11.5），運動方程式（11.9），マッハ数（11.19），および円管内の流動の基礎式（11.43）を連携することにより，断面積が一様な円管の定常流れの式（11.47）を導出しなさい．

第12章
エネルギー変換

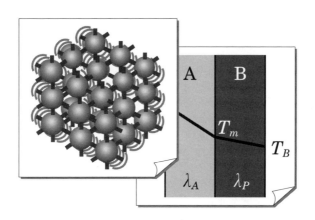

　エネルギーは多くの形態をもっていて，形態を変えることができる．このことをエネルギー変換という．熱を介したこれらのエネルギー変換の熱効率は100％にはならないことは熱力学第二法則として学んだ．電力を作り出すために，化石燃料の燃焼，原子力，太陽熱，地熱などの熱を電力に変換している．一方，燃料電池や化学電池を利用して蓄積できない電気エネルギーを燃料ガスや化学物質に換えて蓄積し必要なときに有効に電気エネルギーに変換して利用している．

　限りある資源を有効に活用するためにはエネルギー変換に対する理解が重要である．本章では，熱が主たる関与をする燃焼，伝熱，および，動力源として現代の主流になりつつある化学電池や燃料電池など，エネルギー変換の基礎について学習する．

12-1 燃　焼

化学反応によって，燃料のもつ化学エネルギーを熱に変換するのが燃焼である．

▶ポイント◀
1. 化学量論の計算．燃焼ガスの計算
2. 化学平衡と平衡定数
3. 化学反応

木材や化石燃料の燃焼は，水素・炭素や炭化水素の急速な酸化反応で多量の光と熱が急激に発生する発熱反応である．その熱を利用して動力を得ることは古くから行われている．燃焼では

(燃料) + (酸化剤) → (生成物) + (熱・光)

という化学反応を起こす．灯油やガソリンなどの化石燃料を燃焼させると発生する熱によって急激な膨張があり，閉じ込めた空間では高い圧力が発生する．これが仕事となってエンジンを動かしている．

ここでは，燃焼によって動力を得る場合の基本的な知識として，化学量論計算，化学平衡，発生ガス計算，化学反応速度について学ぶ．

12.1.1　化学量論計算

(燃料) + (酸化剤) である反応物と生成物の原子の数を等しくすることを化学量論計算という．燃焼は酸化反応であり，炭素，水素，窒素などの元素で構成された燃料が酸化する．その反応式は次となる．

$$(燃料) + O_2 \rightarrow CO_2 + H_2O + N_2 + (熱) \tag{12.1}$$

→の左側は反応物といい，→の右側は生成物という．燃焼では，CO_2，H_2O，N_2 が燃料を構成する元素 C，H，N に対応する最終生成物になる．石炭など硫黄 S などを含む燃料もあるが，ここでは C，H，N，O で構成される基本的な燃料を扱うことにする．

標準空気の成分

燃焼は多くの場合，空気中で行われ，空気中の酸素が酸化剤となる．標準空気組成は表 12.1 のようになる．分率はそれぞれの組成の割合を％で示したものである．

12-1 燃　　焼

表12.1　標準空気組成の体積分率と質量分率

成分	N_2	O_2	Ar	CO_2
体積分率〔%〕	78.2	20.9	0.9	0.04
質量分率〔%〕	75.6	23.1	1.3	0.06

化学反応はモル分率で示すが，モル分率は体積分率に等しい．

酸化剤として空気中の O_2 が用いられるが，環境問題に対応するため酸素富化燃焼では空気に酸素を加えた酸素富化空気，高温空気燃焼では窒素や二酸化炭素を加えて酸素濃度の低い希釈空気を，燃焼の酸化剤として用いることがある．

完全燃焼と不完全燃焼

プロパンの燃焼を例とする．酸化反応は

$$C_3H_8 + 5O_2 + nN_2 \rightarrow 3CO_2 + 4H_2O + nN_2$$

となる．空気中の窒素 N_2 は反応物であり生成物であるが，反応に関与しない．上式中には矢印の左右で原子の数が同じになるように係数を決める．この係数は反応のモル数となる．プロパン1 mol を燃焼させるために5 mol の酸素が必要となる．標準組成空気を用いると5 mol の酸素を供給するために 5/0.209 = 23.92 mol の空気が必要になり，上式の n は 18.92 となる．

また，1 mol のプロパンから CO_2 が 3 mol と H_2O が 4 mol できるので，H_2O が気体状態にあるときは 7 mol の気体ができることになる．このように十分な酸素量が燃料に供給され，燃料中の C, H がすべて酸化され CO_2, H_2O となることを**完全燃焼**という．酸素量が不足すると，燃料成分の C は一酸化炭素 CO に，H は H_2 などになり，最終の CO_2 や H_2O にならない．これを**不完全燃焼**という．

燃焼ガス計算シート（オーム社ホームページ上に掲載しています）

燃焼ガスの組成を化学量論計算するためには，次のように燃焼ガス計算シート（CGT，表12.3参照）で計算すると計算を理解しやすいので表を用いる．

CGT ではセルの色が ▇ は定数として決まっている数値，▇ は自動計算されるセル，▇ は燃焼ガスの平均値である．燃料は CHONS の 4 種の元素で構成されているとしている（CGT-2行目）．この構成比率を単一物質燃料では原子数比，混合燃料では燃料 1 mol の平均原子数比 n_i とする（CGT-4行目）．原子量を N_i とする（CGT-3行目）と，$M_{fuel} = \sum N_i n_i$ が燃料の分子量となる（CGT-H3）．たとえば，プロパンガスでは，C_3H_8 では $n_c=3$, $n_h=8$ である．$N_c=12$, $N_h=1$ であるので，$M_{C_3H_8}=44$ となる．

必要酸素量 O_{2min} は，1 mol の燃料を完全に酸化するために必要な最小限の酸素ガス O_2 のモル数である．式 (12.1) に示すように，燃料中の C は CO_2 になり 1 原子 mol で 1 mol，H は H_2O になり 4 原子 mol で 1 mol となることから，必要酸素量は次式となる (CGT-B9)．

$$O_{2min} = c + \frac{1}{4}h - \frac{1}{2}o \qquad (12.2)$$

乾燥空気の体積分率を指定する（CGT-7 行目）．この必要酸素量 O_{2min} を供給するための必要空気量 A_{min}（CGT-B10）は酸素の体積分率 f_{O_2} を用いて次式で計算できる．

$$A_{min} = \frac{O_{2min}}{f_{O_2}} \qquad (12.3)$$

燃焼 1 kg あたりの酸素および空気量は CGT-D9, -D10 に計算される．

乾燥空気の体積分率には H_2O は含まず，乾燥空気 1 mol あたりの水分として指定する．燃料 1 mol あたりの水添加量は空気中水分量と添加水分量の和となる．

$$f_{H_2O} = \frac{1}{M_{H_2O}}(AM_{Air}x + M_{fuel}x_{in}) = 1.608Ax + \frac{M_{fuel}}{18}x_{in} \qquad (12.4)$$

ここで，x は空気の絶対湿度〔kg/kg'〕，x_{in} は燃料 1 kg あたりに供給された水量〔kg/kg$_{fuel}$〕，A は燃料 1 mol あたりに供給された空気のモル数である．CGT-E6 には体積割合で表した水分を乾燥空気に対する比率で入力する．

当量比 φ は，ある量の酸素（空気）が燃やすことのできる最大の燃料量 F_{max} に対する実際の燃料量 F の比 $\varphi = F/F_{max}$ として定義され，CGT-B9 に入力する．

ある量の燃料を完全燃焼することのできる必要空気量 A_{min} に対して，実際の空気量 A の比は，空気比（空気過剰率）$\lambda = A/A_{min}$ として計算され（CGT-F8），当量比の逆数となる．φ を指定すると空気量は $A = \lambda A_{min} = A_{min}/\varphi$ となる．CGT は不完全燃焼には対応していないので $\varphi < 1.0$ での計算となる．

まず，燃焼前の温度 T〔℃〕と圧力 p〔kPa〕を指定する（CGT-11, 12 行目）．c, h, o, n は燃料 1 mol を構成する C，H，O，N 原子数である．f_{N_2}, f_{H_2O} は燃料 1 mol に供給される空気などの酸化剤分子のモル数である．生成される分子（CGT-13 行目）と分子量 M（CGT-14 行目）を示す．

また，燃料 1 kg あたりの必要空気量〔kg'〕（CGT-D10），式 (12.4) で計算した水分を加えた空気量〔kg/kg〕（CGT-F10）を計算しておく．燃料 1 mol を燃焼してできる生成物のモル数は，表 12.2 のようになり（CGT-15 行目），全体を

12-1 燃焼

表12.2 燃焼によって生成される成分のモル数

燃焼成分	意味	計算式
N_2	空気と燃料中のN分の和	$Af_{N_2} + \dfrac{1}{2}n$
CO_2	燃料中のC分	c
H_2O	燃料中のH分と空気中水分	$Af_{H_2O} + \dfrac{1}{2}h$
O_2	供給酸素から必要酸素量を引いた残り分	$(\lambda-1)O_{2\min}$

表12.3 燃焼の簡易表計算シート (CGT)

	A	B	C	D	E	F	G	H
1		燃 焼 ガ ス 計 算 シ ー ト (CGT)						
2	燃料元素構成	C	H	O	S	N		燃料分子量
3	元素の原子量	12	1	16	32	14		61.3
4	モル数/分子	2.5	7.5	1.0	0.2	0.1	—	低位発熱量
5	—	30.0	7.5	16.0	6.4	1.4	0	MJ/kg
6	酸化剤の組成	N_2	O_2	Ar	H_2O	—	—	34.5
7	体積組成	78.2%	20.9%	0.9%	0.1%	28.94	0.002	
8	当量比	0.95	←1.0以下		空気比	1.053		
9	必要酸素量	4.175	mol/mol	2.179	kg/kg	空気量		一般気体定数
10	必要空気量	19.98	mol/mol	9.432	kg/kg	9.944	8.3145	kJ/(kg·K)
11	温度 [℃]	15	—	—	—	—	—	—
12	圧力 [kPa]	101.325	—	—	—	—	—	—
13	燃焼ガス組成	N_2	CO_2	H_2O	SO_2	O_2	Ar	平均分子量
14	分子量	28	44	18	64	32	40	28.54
15	生成モル数	16.49	2.50	3.77	0.20	0.22	0.19	23.37
16	モル分率	0.7057	0.1070	0.1613	0.0086	0.0094	0.0081	667.07
17	分子量比率	19.76	4.71	2.90	0.55	0.30	0.32	—
18	質量分率	0.6923	0.1649	0.1017	0.0192	0.0105	0.0113	平均気体定数
19	気体定数	296.9	189.0	461.9	129.9	259.8	208.1	291.3
20	—	205.6	31.2	47.0	2.5	2.7	2.4	平均比熱
21	定圧比熱 (J/(kg·K))	1287	1368	2850	851	1178	520	1441.1
22	—	891.0	225.6	289.9	16.3	12.4	5.9	燃焼温度
23	—	—	—	—	—	—	—	2202℃

■:定数　■:自動計算されるセル　■:燃焼ガスの平均値

1として比例配分すれば，モル分率つまり体積分率 r_i となる（CGT-16 行目）．i はガス成分それぞれを表す．燃焼ガスの平均分子量 $\bar{M}$ は次式となる．

$$\bar{M} = \sum r_i M_i \tag{12.5}$$

覚えよう！
- 燃料の化学反応はモル計算である．
- 必要空気量や燃焼ガス量の計算には化学量論計算を使う．
- 当量比は燃料の過剰率を示し，空気比は空気の過剰率を示し，逆数の関係にある．

アドバイス
量論計算は混合ガス計算であるので，表計算を使うのが正確で便利である．

12.1.2 燃焼ガスの密度，比熱など

混合ガスとして燃焼ガスの比熱や比重量を計算する．

体積分率 r_i に分子量 M_i を乗じて（CGT-17 行目），これを比例配分して質量分率 g_i を求める（CGT-18 行目）．この質量分率は燃焼ガスの性質を取り扱うときに重要な数値となる．

生成物成分の気体定数 R_i を，一般気体定数 R_0 と分子量 M を用いて $R_0/M_i = R_i$〔J/(kg·K)〕の値を計算する（CGT-19 行目）．これらに質量分率を乗じて総和する（CGT-B20～G20）と平均気体定数が得られる（CGT-H19）．

$$\bar{R} = \sum g_i R_i = R_0 \sum \frac{g_i}{M_i} \tag{12.6}$$

また，燃焼ガスの密度 ρ は，温度 T と圧力 p，および平均気体定数を用いて，半理想気体として状態方程式から計算する．

$$\rho = \frac{p}{RT} \tag{12.7}$$

同様に平均定圧比熱 $\bar{c_p}$ も分子それぞれの定圧比熱 c_{pi}〔J/(kg·K)〕（CGT-21 行目）を用いて求める（CGT-H20）．

$$\bar{c_p} = \sum g_i c_{pi} \tag{12.8}$$

□□ 12-1 燃　　　焼 □□

12.1.3　発熱量

化学反応計算では，燃焼の発熱量ではなく，標準生成熱 ΔH_f^o を用いる．生成熱は，標準物質 $H_2(g)$，$O_2(g)$，$N_2(g)$，$C(s)$ などを基準のゼロとする．ここで，(g) は気体状態，(l) は液体状態，(s) は固体状態を表す．$H_2O(l)$ と $H_2O(g)$ の生成熱間には蒸発潜熱分の差がある．

$$H_2(g) + \frac{1}{2}O_2(g) \rightarrow H_2O(l) + \Delta H_f^o \tag{12.9}$$

として，H_2 と O_2 の標準生成熱はゼロであるので，表 12.4 から液体の H_2O の標準生成熱は $\Delta H_{fH_2O(l)} = -\Delta H_f^o = -285.8$ kJ/mol となる．燃焼熱は完全燃焼したときに発生する熱であり，燃料の化学生成熱 J/mol として定義される．そのため，式 (12.1) を一般化して次のようになる．

$$C_cH_hO_oN_n + yO_2 + pN_2 \rightarrow mCO_2 + nH_2O + pN_2 + \Delta H_f^o \tag{12.10}$$

両辺から反応に関与しない pN_2 を除くことができるが，燃焼温度計算時のエンタルピーには含める必要があるので加えている．

反応は燃料と酸化物を混合したらすぐに反応するものではなく，図 12.1 に示すように反応物に活性化エネルギーを与えて反応が始まる．燃焼の三要素である「燃料」「酸化剤」「熱源」の熱源はこの活性化エネルギーを与えることを意味している．反応が始まれば活性化エネルギーよりもはるかに大きい生成熱を発生し，別の反応の活性化エネルギーに使われるため，次々に反応が継続する．燃焼はこのように連鎖反応である．

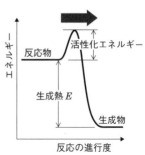

図 12.1　反応のエネルギー図

反応式 (12.10) は，標準状態 (25℃, 1 気圧) での反応であるので生成熱も標準状態であり $H_2O(l)$ は液体状態での値となる．しかし，燃焼では高温であり $H_2O(g)$ として気体を扱う．

ΔH_f^o には, 液体状態の H_2O と気体状態の H_2O の水の蒸発潜熱分の違いがある．

生成物 $H_2O(l)$ の場合は高位発熱量（HHV）ΔH_f^o
生成物 $H_2O(g)$ の場合は低位発熱量（LHV）ΔH_c^o

発熱量は燃料 1 mol から生成される H_2O により異なる．燃焼温度を求めると

きは式(12.10)を水蒸気の状態で定義すると,高位発熱量 ΔH_f^o ではなく生成される H_2O の蒸発潜熱 H_v を減じて低位発熱量 ΔH_c^o とする.

$$\Delta H_c^o = \Delta H_f^o - H_v \frac{1}{2} h \tag{12.11}$$

表 12.4 に主要な燃料の高位発熱量と低位発熱量を示した.

表 12.4 燃料の燃焼熱 ($T = 298.15$ K, $p = 100$ kPa)

燃料	ΔH_f^o [MJ/kg]	ΔH_c^o [MJ/kg]
水素 (g)	141.77	119.45
一酸化炭素 (g)	10.11	10.11
黒鉛 (s)	32.79	32.79
メタン (g)	55.56	49.94
プロパン (g)	50.36	46.28
トルエン (l)	42.47	40.51
メタノール (l)	22.65	19.85

12.1.4 燃焼温度

燃焼温度は,燃焼前のエンタルピーと低位発熱量の和である燃焼ガスのエンタルピーとなる.それぞれの分子のエンタルピーは,(顕熱)+(生成熱)で表される.つまり

$$H^o(T) = \Delta H^o + \int_o^T c_p(T) dT \tag{12.12}$$

となっている.このエンタルピーを用いる.

燃料1kgの燃焼で生じる熱損失を入れ,燃焼前の温度を用いると,燃焼ガス温度 T は次のようにして求められる.

$$H_{\text{fuel}}(T_{\text{in}}) + H_{\text{air}}(T_{\text{in}}) = \sum H_i(T) + H_{\text{loss}} \tag{12.13}$$

この式の単位は燃料1kgあたりでエネルギー[J/kg]であるので,左辺は燃料と空気のエンタルピーの和,$H_i(T)$ は燃焼生成物のエンタルピーである.また,$\sum H_i(T)$ は燃焼によって生成される分子のエンタルピーの総和である.

燃焼する前の燃料と空気の温度 T_{in} と圧力 p を指定し(CGT-11行目,12行目),燃料の低位発熱量 ΔH_c^o を[MJ/kg]で指定する(CGT-H5).燃焼ガスからの熱放射や低温壁への伝熱がない場合には $H_{\text{loss}} = 0$ とできる.このときの燃焼温度を

断熱燃焼温度と呼ぶ．実際には，燃焼温度と同じ密閉壁で囲まれた燃焼や超高速燃焼火炎など，特殊なケースを除いて断熱燃焼温度に達しない．

生成ガス量 m_g は次式となる．

$$m_g = 1 + m_a(1 + m_w) \tag{12.14}$$

m_g は燃焼に関与した生成物の全量である．ただし，m_a（CGT-F10），m_w（CGT-G7）は次のようになる．

$$m_a = \lambda A \frac{M_\text{air}}{M_\text{fuel}}, \quad m_w = f_{H_2O} \frac{M_\text{fuel}}{M_\text{air}}$$

次に，式（12.12）による単純化した断熱燃焼温度を求める．

燃料の比熱 c_{pf}，空気の比熱 c_{pa} とし，燃焼生成物の化学ポテンシャルをゼロとし，燃焼ガスの平均比熱 $\overline{c_p}$ を用いて計算すると燃焼温度 T_g が計算できる．燃焼前の燃料も空気も同じ温度とし

$$T_g = \frac{\Delta H}{m_g \overline{c_p}} + T_o \tag{12.15}$$

次に，燃焼温度計算結果（CGT-H23）を求める．

燃焼するとガス温度は 1800 K を超える．高温になると，常温ではほとんど存在しない H，O，N など 1 原子分子や OH や O_2 が存在するときでも，CO などが無視できない濃度で存在するようになる．これを**熱解離**といい，これらの分子を活性種（ラジカル）と呼ぶ．安定分子以外のこれらラジカルのモル分率は次項の化学平衡計算によって求められるが，ラジカルは大きな生成熱をもつため，熱解離がある燃焼温度は低くなる．熱解離しないとしたプロパン−空気の燃焼温度は 2385 K と計算できるが，熱解離を考慮すると 2260 K となる．また，最高温度は少し燃料濃度の濃い条件である当量比がおおよそ 1.04 となる．

12.1.5　化学平衡

高温では次のような反応は両方向に進行する．

$$CO_2 \leftrightarrows CO + \frac{1}{2} O_2 \tag{12.16}$$

上記の 3 つの成分において，それぞれの自由エネルギーの和が最少となるように反応が進み，モル分率が決まる．この関係は，それぞれの分圧 p_i に応じて

$$K_p = \frac{K_{CO} K_{O_2}^{\frac{1}{2}}}{K_{CO_2}} = \frac{p_{CO} p_{O_2}^{\frac{1}{2}}}{p_{CO_2}} \tag{12.17}$$

となる．K_{CO} などは分子の化学平衡定数という．

燃焼で生じる可能性のある分子種は多く存在する．1600℃を超える高温では，O, H, N という原子状態の分子，極端に酸素の少ない場合には，C 原子も存在し，OH, NO, CO, H_2, O_2, N_2, CO_2, H_2O, Ar の 12 種を計算すればよいとされている．1200℃以下の比較的低温では，CO, H_2, O_2, N_2, CO_2, H_2O, Ar の 7 種類でよい．特に，不完全燃焼では O_2 はないので 6 種類となり

$$CO_2 + H_2 \leftrightarrows CO + H_2O \tag{12.18}$$

という反応が重要になる．この反応を**水性ガス反応**という．

Ar は少なく，反応に関与しない．そこで，CO, H_2, O_2, N_2, CO_2, H_2O の 6 種類の分子の分圧でバランス式を作る．全圧は分圧の和である．

$$p = p_{CO} + p_{H_2} + p_{O_2} + p_{N_2} + p_{H_2O} + p_{CO_2} \tag{12.19}$$

$\sum N$ などは燃焼前の原子数とし，r を未知の定数とすると

$$\sum C = r(p_{CO} + p_{CO_2}) \tag{12.20}$$
$$\sum H = 2r(p_{H_2} + p_{H_2O}) \tag{12.21}$$
$$\sum O = r(p_{CO} + 2p_{O_2} + p_{H_2O} + 2p_{CO_2}) \tag{12.22}$$
$$\sum N = 2rp_{N_2} \tag{12.23}$$

これに水性ガス反応の化学平衡式を加え

$$K_{p_1} = \frac{K_{CO_2}}{K_{CO}\sqrt{K_{O_2}}} = \frac{p_{CO_2}}{p_{CO}\sqrt{p_{O_2}}} \tag{12.24}$$

$$K_{p_2} = \frac{K_{CO} K_{H_2O}}{K_{CO_2} K_{H_2}} = \frac{p_{CO} p_{H_2O}}{p_{CO_2} p_{H_2}} \tag{12.25}$$

という 8 つの式が成り立つ．未知数は p_{CO}, p_{H_2}, p_{O_2}, p_{N_2}, p_{H_2O}, p_{CO_2} という 6 つの組成の分圧と比例定数 r の 7 つであるので式 (12.19)〜(12.25) の連立方程式を解くことができる．当量比が 1.0 以下では，CO, H_2 は非常に微量になるため化学量論計算のみで組成が計算できるが，当量比が 1.0 以上のときは上記の連立方程式を解く必要がある．2 つの平衡定数は温度だけの関数であり，式 (12.26)，(12.27) のように与えられる．いずれも精度は 0.1 程度である．詳細に計算する場合には JANAF の熱化学データ表を用いる．

$$\log_{10} K_{p_1} = \frac{111691.26}{T^{1.37}} - 0.160T + 2.95 \tag{12.26}$$

$$\log_{10} K_{p_2} = \frac{-7385.09}{T^{1.24}} + 1.2418 \tag{12.27}$$

熱解離を考慮すると，ラジカル O，H，OH，NO などを生成する反応式を計算することになる．しかし，水性ガス反応を計算の開始とし，求めた6成分から残りのラジカル濃度を計算できる．

12.1.6　化学反応速度

熱力学は静的な現象を扱う学問であるので，化学反応速度については扱わない．しかし，化学平衡を理解するために必要な現象であるので簡単に学習する．

実際の化学反応は分子衝突によって起こる．次のように，実際の CO の酸化は O 原子や OH 分子によることがほとんどである．

$$H_2 + M \leftrightarrows H + H + M \tag{12.28}$$
$$H + CO_2 \leftrightarrows OH + CO \tag{12.29}$$

このような実際に燃焼火炎中で起こっている反応を素反応という．M は第3体といい，H，H_2 以外の分子を表す．

もっとも単純な炭化水素燃料であるメタン（CH_4）の燃焼においても，200以上の素反応が存在する．$H_2 + M \leftrightarrows H + H + M$ という反応では1700℃を超えると→方向に進むため，無視できなくなる濃度の H 原子が燃焼ガス中に存在するようになる．

$$H + CO_2 \underset{k_-}{\overset{k_+}{\leftrightarrows}} OH + CO \tag{12.30}$$

例として上の式（12.30）で，k_+ は右方向，k_- は左方向へ進む反応速度であり，右方向の反応速度は，ラジカル H の減少速度であるので，$[CO_2]$ が CO_2 のモル濃度〔mol/m^3〕を表す式として

$$\frac{d[H]}{dt} = \frac{d[CO_2]}{dt} = -k_+[H][CO_2] + k_-[OH][CO] \tag{12.31}$$

がある．k_+，k_- は**反応速度定数**であり，次のように**アレニウス型の式**となる．

$$k_+ = F \exp\left(-\frac{E}{RT}\right) \tag{12.32}$$

ここで，F は頻度係数，E は活性化エネルギーと呼ばれ，一般に温度 T に非常に敏感な関数となる．右方向の正反応と左方向の逆反応の進む速度が等しくなって，式（12.30）の値がゼロとなり濃度が変化しなくなった状態を**化学平衡状**

態という．そして，ラジカルの濃度は式（12.31）をゼロとおいて

$$K_p = \frac{k_-}{k_+} = \frac{[\text{H}][\text{CO}_2]}{[\text{CO}][\text{OH}]} \tag{12.33}$$

という平衡定数で表される割合になる．

　他の反応においても，時間経過とともに反応が進行して化学平衡状態に到達する．実際に火炎中に存在する膨大な数の素反応をすべて計算することで，燃焼爆発力にもとづくロケットの推力など未知の燃料や未知の酸化条件での燃焼速度が計算できるようになる．

　まとめると，化学量論によって完全燃焼に必要な空気量を計算し，生成ガス量を求めることができる．また，化学平衡とは，反応の正逆反応速度が等しくなって見かけ上化学組成が変化しない状態である．

例題 12−1　燃焼生成物

　質量分率で炭素 87.5%，水素 9.8%，硫黄 0.2%，灰分 2.5% である石炭を当量比 0.8 で燃焼させるとき，燃焼ガス中の SO_2 の体積分率を CGT を用いて求めよ．

解答

　燃料の質量分率からモル数を計算するには原子量で割る．値が小さくなるので 100 倍しておく．灰分は燃焼に関与しないので $c = 87.5/12 = 7.292$，$h = 9.8$，$s = 0.2/32 = 0.00625$ を CGT に入れる．すると，SO_2 のモル分率は，0.000103 であるので答えは 103 ppm となる．ppm は 10^{-6} である．

例題 12−2　燃焼温度

　温度 15℃ のプロパン（低位発熱量 2068 kJ/mol）を 1 気圧のもとで温度 15℃ の空気を用いて当量比 0.7 で燃焼させたときの燃焼温度を CGT を用いて求めよ．

解答

　プロパンの化学式は C_3H_8 であるので，CGT の 4 行目を C と H だけ与え他をゼロにする．CGT-B8 に当量比を入れ，CGT-B11 と CGT-B12 に温度と大気圧を入れる．比熱は下記であるので

$$c_{p_{N_2}} = 1287, \quad c_{p_{CO_2}} = 1368, \quad c_{p_{H_2O}} = 2580, \quad c_{p_{O_2}} = 1178, \quad c_{p_{Ar}} = 520 \text{ J/(kg·K)}$$

を入力すると，燃焼温度は 1666℃ と計算される．

12-2 燃料電池

燃料電池は，燃料を電気化学的に酸化し熱となるエネルギーを電気として取り出すものである．

▶ポイント◀
1. 熱エネルギーと燃料電池の関係，電気化学エネルギーの関係を学ぶ．
2. 高効率で発電できる理由を学び，その限界も理解する．

12.2.1 燃料電池の原理

水を電気分解すると，生成エネルギーがゼロの H_2O に電気エネルギーが加わり化学エネルギーとなって，生成エネルギーをもつ H_2 と O_2 に分解される．この逆で，生成エネルギーをもつ H_2 と O_2 を熱エネルギーではなく，電気エネルギーとなるように電気化学反応を起こさせると，熱に変換されず熱の制約であるカルノー効率に制限されないために高効率の可能性をもつ．

$$H_2O + E \underset{\text{燃料電池}}{\overset{\text{電気分解}}{\leftrightarrows}} H_2 + \frac{1}{2}O_2 \tag{12.34}$$

化学式（12.34）中の電気エネルギー E は燃焼では Q（熱）となる．気体として H_2 と O_2 を混合し，中間生成物を作るだけの熱源を与えると，与えた熱以上の発熱をして急速な燃焼反応が起こってしまう．発熱を電気エネルギーにするには，電解質の中で電子を介した酸化と還元反応をさせる．

電解質に OH^- イオン濃度の高いアルカリ水溶液を用いて，図 12.2 (a) のように，正負の電極を分離し，OH^- イオンの流れる道（塩橋）を架け，電子 e^- のためには外部に電気回路を設ける．

燃料極（陰極）：$H_2(g) + 2OH^- \to 2H_2O(l) + 2e^-$
酸素極（陽極）：$1/2\, O_2(g) + H_2O(l) + 2e^- \to 2OH^-$

一方，H^+ の高い酸を用いると H^+ を使って e^- を作り出す．

燃料極（陰極）：$H_2(g) \to 2H^+ + 2e^-$
酸素極（陽極）：$1/2\, O_2(g) + 2H^+ + 2e^- \to H_2O$

電気的に見ると，液中は OH^- が流れ，外部回路には電子 e^- が流れる．陰極では水素 H_2 が OH^- によって H_2O となり，電子が放出される．電子は陽極に集

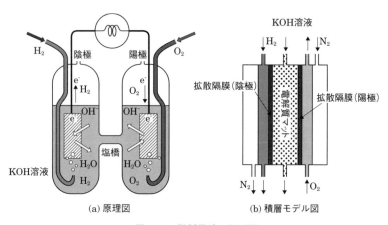

図 12.2　燃料電池の原理図

められる．陽極では O_2 が e^- を使って H_2O を分解して OH^- を生成する．電子が関係することで，この化学反応は電気化学反応といわれる．

　アルカリ水溶液を用いる燃料電池では，燃焼で起こる酸化反応を OH^- を使って2つに分解することで発生する熱エネルギーを電気エネルギーとすることができる．分解した2つに電極を入れると電位差を生じた電極間に電流が流れる．これが燃料電池となる原理である．そして，電解質をリフレッシュしながら動作するために，実際には図12.2（b）のように循環機構を備えて行うものもある．

　燃料電池は電池という名がついているが，保有物質を消耗しながら電気を作り出す電池ではなく，正確には燃料の供給を受けて発電する発電機に相当する．

　この酸化反応を2つに分ける方法によって燃料電池の種類が分かれる．アルカリ水溶液型燃料電池を除く代表的な燃料電池の種類を表12.5にまとめた．

　現在の主流は，PAFC，PEFC であり，炭化水素燃料を改質して水素にして使用する方式で排熱をコジェネレーションによって電力と温水の両方を供給でき，高効率化しやすいために，比較的中容量のビルや地域電源として利用されている．また，SOFC，MCFC は動作温度が非常に高い温度となるため，定置型発電設備として開発が進んでいる．さらに，超小型燃料電池として性能面や寿命での技術革新が必要であるが，リチウムイオン蓄電池に代わるメタノールを用いるDMFCがある．すでにモバイル機器用の超小型補助電源として実用化されている．

■■ 12-2 燃料電池 ■■

表 12.5 燃料電池の種類

種類 (略称)	リン酸 (PAFC)	溶融炭酸塩 (MCFC)	固体酸化物 (SOFC)	高分子固体 電解質 (PEFC)	直接メタノール (DMFC)
動作温度〔℃〕	160～240	600～700	900～1000	60～80	60～90
電解質	H_3PO_4	Li_2CO_3, K_2CO_3	ZrO_2 (Y_2O_3)	陽イオン交換膜	プロトン伝導性 膜
陰極	H_2	H_2, CO	H_2, CO	H_2	CH_3OH
陽極	空気	空気	空気	空気	空気
イオン担体	H^+	CO_3^{2-}	O^{2-}	H^+	H^+
発電効率〔%〕	40～45	45～60	50～65	35～40	20～35
用途	ビル・地域電源, 分散配置	大容量火力代替	地域電源火力代替	車両・船舶用, 可搬型分散配置	可搬型 分散配置

― 関連知識メモ ―

電極の呼び名は，正極，負極というものや，＋極，−極のもの，陽極，陰極というものがあるが，ここでは陽極，陰極の組合せを用いる．

12.2.2　ファラデーの法則と電池の起電力

電気化学反応式を，1分子あたりとしてみる．燃料極では水素1分子から2個の電子が生成される．電流の単位〔A〕は，〔C/s〕であり，1Aの電流となる電子の電荷は1C（クーロン）であるので，反応で生成される電子数z，1秒間に反応の起こる数dn/dtと電流Iとの間には，次の関係が成り立つ．

$$zF \frac{dn}{dt} = I \tag{12.35}$$

これをファラデーの法則という．Fはファラデー定数であり，1 molの電子のもつ電荷量を表す．また，物質の酸化反応で，反応物の自由エネルギーと生成物の自由エネルギーの差ΔG^oから，電極間の熱力学的電圧が計算できる．

$$E_r = \frac{\Delta G^o}{zF} \tag{12.36}$$

実際の特性を説明する図12.3を示す．電流がゼロの出力がない開放電位V_oは熱力学的電圧E_rの約0.1 V程度小さい値となる．電流が流れると複数の損失が発生する．まず反応物である燃料を安定状態のエネルギーから活性状態に高める

表 12.6　燃料電池の電圧

燃料物質	ΔH^o [kJ/mol]	ΔG^o [kJ/mol]	z [−]	E_r [V]
H_2	286	237.3	2	1.230
CO	283	257	2	1.33
CH_4	890	817	8	1.058
CH_3OH	727	702	6	1.213
C_2H_5OH	1368	1325	12	1.145

表 12.7　各種物質の標準エントロピー

物　質	ΔS^o [J/(mol·K)]
H_2	130.684
O_2	205.138
$H_2O(g)$	188.825
$H_2O(l)$	69.91
CH_4	186.264

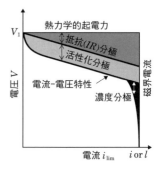

図 12.3　燃料電池の原理

ために必要な**活性化分極**損失，さらに，電極間にある電解質や電極表面を電流が流れる**内部抵抗**による損失，電流が大きくなると，電極表面で消費する燃料や酸化剤が表面に拡散することが不十分になり電位降下する**濃度（拡散）分極**損失などである．

PEFC の燃料電池の特性として，例として $V_o = 0.75$ V で，内部抵抗分極は，$R = 4$ mΩ，活性化分極は $V_a = 0.22$ V であり，電流密度 $i = 150$ A/m^2 では，セル面積を $A = 0.05$ m^2 とする．この燃料電池は出力は，$P = IV = iA(V_o - V_a - iAR) = iA(V_o - V_a) - (iA)^2 R = 3.75$ W となる．このセルを直列に 50 枚重ねて 187.5 W の出力を得ている．このときの電圧は，25 V で電流は 7.5 A となる．

12.2.3　燃料電池の効率

式（12.33）に示した E は電気エネルギーであるが，これが燃焼の熱 ΔH^o と等しければ燃料電池の効率は 100% である．しかし，物質には標準生成エントロピー ΔS^o がある．ギブスの標準自由エネルギーは

$$\Delta G^o = \Delta H^o - T_o \Delta S^o \tag{12.37}$$

となる．ギブスの標準自由エネルギーは化学式の平衡定数を K_w とすると次式と

□□ 12-2 燃料電池 □□

なる．

$$-\Delta G^o = RT\ln K_w \tag{12.38}$$

標準エネルギーであるので，温度は標準温度の $T_o = 298.15$ K である．燃料電池で利用できるエネルギーは ΔG^o であり，標準状態ではないときには，ΔH^o のエネルギーから ΔG^o だけ使えることとなり，原理として燃料電池の効率は

$$\eta^o = \frac{\Delta G^o}{\Delta H^o} \tag{12.39}$$

と定義できる．この効率に加えて燃料電池の内部で起こる分極作用による出力低下が効率を下げている．燃料電池の総合効率を発電効率といい，エネルギーロスは燃料電池内ですべて熱になり，外部に放散していく．

現在多くの車載燃料電池となっている固体高分子型 PEFC の発電効率は 35～40％とディーゼル機関には及ばないため，内燃機関と競合する状態になっている．より効率の高い SOFC や MCFC の車載も試みられている．定置燃料電池では固体酸化物型（SOFC）に代わりつつある．

エネルギー源としての燃料電池の長所は，静かであり，多くのエネルギー源（リソース）から製造できる水素というクリーンな燃料を使用することであり，ほかの化学電池の充電用電池として利用できる点にある．

12.2.4 化学電池

化学電池は一次電池と二次電池に分けられる．この区別は明確ではないが，一次電池は充電できない電池で，二次電池は充電できる電池となる．電池にはこのほかに燃料電池，太陽光電池があるが，これらは正確には「電池」ではなく，「発電機」である．

一次電池には，マンガン電池，アルカリ電池があり，エネルギー密度（1 kg あたりのエネルギー）が二次電池に対して数倍大きい特徴がある．一方，二次電池には，鉛蓄電池，アルカリ蓄電池（Ni-Cd，Ni-H），ナトリウム硫黄（NAS）蓄電池がある．

化学電池の種類と特徴を表 12.8，表 12.9 に示した．

第12章 エネルギー変換

表12.8 一次電池の種類と特徴

種類	記号	構成 正極	構成 電解質	構成 負極	公称電圧	特徴
マンガン乾電池	-	MnO_2	$ZnCl_2 + NH_4Cl$	Zn	1.5	汎用
アルカリ乾電池	L	MnO_2	KOH	Zn	1.5	高負荷
酸化銀	S	Ag_2O	KOH, NaOH	Zn	1.55	電圧安定
アルカリボタン電池	L	MnO_2	KOH, NaOH	Zn	1.5	安価
空気亜鉛電池	P	O_2	KOH	Zn	1.4	大容量
リチウム電池	B	CF_2	有機電解質	Li	3	貯蔵
リチウム電池	C	MnO_2	有機電解質	Li	3	大電流
リチウム電池	E	$SOCl_2$	有機電解質	Li	3.6	高電圧
リチウム電池	F	FeS_2	有機電解質	Li	1.5	乾電池互換

表12.9 二次蓄電池の種類と特徴

種類	記号	構成 正極	構成 電解質	構成 負極	公称電圧	特徴
シール鉛	-	PbO_2	H_2SO_4	Pb	2	安価
ニカド	K	NiOOH	KOH	Cd	1.2	高負荷
ニッケル水素	-	NiOOH	KOH	MH(H)	1.2	大容量
リチウムイオン	-	$LiCo_2$	有機電解液	C(Li)	3.6	高密度
リチウムポリマ	-	$LiCo_2$	固体化有機電解液	C(Li)	3.7	軽量
コイン型リチウム	-	V_2O_5	有機電解質	LiAl合金	3	実績が多い
コイン型リチウム	-	Li_xMnO_y	有機電解質	LiAl合金	3	低電圧充電
コイン型リチウム	-	Nb_2O_5	有機電解質	LiAl合金	2	低電圧充電
コイン型リチウム	-	Li_xMnO_y	有機電解質	$LiTiO_x$	1.5	深放電対応
コイン型リチウム	-	$LiCo_2$	有機電解質	C(Li)	3.7	大電流容量

12-2 燃料電池

 例題 12-3 燃料電池の熱力学的起電力

自由エネルギー $\Delta G^o = 702$ kJ/mol のメタノールを用いた燃料電池の熱力学的電圧出力を求めよ．

 解答

式（12.36）から

$$E_r = \frac{\Delta G^o}{zF} = \frac{702 \times 10^3}{6 \times 96500} = 1.212 \text{ V} \tag{12.40}$$

となる．

 例題 12-4 燃料電池の損失

開放出力 $V_o = 0.78$ V で電流 $I = 5$ A 出力している燃料電池がある．内部抵抗 4.2 mΩ，活性化分極 $V_a = 0.21$ V として，この燃料電池の出力電流を $I = 6$ A に増やすと出力電圧はいくらになるか．

 解答

5 A 流したときの出力電圧は

$$E = V_o - V_a - IR = 0.78 - 0.21 - 5 \times 4.2 \times 10^{-3} = 0.549 \text{ V}$$

6 A 流したときの出力電圧は同様にして 0.5448 V となる．有効数字 3 桁にまとめて 0.545 V となる．

5 A 流したときの出力は

$$P = IV = 5 \times 0.549 = 2.745 \text{ W}$$

6 A 流したときの出力は同様にして 3.2688 W となる．有効数字 3 桁にまとめて 3.27 W となる．

12-3 伝 熱

伝熱は，熱の移動を扱う．エネルギー変換は伝熱で成り立つ．

▶ポイント◀
1. 伝熱の三形態には，熱伝導，熱伝達，熱放射がある．
2. 伝熱は熱装置や熱機関の多くの分野で重要である．

12.3.1 伝熱の形態

最も熱を伝えやすい金属と伝えにくい気体との間では，物性値として熱の伝えやすさを表す熱伝導率の比は，約 18000 倍もある．一方，電気伝導率では 10^{25} 倍もの大きさがあり，電気エネルギー以上に熱エネルギーを長時間貯めることは難しい．

図 12.4 に示す固体の原子において，1 箇所の振動は原子の結合をたどって振動を伝えていく．これが熱伝導の概念である．熱の移動には 3 つの形態がある．

a) 静止媒体中を熱が移動する現象：**熱伝導**（Heat Conduction）
b) 媒体の移動とともに熱が移動する現象：**熱伝達**（Heat Transfer）
c) 真空中でも光として熱が伝わる現象：**熱放射**（Heat Radiation）

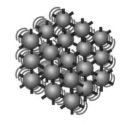

図 12.4 固体結晶の原子構造の模式図，振動している原子

また，時間が経過しても変わらない現象（**定常**現象）であるか，急激な加熱や冷却（**非定常**現象）であるかによって，定常伝熱，非定常伝熱となる．

12.3.2 熱伝導

熱伝導は，熱を伝える金属などの中を熱が伝わる現象である．図 12.4 のように固体の物質は原子が結合し，主に原子の振動が原子のもつエネルギーとなる．一群の原子が暖められ大きく振動すると，振動のエネルギーは原子の結合を伝わって伝播する．これが熱伝導である．この熱伝導は**フーリエの法則**として，次のように記述される．

12-3 伝　　熱

$$q = -\lambda \frac{dT}{dx} \ [\text{W/m}^2] \tag{12.41}$$

ここで λ は熱伝導率であり，$[\text{W/(m·K)}]$ という単位をもつ．式 (12.41) は，$1\,\text{m}^2$ の面を 1 秒間に通過するエネルギー q を表し，これを**熱流束** (heat flux) といい，温度の勾配 dT/dx と熱伝導率 λ の積に比例し温度の低い方向（－符号）に流れることを表す．

薄い板の表と裏の温度をそれぞれ T_1，T_2，板の厚さを L とすると式 (12.41) は

$$q = -\lambda \frac{T_2 - T_1}{L} = \frac{\lambda}{L}(T_1 - T_2) \tag{12.42}$$

という熱流束となることを表す．

熱の移動現象は原理的に非定常現象であるが，熱伝導速度に比べ，流れの移動速度が小さい場合には，準定常熱伝導として扱うことができる．この指標には，フーリエ数 F_o という無次元数が使われる．この数は熱伝導方程式から導かれるものであるが，特性時間 τ（加熱時間など），加熱面積 L^2 を用い，流体の温度伝導率 $\alpha = \lambda/(\rho c_p)$ として，次の式となる．熱伝導と蓄熱の比を表している．

$$F_o = \frac{\alpha \tau}{L^2} \tag{12.43}$$

おおよそ $F_o > 4.0$ で定常の 98% に達するので定常に至ったとみなせる．金属は大きな値をもつので，準定常で扱う場合が多い．非金属では小さくなり，局所に与えた熱はなかなか拡散せず，非定常現象として考える必要があることを示している．

式 (12.41) は一次元熱伝導を表しているが，熱伝導率 λ が x, y, z のどの方向にも均質であるならば，三次元まで拡張することができる．

表 12.10 に固体の温度伝導率を示す．金属は大きな値をもつが非金属は小さい．ただ，金属の中ではステンレス鋼（クロムニッケル鋼）は銅の 1/30 程度と極めて小さい．

表 12.10　固体の物性値

物　質	温度 T [℃]	密度 ρ [kg/m³]	比熱 c [J/(kg·K)]	熱伝導率 λ [W/(m·K)]	温度伝導率 α [m²/s]
アルミニウム	20	2.72	900	204	83.95
金	20	19.32	130	295	117.46
銀	20	10.49	234	418	170.29
純鉄	20	7.87	460	67	18.51
クロムニッケル鋼(18-8)	20	7.82	502	16	4.08
純銅	20	8.96	385	386	111.90
白金	0	21.45	134	70	24.35
天然ゴム	20	0.91	1900	0.13	0.08
ガラス(温度計用)	20	2.59	800	0.95	0.46
氷	0	0.92	2040	2.2	1.17
まつ	30	0.37	2500	0.105	0.11

12.3.3　熱伝達

　熱伝達は，保有熱をもっている物質である流体が動くために熱移動が起こる現象である．そのため，流体の動きが熱伝達の機構を決めることになる．
　この熱伝達は次のように分類する．
- 物体が強制的な流れの中にある場合は強制対流熱伝達
- 物体によって暖められた周囲流体の流れで熱移動する場合は自然対流熱伝達

　また，流れが層流であるか乱流であるかによって，層流熱伝達，乱流熱伝達に分けられる．そのほかに，固体表面から液体の蒸発，または凝縮を伴う熱伝達，液体が沸騰することに伴う熱伝達など，きわめて多様な熱伝達形式がある．これらは実験によって経験式としてまとめられている．
　単位面積あたりの熱伝達による熱流束 q は，熱伝達率 h と固体表面温度 T_1 と流体の温度 T_2 の差の積で表される．

$$q = h(T_2 - T_1) \tag{12.44}$$

熱伝達率 h は〔W/(m²·K)〕という単位をもち，物性値ではなく流体の状態で変化する変数である．流れの状態を決める無次元数を用いて求める．
　熱伝達率を求める式は実験式であり，無次元数を用いた相似式を用いて，一般化がなされている．使われる無次元数を表 12.11 に，変数を表 12.12 に示した．

12-3 伝　　熱

強制対流熱伝達については，$Nu = f(Re, Pr)$，自然対流熱伝達については，$Nu = f(Gr, Pr)$ という関数となる．

表 12.11　熱伝達で使われる無次元数

無次元数	意　味	式
ヌセルト数	固体表面での流体の熱伝導率に対する熱伝達の比	$Nu = \dfrac{hL}{\lambda}$
レイノルズ数	流体の粘性力に対する慣性力の比 （層流か乱流かの判断に使う）	$Re = \dfrac{wL}{v}$
プラントル数	流体の温度伝導率に対する動粘性係数の比	$Pr = \dfrac{v}{\alpha}$
グラスホフ数	流体の粘性力に対する浮力の比 （自然対流を特徴付ける）	$Gr = \dfrac{g\beta \Delta \theta L^3}{v^2}$
ビオ数	固体の熱伝導率と固体表面での熱伝達率の比	$Bi = \dfrac{hL}{\lambda_s}$
ペクレ数	流体の温度伝導に対する慣性力の比	$Pe = Re \cdot Pr$

表 12.12　熱伝達で使われる変数

変　数	変数名	意　味	単位
熱伝達率	h	固体表面と流体間の熱移動係数	W/(m²·K)
代表長さ	L or D	直径や板幅など熱伝達を特徴付ける長さ	m
流速	w or u	流体の移動速度，固体表面との相対速度	m/s
動粘性係数	$v = \dfrac{\mu}{\rho}$	流体の慣性力を作る粘性	m²/s
温度伝導率	$\alpha = \dfrac{\lambda}{\rho c_p}$	蓄熱と熱伝導の比で温度の拡散率	m²/s
体積膨張率	β	温度1Kあたりの体積増加率，理想気体では 1/T	1/K
温度差	$\Delta \theta$	固体表面と境界層外の流体の温度差	K
固体熱伝導率	λ_s	物性値	W/(m·K)

熱伝達率は流れの形態や，固体壁の表面形状や物性などによって変化する．私たちは熱した鉄を冷やすのに，空気中よりも水中のほうが速いことを知っている．これは熱伝達率の値による．流体による熱伝達率のおおよその値を示す．

- 静止空気中　　：　4～8 W/(m²·K)
- 空気中　　　　：　10～300 W/(m²·K)

- 油中　　　：70〜1700 W/(m²・K)
- 水中　　　：300〜6000 W/(m²・K)

12.3.4　熱放射

電熱器や炎の側にいると熱く感じる．また，夏の太陽光はきわめて熱い．これは熱が光となって熱源から届くためである．温度 T〔K〕の物体が出す波長 λ〔m〕の光がもつエネルギーは以下のプランクの熱放射の式で表すことができる．

$$E_B(\lambda, T) = \frac{C_1}{\lambda^5(e^{C_2/(\lambda T)} - 1)} \tag{12.45}$$

この物体は黒体といわれる．プランクの定数 C_1，C_2 は次のとおり．

$C_1 = 2\pi hc^2 = 3.741748 \times 10^{-16}$ W・m²

$C_2 = \dfrac{hc}{k} = 1.438759 \times 10^{-2}$ m・K

それぞれボルツマン定数 k，プランク定数 h と真空中の光の速度 c で表される．光のエネルギーは全波長にわたって積分したものになるので

$$E_B = \int_0^\infty E_B(\lambda, T) d\lambda = \sigma T^4 \tag{12.46}$$

となり，T^4 に比例する．

σ はステファンボルツマン定数 5.670367×10^{-8} W/(m²・K⁴) である．

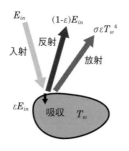

図 12.5　熱放射のメカニズム

このように光の放射エネルギーは絶対温度の 4 乗に比例するので，高温であればあるほど大きい．身近で最も高い温度をもつものは太陽であり，表面温度は 6000 K に達する．これが，地球温暖化の抑制に向けて太陽光を利用する理由の一つである．

▱▱ 12-3 伝　　熱 ▱▱

　外部からの光は物体に入射すると図 12.5 のように，表面で反射する光，物体に入り込み吸収される光になる．また，絶対温度 T_w の物体の表面からは，熱放射として出ている．透明体では物体を通り抜ける透過光となる．

　光は全て利用できるわけではない．光エネルギーの性質として，強さと色（振動数），光量がある．光の量と強さとは異なる．

▰ 放射

　物体は絶対零度でなければ光を発している．冷たい物質は長い波長の赤外線を少量発している．式（12.45）で示される式は，温度による黒体から発せられる光エネルギーを示す．最大のエネルギーを放つ波長 λ_{max} を求めると，T に反比例するという**ウイーンの変位則**が得られる．

$$\lambda_{max} T = 2.8978 \times 10^{-3} \, \text{m·K} \tag{12.47}$$

　黒体は式（12.45）で計算されるすべてのエネルギーを発する物体であるが，実際の物質はすべての光を発しない．黒体に対して放射する光エネルギーの割合を放射率という．

　放射率 ε は，全波長のエネルギーに対して定義する用語であるが，波長別の単色放射率 ε_λ も用いる．図 12.5 に示すように，物質から放射される全光エネルギーは物質の温度 T_w を用いて $E = \sigma \varepsilon T_w^4$ となる．

▰ 吸収

　光が物質に当たると吸収が起こる．入射光に対する吸収率を α で表す．この波長ごとの吸収率は単色吸収率という．光は波長で赤色や青色などに区別される．これは物体の表面にあたった光の一部は吸収されるが，ほかの波長は反射される．反射された光の波長によって，赤色や青色となる．

　不透明体では吸収できなかった光は反射されるので

　　　（吸収率）＝ 1 －（反射率）

という性質をもつ．また，**光のキルヒホッフの法則**として

　　　（放射率）＝（吸収率）

に等しい．

　これは暖まりやすい（＝吸収率の大きい）物体は冷えやすい（＝放射率も大きい）ことを示す．

▰ 反射

　反射は物質に投影された光 E_{in} が吸収も透過もしないで戻ってくることをいう．図 12.5 のように，不透明体では $E = \sigma(1-\varepsilon) T_w^4$ となる．

第12章 エネルギー変換

透過

物質中を光は通り抜ける。入射した光が反射されずに物質に入り，物質中で吸収されずに通過することを透過という。透明な物質は可視光線が通り抜けることのできる物質を示すが，赤外線や紫外線までも通すものではない。水は遠赤外線を透過しないので，透明な水も遠赤外線で見れば黒い水になる。このように透過についても波長依存性がある。全波長を透過する物質を**透明体**といい，一部の波長を透過する物質を**半透明体**という。これらには次の関係が成り立つ。

（反射率）＋（吸収率）＋（透過率）＝ 1

光のエネルギーも熱流束として q 〔W/m^2〕で表す。1 m^2 に入射した光のエネルギーである。このエネルギーの伝達は光の直進性に依存するため，影になったり，斜めになると q は変わってくる。離れたA，B 2つの物体があり，光エネルギーをやり取りしているとき，AからBが見える表面ではそれぞれの視野に応じてA，Bの間でエネルギー交換ができるが，見えない面ではエネルギー交換ができない。

このようなAとBの視野の関係を**形態係数**という。図12.6に示すようにAの表面の1点の半球に投影された面積（球の半径が1の立体角）を F_{AB} と表し，これをBのAに対する形態係数といい，Bから受け取るエネルギーは

$$E_{AB} = A_B F_{AB} \varepsilon \sigma T_B^4$$

となる。円周が 2π で平面角の単位が rad（ラジアン）であることと同様に，立体角の単位は srd（ステラジアン）で全球で 4π である。

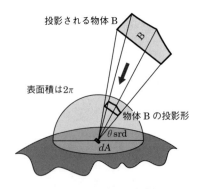

図12.6　物体Bの投影

熱放射は熱伝導や熱伝達と異なり，温度の低いほうに熱を伝えるのではなく，

12-3 伝　熱

すべての物質が光として熱エネルギーを全周囲に放射し，入射した光を物体が一部受け取るという機構で熱移動が行われる．夏にビルの谷間にいると，人は両側のビルの壁，ビル間の空，街路樹などから図12.6に示すような立体角分だけ入射を受け，人の表面の放射率分だけ受け取ることになる．よって，平地にいるよりも暑い状態となる．

12.3.5 ニュートンの冷却法則

伝熱の問題として有名な問題がある．熱平衡第1章1.2.2項で述べたように熱平衡に達するまでの時間経過をニュートンの冷却法則という．

温度 T_1 に加熱した質量 m，比熱 c の物体を温度 T_o の流体中に置いたとき，この物体の温度は時間とともにどのように変化するかを表す問題である．

冷却が熱伝達であれば温度差に比例する．熱放射であれば T^4 に比例する．熱伝達のみの場合は次の式となる．

$$mc\frac{dT}{dt} = -Ah(T-T_o) \tag{12.48}$$

A は物体の表面積，h は熱伝達率である．

これを解くと

$$T = (T_1 - T_o)\exp\left(-\frac{Ah}{mc}t\right) + T_o \tag{12.49}$$

となり，熱放射の場合には次の式となる．

$$mc\frac{dT}{dt} = -AF\sigma\varepsilon(T^4 - T_o^4) \tag{12.50}$$

F は形態係数，ε は表面の放射率，σ はステファンボルツマン定数である．

$$\int\frac{dT}{T^4 - T_o^4} = \int\frac{-AF\sigma\varepsilon}{mc}t + C$$

$$t = \frac{mc}{2AF\sigma\varepsilon T_o^3}\left(\frac{1}{2}\log\frac{T-T_o}{T+T_o} - \tan^{-1}\frac{T}{T_o}\right)$$

この逆関数を $T=f(t)$ とすることで，冷却曲線が求められる．今，$mc=2000$ J/kg，$F=0.8$，$\varepsilon=0.75$，$T_o=280$ K，$A=5.0$ m^2，$h=12.5$ W/(m$^2\cdot$K) として熱伝達だけ，熱放射だけでのそれぞれの冷却曲線を求めると，図12.7のようになる．ともに最初は急激に T_o に向かうが，T^4 に比例する熱放射は T_o に近づくと熱移動量が急激に小さくなり，平衡になかなか達しないという傾向がわかる．

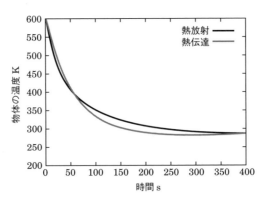

図 12.7　ニュートンの冷却法則での温度変化

覚えよう！

・熱伝導では温度勾配，熱伝達では温度差，熱放射では温度の4乗に比例して熱が伝わる．

チャレンジ問題

基本問題

問題1　燃焼生成物
エタノール（C_2H_5OH）を完全燃焼させた．10 kg のエタノールから何 kg の H_2O が生成されるか．

問題2　湿りガスの体積分率
プロパン（C_3H_8）を空気比 1.10 で燃焼させたとき，湿り排ガスの組成の体積割合を求めよ．ただし，空気の組成を N_2：79.0%，O_2：21.0% とする．

発展問題

問題3　燃焼生成物
ブタン（C_4H_{10}）を燃焼させたときの乾き排ガスを分析したところ，CO_2 が体積で 12% であった．空気の組成を N_2：79.0%，O_2：21.0% として燃焼の当量比を求めよ．

問題4　燃焼温度
低発熱量 40.0 MJ/kg の燃料が 10.0℃，1.00 kg あり，これを，同温度の 18.0 kg の空気で完全燃焼させた．空気の比熱を 1.04 kJ/(kg・K)，燃料の比熱を 3.25 kJ/(kg・K)，燃焼ガスの平均比熱を 1.25 kJ/(kg・K) としたときの燃焼温度を求めよ．

問題5　燃焼ガス組成
メタン CH_4 を空気比 0.900 で不完全燃焼させたところ，H_2O を含む湿り排ガス中に，体積で 0.0500% の CO があった．このとき予想される湿り排ガス中の H_2 の体積濃度を求めよ．

問題6　合わせ板の熱伝導
厚さ 150 mm の耐火物（熱伝導率 0.800 W/(m・K)）でできた壁の表面と裏面の温度を測ったところ表面は 200℃ であり，裏面温度は 40.0℃ であった．このとき，壁 1 m² の表面から逃げていく熱量 W を求めよ．

問題 7　合わせ板の熱伝導

非常に広い壁が外側から厚さ 18.0 mm のプラスチック（熱伝導率 1.00 W/(m·K)），厚さ 10.0 mm の鋼板（熱伝導率 16.0 W/(m·K)），厚さ 150 mm の耐火物（熱伝導率 0.800 W/(m·K)）を貼り合わせたもので構成されている．合板の裏面の温度を測ったところ 200℃ であり，板の表面温度は 40.0℃ であった．このとき，板 1 m² の表面から逃げていく熱量 W と鋼板とプラスチックの接している面の温度を求めよ．

問題 8　合わせ板の熱伝導率の比

A，B 同じ厚さ l の 2 枚の板を貼り合わせて遮熱板を作った．A の熱伝導率 λ は，1.25 W/(m·K) である．定常状態で A の板の外側の温度 T_A が 140℃ で，B の板の外側の温度 T_B が 55.0℃ のとき，A と B の貼り合わせた間の温度 T_m が 85.0℃ であった．B の板の熱伝導率を求めよ．

問題 9　記述穴埋め問題

以下の文章のうち，空欄（A）～（D）に当てはまる用語を答えよ．

熱を伝える方式は，次の 3 つである．

a.　　（A）
b.　熱伝達
c.　　（B）

媒体は移動せず熱エネルギーだけが運ばれるエネルギーの輸送方法は　（A）　であり，熱は媒体とともに移動する形態である　（C）　．媒体を介せず伝わる形態を　（B）　という．この中で，温度勾配に比例して熱が流れる形態を　（D）　という．

問題 10　合わせ板熱伝達込み

厚さ 30.0 cm の耐火壁とその外側に 10.0 mm の鋼板で囲まれた炉がある．炉内の温度を 1.30 k℃，炉外を 30.0℃ である．また，炉の壁と外気，炉の内部と燃焼ガスの熱伝達率はそれぞれ $h_1 = 50.0$ W/(m²·K)，$h_2 = 7.50$ W/(m²·K) である．耐火壁，鋼の熱伝導率を $\lambda_1 = 0.0830$ W/(m·K)，$\lambda_2 = 0.480$ W/(m·K) とするとき，鋼板の内側の温度と壁 1 m² あたりの熱の移動量を求めよ．

問題11　熱伝導と温度

ステンレス板の熱伝導率は，24.0 W/(m·K) である．最も大きな熱伝導率をもつ物質は銀で 418 W/(m·K) である．この 2 つの材料の厚さ 12.0 mm の板があり，板の表から裏に同じ熱流束 2.50 kW/m^2 が流れているとき，この 2 つの板の表裏の温度差を求めよ．

問題12　保温層と放熱

広い平面板があり，下部に 400℃のガスが流れ，表面は厚さ 10.0 mm の鋼板（熱伝導率 52.0 W/(m·K)）で覆ってある．鋼板の外に 30.0 mm の厚さで保温材（熱伝導率 0.120 W/(m·K)）を貼り付けた．外気温度が 20.0℃のとき，板長 1 m^2 あたりの放熱量〔kW〕を求めよ．ただし，保温材表面から外気への熱伝達率は 18.0 W/(m^2·K)，鋼板表面とガスとの熱伝達率は 110 W/(m^2·K) とする．

問題13　放射伝熱

無限に広い 2 つの平行平板間の放射伝熱は

$$q = \frac{\sigma}{1/\varepsilon_1 + 1/\varepsilon_2 - 1}(T_1^4 - T_2^4)$$

で与えられる．今，無限に広い A，B の 2 つの平面があり，A が 1.80 k℃で，放射率は 0.480，B は 20.0℃で 0.850 である．A と B の間に放射率不明の広い薄い板を入れたところ，この板は 1.42 k℃となった．この板の放射率はいくらか．また，A から B への伝熱量を求めよ．ただし，この板の両面の放射率は同じとし，黒体放射係数は 5.67 W/m^2(100 K)^4 である．

問題14　熱伝導

金属の四角い板があり，その一部は，板の端と平行に温度分布し，他の一部では，板の端に直角に温度分布している．この板の端と平行な温度分布をしている端は，どのような条件で平行な温度分布を作り出しているか．板に直角な温度分布はどのような条件で起こっているのか説明せよ．

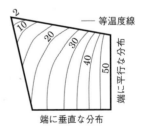

問題 15　ニュートンの冷却

熱容量 $C = 160\,\mathrm{J/K}$ で表面積 $A = 0.125\,\mathrm{m}^2$ の温度 $T_1 = 140\,°\mathrm{C}$ の金属塊を，温度 $T_a = 10.0\,°\mathrm{C}$ の空気が流れている．金属面と空気との熱伝達率は $h = 16.8\,\mathrm{W/(m^2 \cdot K)}$ とするとき，金属塊から放熱し温度が変わる．金属塊の温度が $T_2 = 50.0\,°\mathrm{C}$ になるまでの時間を求めよ．

問題 16　耐火物

面積が $2.50\,\mathrm{m}^2$ で厚さ $150\,\mathrm{mm}$ の耐火物の板がある．この板の裏面温度を測ったところ $423\,\mathrm{K}$ であり，板の表面温度は $35.0\,°\mathrm{C}$ であった．このとき，耐火物の熱伝導率が $8.52\,\mathrm{mW/(m \cdot K)}$ として耐火物の表面から逃げていく熱量を求めよ．

問題 17　板の熱伝導

非常に面積の広い厚さ $150\,\mathrm{mm}$ の耐火物（熱伝導率 $0.800\,\mathrm{W/(m \cdot K)}$）の板がある．この板の裏面温度を測ったところ $453\,\mathrm{K}$ であり，板の表面温度は $40.0\,°\mathrm{C}$ であった．このとき，板 $1\,\mathrm{m}^2$ の表面から逃げていく熱量 W を計算せよ．

問題 18　管の熱伝導

非常に長い外径 $130\,\mathrm{mm}$，厚さ $15.0\,\mathrm{mm}$ のインコネル（熱伝導率 $20.5\,\mathrm{W/(m \cdot K)}$）の円管がある．この管の表面温度を測ったところ $40.0\,°\mathrm{C}$ であり，内面温度は $180\,°\mathrm{C}$ であった．このとき，管 $1\,\mathrm{m}$ あたりに表面から逃げていく熱量 W を計算せよ．

問題 19　合わせ円筒の熱伝導

非常に長い直径 $0.100\,\mathrm{mm}$ の円筒の壁が外側から厚さ $4.00\,\mathrm{mm}$ のプラスチック（熱伝導率 $1.00\,\mathrm{W/(m \cdot K)}$），厚さ $3.00\,\mathrm{mm}$ の鋼板（熱伝導率 $16.0\,\mathrm{W/(m \cdot K)}$），厚さ $30.0\,\mathrm{mm}$ の耐火物（熱伝導率 $0.800\,\mathrm{W/(m \cdot K)}$）を貼り合わせたもので構成されている．円筒内面の温度を測ったところ $200\,°\mathrm{C}$ であり，円筒の表面温度は 40.0 であった．このとき，円筒 $1\,\mathrm{m}$ 当たりの表面から逃げていく熱量 W と鋼板とプラスチックの接している曲面の温度〔°C〕を求めよ．

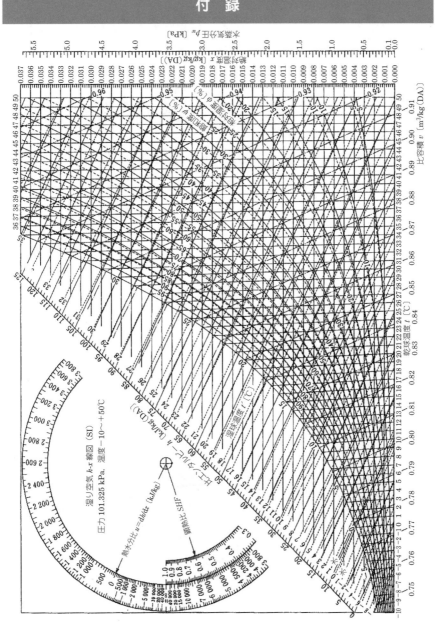

付図① 湿り空気線図（$h-x$ 線図）[1)]

付　録

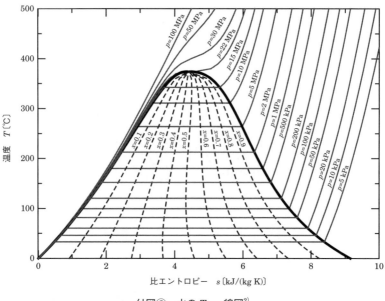

付図②　水の $T-s$ 線図[2]

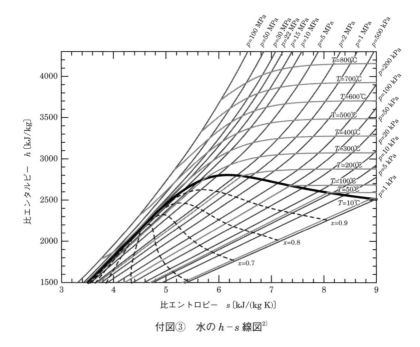

付図③　水の $h-s$ 線図[2]

付 録

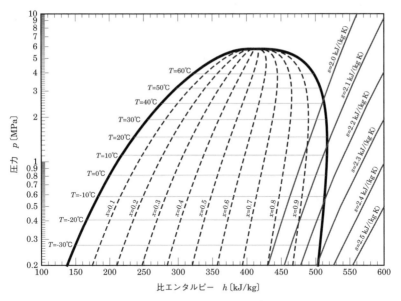

付図④　R32 の $p-h$ 線図[2]

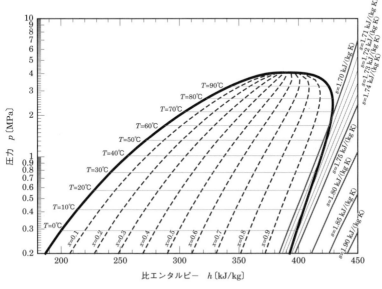

付図⑤　R134a の $p-h$ 線図[2]

付 録

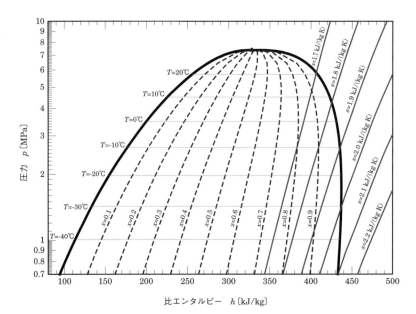

付図⑥　CO_2 の $p-h$ 線図[2]

付 録

付表① 水の飽和表（温度基準）[2)]

T °C	p kPa	v' m³/kg	v'' m³/kg	h' kJ/kg	h'' kJ/kg	s' kJ/(kg K)	s'' kJ/(kg K)
0.01	0.61165	0.0010002	205.99	0.00061178	2500.9	0	9.1555
5	0.87258	0.0010001	147.01	21.020	2510.1	0.076254	9.0248
10	1.2282	0.0010003	106.30	42.021	2519.2	0.15109	8.8998
15	1.7058	0.0010009	77.875	62.981	2528.3	0.22446	8.7803
20	2.3393	0.0010018	57.757	83.914	2537.4	0.29648	8.6660
25	3.1699	0.0010030	43.337	104.83	2546.5	0.36722	8.5566
30	4.2470	0.0010044	32.878	125.73	2555.5	0.43675	8.4520
35	5.6290	0.0010060	25.205	146.63	2564.5	0.50513	8.3517
40	7.3849	0.0010079	19.515	167.53	2573.5	0.57240	8.2555
50	12.352	0.0010121	12.027	209.34	2591.3	0.70381	8.0748
60	19.946	0.0010171	7.6672	251.18	2608.8	0.83129	7.9081
70	31.201	0.0010228	5.0395	293.07	2626.1	0.95513	7.7540
80	47.414	0.0010291	3.4052	335.01	2643.0	1.0756	7.6111
90	70.182	0.0010360	2.3591	377.04	2659.5	1.1929	7.4781
100	101.42	0.0010435	1.6718	419.17	2675.6	1.3072	7.3541
110	143.38	0.0010516	1.2093	461.42	2691.1	1.4188	7.2381
120	198.67	0.0010603	0.89121	503.81	2705.9	1.5279	7.1291
130	270.28	0.0010697	0.66800	546.38	2720.1	1.6346	7.0264
140	361.54	0.0010798	0.50845	589.16	2733.4	1.7392	6.9293
150	476.16	0.0010905	0.39245	632.18	2745.9	1.8418	6.8371
160	618.23	0.0011020	0.30678	675.47	2757.4	1.9426	6.7491
170	792.19	0.0011143	0.24259	719.08	2767.9	2.0417	6.6650
180	1002.8	0.0011274	0.19384	763.05	2777.2	2.1392	6.5840
190	1255.2	0.0011415	0.15636	807.43	2785.3	2.2355	6.5059
200	1554.9	0.0011565	0.12721	852.27	2792.0	2.3305	6.4302
210	1907.7	0.0011727	0.10429	897.63	2797.3	2.4245	6.3563
220	2319.6	0.0011902	0.086092	943.58	2800.9	2.5177	6.2840
230	2797.1	0.0012090	0.071503	990.19	2802.9	2.6101	6.2128
240	3346.9	0.0012295	0.059705	1037.6	2803.0	2.7020	6.1423
250	3976.2	0.0012517	0.050083	1085.8	2800.9	2.7935	6.0721
260	4692.3	0.0012761	0.042173	1135.0	2796.6	2.8849	6.0016
270	5503.0	0.0013030	0.035621	1185.3	2789.7	2.9765	5.9304
280	6416.6	0.0013328	0.030153	1236.9	2779.9	3.0685	5.8579
290	7441.8	0.0013663	0.025555	1290.0	2766.7	3.1612	5.7834
300	8587.9	0.0014042	0.021660	1345.0	2749.6	3.2552	5.7059
310	9865.1	0.0014479	0.018335	1402.2	2727.9	3.3510	5.6244
320	11284	0.0014990	0.015471	1462.2	2700.6	3.4494	5.5372
330	12858	0.0015606	0.012979	1525.9	2666.0	3.5518	5.4422
340	14601	0.0016376	0.010781	1594.5	2621.8	3.6601	5.3356
350	16529	0.0017400	0.0088024	1670.9	2563.6	3.7784	5.2110
360	18666	0.0018954	0.0069493	1761.7	2481.5	3.9167	5.0536
370	21044	0.0022152	0.0049544	1890.7	2334.5	4.1112	4.8012
373.95	22064	0.0031056	0.0031056	2084.3	2084.3	4.4070	4.4070

付表② 水の飽和表（圧力基準）[2)]

T ℃	p kPa	v' m³/kg	v'' m³/kg	h' kJ/kg	h'' kJ/kg	s' kJ/(kg K)	s'' kJ/(kg K)
6.9696	1	0.0010001	129.18	29.299	2513.7	0.10591	8.9749
17.495	2	0.0010014	66.987	73.428	2532.9	0.26056	8.7226
24.079	3	0.0010028	45.653	100.98	2544.8	0.35429	8.5764
28.960	4	0.0010041	34.791	121.39	2553.7	0.42239	8.4734
32.874	5	0.0010053	28.185	137.75	2560.7	0.47620	8.3938
45.806	10	0.0010103	14.670	191.81	2583.9	0.64920	8.1488
60.058	20	0.0010172	7.6480	251.42	2608.9	0.83202	7.9072
69.095	30	0.0010222	5.2284	289.27	2624.5	0.94407	7.7675
75.857	40	0.0010264	3.9930	317.62	2636.1	1.0261	7.6690
81.317	50	0.0010299	3.2400	340.54	2645.2	1.0912	7.5930
99.606	100	0.0010432	1.6939	417.50	2674.9	1.3028	7.3588
111.35	150	0.0010527	1.1593	467.13	2693.1	1.4337	7.2230
120.21	200	0.0010605	0.88568	504.70	2706.2	1.5302	7.1269
133.52	300	0.0010732	0.60576	561.43	2724.9	1.6717	6.9916
143.61	400	0.0010836	0.46238	604.65	2738.1	1.7765	6.8955
151.83	500	0.0010925	0.37481	640.09	2748.1	1.8604	6.8207
158.83	600	0.0011006	0.31558	670.38	2756.1	1.9308	6.7592
164.95	700	0.0011080	0.27277	697.00	2762.8	1.9918	6.7071
170.41	800	0.0011148	0.24034	720.86	2768.3	2.0457	6.6616
175.35	900	0.0011212	0.21489	742.56	2773.0	2.0940	6.6213
179.88	1000	0.0011272	0.19436	762.52	2777.1	2.1381	6.5850
198.29	1500	0.0011539	0.13171	844.56	2791.0	2.3143	6.4430
212.38	2000	0.0011767	0.099585	908.50	2798.3	2.4468	6.3390
223.95	2500	0.0011974	0.079949	961.91	2801.9	2.5543	6.2558
233.85	3000	0.0012167	0.066664	1008.3	2803.2	2.6455	6.1856
242.56	3500	0.0012350	0.057058	1049.8	2802.6	2.7254	6.1243
250.35	4000	0.0012526	0.049776	1087.5	2800.8	2.7968	6.0696
257.44	4500	0.0012696	0.044059	1122.2	2797.9	2.8615	6.0197
263.94	5000	0.0012864	0.039446	1154.6	2794.2	2.9210	5.9737
275.58	6000	0.0013193	0.032448	1213.9	2784.6	3.0278	5.8901
285.83	7000	0.0013519	0.027378	1267.7	2772.6	3.1224	5.8148
295.01	8000	0.0013847	0.023526	1317.3	2758.7	3.2081	5.7450
303.34	9000	0.0014181	0.020490	1363.9	2742.9	3.2870	5.6791
311.00	10000	0.0014526	0.018030	1408.1	2725.5	3.3606	5.6160
324.68	12000	0.0015263	0.014264	1491.5	2685.4	3.4967	5.4939
336.67	14000	0.0016097	0.011485	1571.0	2637.9	3.6232	5.3727
347.35	16000	0.0017094	0.0093088	1649.7	2580.8	3.7457	5.2463
356.99	18000	0.0018398	0.0075017	1732.1	2509.8	3.8718	5.1061
365.75	20000	0.0020400	0.0058652	1827.2	2412.3	4.0156	4.9314
373.71	22000	0.0027044	0.0036475	2011.3	2173.1	4.2945	4.5446
373.95	22064	0.0031056	0.0031056	2084.3	2084.3	4.4070	4.4070

付録

付表③ 水の圧縮水と過熱蒸気の表[2]

T ℃	0.1 MPa			0.2 MPa		
	v m³/kg	h kJ/kg	s kJ/(kg K)	v m³/kg	h kJ/kg	s kJ/(kg K)
10	0.0010003	42.118	0.15108	0.0010003	42.215	0.15107
20	0.0010018	84.006	0.29646	0.0010018	84.100	0.29644
30	0.0010044	125.82	0.43673	0.0010043	125.91	0.43670
40	0.0010078	167.62	0.57237	0.0010078	167.70	0.57233
50	0.0010121	209.42	0.70377	0.0010121	209.50	0.70372
60	0.0010171	251.25	0.83125	0.0010170	251.33	0.83120
70	0.0010227	293.12	0.95509	0.0010227	293.20	0.95503
80	0.0010290	335.05	1.0755	0.0010290	335.13	1.0755
90	0.0010359	377.06	1.1928	0.0010359	377.14	1.1928
100	1.6959	2675.8	7.3610	0.0010434	419.24	1.3071
120	1.7932	2716.6	7.4678	0.0010603	503.81	1.5279
140	1.8891	2756.7	7.5672	0.93524	2748.3	7.2313
160	1.9841	2796.4	7.6610	0.98426	2789.7	7.3290
180	2.0785	2836.0	7.7503	1.0326	2830.4	7.4209
200	2.1724	2875.5	7.8356	1.0805	2870.7	7.5081
220	2.2661	2915.0	7.9174	1.1280	2910.9	7.5913
240	2.3595	2954.6	7.9962	1.1753	2951.1	7.6712
260	2.4528	2994.4	8.0723	1.2224	2991.3	7.7480
280	2.5459	3034.4	8.1459	1.2694	3031.6	7.8223
300	2.6388	3074.5	8.2172	1.3162	3072.1	7.8941
320	2.7317	3114.9	8.2864	1.3630	3112.7	7.9637
340	2.8246	3155.5	8.3536	1.4097	3153.4	8.0313
360	2.9173	3196.3	8.4191	1.4563	3194.4	8.0971
380	3.0100	3237.3	8.4829	1.5028	3235.6	8.1611
400	3.1027	3278.6	8.5452	1.5493	3277.0	8.2236
420	3.1953	3320.1	8.6059	1.5958	3318.7	8.2845
440	3.2879	3361.9	8.6653	1.6422	3360.5	8.3441
460	3.3805	3403.9	8.7235	1.6887	3402.7	8.4023
480	3.4730	3446.2	8.7804	1.7351	3445.0	8.4594
500	3.5655	3488.7	8.8361	1.7814	3487.7	8.5152
520	3.6580	3531.6	8.8908	1.8278	3530.6	8.5700
540	3.7505	3574.7	8.9445	1.8741	3573.7	8.6237
560	3.8430	3618.0	8.9972	1.9204	3617.1	8.6765
580	3.9354	3661.7	9.0489	1.9667	3660.8	8.7283
600	4.0279	3705.6	9.0998	2.0130	3704.8	8.7792
620	4.1203	3749.8	9.1499	2.0593	3749.0	8.8293
640	4.2127	3794.3	9.1991	2.1056	3793.6	8.8786
660	4.3052	3839.0	9.2476	2.1518	3838.4	8.9272
680	4.3976	3884.0	9.2954	2.1981	3883.4	8.9750
700	4.4900	3929.4	9.3424	2.2443	3928.8	9.0220
720	4.5824	3975.0	9.3888	2.2906	3974.4	9.0685
740	4.6747	4020.9	9.4345	2.3368	4020.3	9.1142
760	4.7671	4067.0	9.4797	2.3830	4066.5	9.1594
780	4.8595	4113.5	9.5242	2.4293	4113.0	9.2039
800	4.9519	4160.2	9.5681	2.4755	4159.8	9.2479

付録

付表④ 水の圧縮水と過熱蒸気の表[2)]

T ℃	0.5 MPa			1 MPa		
	v m³/kg	h kJ/kg	s kJ/(kg K)	v m³/kg	h kJ/kg	s kJ/(kg K)
10	0.0010001	42.508	0.15104	0.00099987	42.995	0.15100
20	0.0010016	84.382	0.29638	0.0010014	84.853	0.29628
30	0.0010042	126.19	0.43660	0.0010040	126.64	0.43645
40	0.0010077	167.97	0.57221	0.0010074	168.41	0.57202
50	0.0010119	209.76	0.70358	0.0010117	210.19	0.70335
60	0.0010169	251.58	0.83104	0.0010167	252.00	0.83077
70	0.0010226	293.45	0.95485	0.0010223	293.86	0.95455
80	0.0010288	335.37	1.0753	0.0010286	335.77	1.0750
90	0.0010357	377.37	1.1926	0.0010355	377.76	1.1922
100	0.0010433	419.47	1.3069	0.0010430	419.84	1.3065
120	0.0010602	504.02	1.5276	0.0010599	504.38	1.5272
140	0.0010797	589.25	1.7391	0.0010794	589.58	1.7386
160	0.38366	2767.4	6.8656	0.0011017	675.70	1.9421
180	0.40466	2812.4	6.9673	0.19444	2777.4	6.5857
200	0.42503	2855.8	7.0610	0.20602	2828.3	6.6955
220	0.44500	2898.3	7.1489	0.21698	2875.5	6.7934
240	0.46467	2940.2	7.2322	0.22756	2920.9	6.8836
260	0.48414	2981.8	7.3117	0.23788	2965.1	6.9681
280	0.50344	3023.2	7.3880	0.24801	3008.6	7.0482
300	0.52261	3064.6	7.4614	0.25799	3051.6	7.1246
320	0.54169	3105.9	7.5323	0.26786	3094.4	7.1979
340	0.56068	3147.3	7.6010	0.27764	3136.9	7.2685
360	0.57961	3188.9	7.6677	0.28735	3179.4	7.3367
380	0.59848	3230.5	7.7325	0.29700	3221.9	7.4028
400	0.61730	3272.3	7.7955	0.30661	3264.5	7.4669
420	0.63609	3314.4	7.8570	0.31617	3307.1	7.5294
440	0.65484	3356.6	7.9170	0.32569	3349.9	7.5902
460	0.67357	3399.0	7.9757	0.33519	3392.8	7.6495
480	0.69227	3441.6	8.0331	0.34466	3435.8	7.7075
500	0.71094	3484.5	8.0892	0.35411	3479.1	7.7641
520	0.72960	3527.6	8.1443	0.36354	3522.6	7.8196
540	0.74824	3570.9	8.1983	0.37295	3566.2	7.8740
560	0.76687	3614.5	8.2512	0.38235	3610.1	7.9273
580	0.78548	3658.4	8.3032	0.39174	3654.2	7.9796
600	0.80409	3702.5	8.3543	0.40111	3698.6	8.0310
620	0.82268	3746.8	8.4046	0.41047	3743.2	8.0815
640	0.84126	3791.5	8.4540	0.41982	3788.0	8.1312
660	0.85983	3836.4	8.5027	0.42916	3833.1	8.1800
680	0.87840	3881.6	8.5506	0.43850	3878.5	8.2281
700	0.89696	3927.0	8.5977	0.44783	3924.1	8.2755
720	0.91551	3972.7	8.6443	0.45715	3970.0	8.3221
740	0.93405	4018.7	8.6901	0.46647	4016.1	8.3681
760	0.95259	4065.0	8.7353	0.47578	4062.5	8.4135
780	0.97113	4111.6	8.7800	0.48508	4109.2	8.4582
800	0.98966	4158.4	8.8240	0.49438	4156.1	8.5024

付表⑤ 水の圧縮水と過熱蒸気の表[2)]

T ℃	5 MPa			10 MPa		
	v m³/kg	h kJ/kg	s kJ/(kg K)	v m³/kg	h kJ/kg	s kJ/(kg K)
10	0.0009980	46.883	0.15062	0.00099564	51.719	0.15009
20	0.0009996	88.607	0.29543	0.00099731	93.281	0.29435
30	0.0010022	130.28	0.43522	0.0010000	134.82	0.43368
40	0.0010057	171.95	0.57046	0.0010035	176.36	0.56851
50	0.0010099	213.64	0.70150	0.0010078	217.94	0.69920
60	0.0010149	255.36	0.82865	0.0010127	259.55	0.82602
70	0.0010205	297.13	0.95218	0.0010182	301.21	0.94923
80	0.0010267	338.95	1.0723	0.0010244	342.94	1.0691
90	0.0010336	380.86	1.1893	0.0010312	384.73	1.1858
100	0.0010410	422.85	1.3034	0.0010385	426.62	1.2996
120	0.0010576	507.19	1.5236	0.0010549	510.73	1.5191
140	0.0010769	592.18	1.7344	0.0010738	595.45	1.7293
160	0.0010988	678.04	1.9374	0.0010954	681.01	1.9315
180	0.0011240	765.08	2.1338	0.0011200	767.68	2.1271
200	0.0011531	853.68	2.3251	0.0011482	855.80	2.3174
220	0.0011868	944.32	2.5127	0.0011809	945.81	2.5037
240	0.0012268	1037.7	2.6983	0.0012192	1038.3	2.6876
260	0.0012755	1134.9	2.8841	0.0012653	1134.3	2.8710
280	0.042274	2858.1	6.0909	0.0013226	1235.0	3.0565
300	0.045346	2925.7	6.2110	0.0013980	1343.3	3.2488
320	0.048130	2986.2	6.3149	0.019270	2782.8	5.7133
340	0.050724	3042.4	6.4080	0.021487	2882.1	5.8782
360	0.053186	3095.6	6.4935	0.023325	2962.7	6.0075
380	0.055549	3146.9	6.5732	0.024950	3033.2	6.1172
400	0.057837	3196.7	6.6483	0.026436	3097.4	6.2141
420	0.060066	3245.4	6.7196	0.027826	3157.5	6.3020
440	0.062248	3293.4	6.7879	0.029144	3214.6	6.3833
460	0.064390	3340.9	6.8535	0.030407	3269.6	6.4593
480	0.066500	3387.9	6.9168	0.031626	3323.0	6.5311
500	0.068583	3434.7	6.9781	0.032811	3375.1	6.5995
520	0.070642	3481.2	7.0375	0.033966	3426.4	6.6649
540	0.072681	3527.7	7.0954	0.035097	3476.9	6.7278
560	0.074703	3574.1	7.1517	0.036207	3526.9	6.7886
580	0.076710	3620.4	7.2067	0.037300	3576.5	6.8474
600	0.078704	3666.8	7.2605	0.038378	3625.8	6.9045
620	0.080685	3713.3	7.3131	0.039442	3674.8	6.9600
640	0.082657	3759.9	7.3647	0.040495	3723.7	7.0142
660	0.084619	3806.5	7.4152	0.041538	3772.5	7.0670
680	0.086572	3853.3	7.4649	0.042572	3821.3	7.1187
700	0.088518	3900.3	7.5136	0.043597	3870.0	7.1693
720	0.090457	3947.4	7.5615	0.044615	3918.7	7.2189
740	0.092390	3994.7	7.6087	0.045627	3967.6	7.2676
760	0.094318	4042.2	7.6551	0.046633	4016.4	7.3153
780	0.096240	4089.8	7.7008	0.047633	4065.4	7.3623
800	0.098158	4137.7	7.7458	0.048629	4114.5	7.4085

付表⑥ 水の圧縮水と過熱蒸気の表[2]

T °C	15 MPa v m³/kg	15 MPa h kJ/kg	15 MPa s kJ/(kg K)	20 MPa v m³/kg	20 MPa h kJ/kg	20 MPa s kJ/(kg K)
10	0.00099334	56.526	0.14951	0.00099107	61.307	0.14888
20	0.00099510	97.934	0.29323	0.00099292	102.57	0.29207
30	0.00099782	139.34	0.43211	0.00099568	143.84	0.43053
40	0.0010013	180.77	0.56656	0.00099923	185.16	0.56461
50	0.0010056	222.23	0.69690	0.0010035	226.51	0.69461
60	0.0010105	263.74	0.82340	0.0010084	267.92	0.82080
70	0.0010160	305.30	0.94631	0.0010138	309.38	0.94341
80	0.0010221	346.92	1.0659	0.0010199	350.90	1.0627
90	0.0010288	388.61	1.1823	0.0010265	392.49	1.1788
100	0.0010361	430.39	1.2958	0.0010337	434.17	1.2920
120	0.0010522	514.28	1.5148	0.0010496	517.84	1.5105
140	0.0010708	598.75	1.7243	0.0010679	602.07	1.7194
160	0.0010920	684.01	1.9259	0.0010886	687.05	1.9203
180	0.0011160	770.32	2.1206	0.0011122	773.02	2.1143
200	0.0011435	857.99	2.3100	0.0011390	860.27	2.3027
220	0.0011752	947.43	2.4951	0.0011697	949.16	2.4867
240	0.0012121	1039.2	2.6774	0.0012053	1040.2	2.6676
260	0.0012560	1134.0	2.8586	0.0012472	1134.0	2.8469
280	0.0013096	1233.0	3.0409	0.0012978	1231.5	3.0265
300	0.0013783	1338.3	3.2279	0.0013611	1334.4	3.2091
320	0.0014733	1454.0	3.4263	0.0014450	1445.5	3.3996
340	0.0016311	1592.4	3.6555	0.0015693	1571.6	3.6086
360	0.012582	2769.7	5.5657	0.0018248	1740.1	3.8787
380	0.014289	2884.7	5.7446	0.0082599	2659.4	5.3149
400	0.015671	2975.7	5.8819	0.0099503	2816.9	5.5525
420	0.016875	3054.0	5.9967	0.011201	2928.7	5.7163
440	0.017964	3124.7	6.0971	0.012247	3020.4	5.8469
460	0.018973	3190.1	6.1876	0.013171	3100.7	5.9579
480	0.019923	3251.8	6.2706	0.014012	3173.5	6.0559
500	0.020827	3310.8	6.3480	0.014793	3241.2	6.1446
520	0.021696	3367.8	6.4207	0.015530	3305.2	6.2263
540	0.022534	3423.2	6.4897	0.016231	3366.4	6.3025
560	0.023349	3477.4	6.5556	0.016904	3425.4	6.3743
580	0.024144	3530.6	6.6187	0.017554	3482.9	6.4424
600	0.024921	3583.1	6.6796	0.018185	3539.0	6.5075
620	0.025684	3635.1	6.7384	0.018799	3594.1	6.5699
640	0.026433	3686.5	6.7954	0.019399	3648.4	6.6300
660	0.027172	3737.6	6.8508	0.019987	3702.0	6.6881
680	0.027901	3788.5	6.9047	0.020565	3755.1	6.7443
700	0.028621	3839.1	6.9572	0.021133	3807.8	6.7990
720	0.029334	3889.6	7.0086	0.021694	3860.1	6.8523
740	0.030039	3940.0	7.0589	0.022247	3912.2	6.9042
760	0.030738	3990.4	7.1081	0.022793	3964.1	6.9549
780	0.031432	4040.7	7.1563	0.023334	4015.8	7.0045
800	0.032121	4091.1	7.2037	0.023869	4067.5	7.0531

□□ 付　録 □□

付表⑦　おもな化学種の平衡定数 $\log_{10} K_p$ [3)]

化学種	300 K	400 K	600 K	800 K	1000 K	1200 K	1400 K	1600 K	1800 K	2000 K	2200 K	2400 K
OH	−5.963	−4.265	−2.568	−1.724	−1.222	−0.891	−0.656	−0.482	−0.347	−0.240	−0.153	−0.082
H	−35.377	−25.876	−16.337	−11.540	−8.646	−6.707	−5.315	−4.267	−3.448	−2.791	−2.252	−1.801
O	−40.337	−29.475	−18.576	−13.103	−9.808	−7.605	−6.028	−4.843	−3.919	−3.179	−2.572	−2.066
H_2O	39.789	29.242	18.634	13.290	10.063	7.900	6.349	5.182	4.272	3.543	2.945	2.446
CH_4	8.817	5.494	1.998	0.144	−1.012	−1.801	−2.373	−2.804	−3.141	−3.411	−3.631	−3.814
CH_3	−25.763	−19.449	−13.215	−10.155	−8.346	−7.154	−6.311	−5.682	−5.197	−4.810	−4.495	−4.234
CO	23.911	19.109	14.318	11.914	10.459	9.479	8.771	8.234	7.811	7.468	7.184	6.944
CO_2	68.676	51.544	34.407	25.832	20.681	17.244	14.786	12.941	11.504	10.353	9.410	8.624
C_2H_6	5.499	1.747	−2.274	−4.433	−5.785	−6.707	−7.373	−7.874	−8.263	−8.571	−8.821	−9.027
C_2H_4	−11.927	−9.707	−7.658	−6.732	−6.217	−5.891	−5.666	−5.500	−5.373	−5.272	−5.189	−5.121
C_2H_2	−36.409	−26.542	−16.693	−11.788	−8.859	−6.916	−5.534	−4.500	−3.699	−3.060	−2.538	−2.105
C_3H_8	4.012	−0.641	−5.637	−8.314	−9.984	−11.119	−11.934	−12.545	−13.017	−13.389	−13.690	−13.935
C_4H_{10}	3.585	−2.370	−8.716	−12.085	−14.170	−15.576	−16.578	−17.321	−17.890	−18.338	−18.697	−18.989
N	−79.291	−58.705	−38.083	−27.746	−21.530	−17.378	−14.408	−12.177	−10.439	−9.047	−7.907	−6.956
NO	−15.076	−11.144	−7.211	−5.243	−4.063	−3.275	−2.712	−2.290	−1.962	−1.699	−1.484	−1.305
NO_2	−8.942	−7.514	−6.112	−5.418	−5.001	−4.721	−4.520	−4.368	−4.249	−4.153	−4.074	−4.008

付 録

付表⑧ おもな化学種のエンタルピー H_i (kJ·mol^{-1})[3)]

化学種	300 K	400 K	600 K	800 K	1000 K	1200 K	1400 K	1600 K	1800 K	2000 K	2200 K	2400 K
OH	39.042	42.024	47.942	53.869	59.915	66.151	72.573	79.161	85.897	92.764	99.746	106.831
H	218.020	220.099	224.256	228.413	232.570	236.728	240.885	245.042	249.199	253.357	257.514	261.671
O	249.241	251.409	255.663	259.871	264.061	268.241	272.415	276.583	280.749	284.913	289.077	293.244
H$_2$O	−241.786	−238.389	−231.320	−223.842	−215.854	−207.330	−198.327	−188.908	−179.130	−169.042	−158.686	−148.102
H$_2$	0.056	2.957	8.810	14.703	20.667	26.792	33.094	39.565	46.194	52.971	59.886	66.928
O$_2$	0.053	3.030	9.254	15.837	22.721	29.774	36.955	44.253	51.660	59.169	66.773	74.467
N$_2$	0.055	2.975	8.907	15.047	21.470	28.120	34.941	41.901	48.973	56.133	63.363	70.648
CH$_4$	−74.829	−71.000	−61.681	−50.214	−36.665	−21.556	−5.260	11.997	30.025	48.665	67.785	87.280
CH$_3$	145.772	149.821	158.881	169.089	180.401	192.642	205.633	219.241	233.351	247.867	262.708	277.809
CO	−110.488	−107.563	−101.587	−95.366	−88.845	−82.102	−75.197	−68.162	−61.024	−53.805	−46.521	−39.187
CO$_2$	−393.482	−389.548	−380.652	−370.741	−360.125	−349.062	−337.668	−326.012	−314.150	−302.130	−289.988	−277.751
C$_2$H$_6$	−83.763	−77.844	−62.298	−42.502	−19.371	6.187	33.598	62.555	92.790	124.069	156.192	188.989
C$_2$H$_4$	52.544	57.377	69.845	85.324	103.200	122.782	143.666	165.600	188.372	211.803	235.749	260.093
C$_2$H$_2$	226.854	231.596	242.514	254.774	267.999	282.031	296.749	312.039	327.804	343.963	360.448	377.205
C$_3$H$_8$	−103.719	−95.303	−72.890	−44.407	−11.382	24.936	63.734	104.587	147.120	191.011	235.979	281.789
C$_4$H$_{10}$	−133.037	−121.750	−91.719	−53.973	−10.471	37.414	88.632	142.215	197.509	254.245	312.182	371.093
N	472.673	474.752	478.909	483.067	487.224	491.382	495.541	499.699	503.856	508.011	512.167	516.325
NO	90.353	93.345	99.464	105.848	112.540	119.435	126.470	133.616	140.852	148.156	155.516	162.917
NO$_2$	33.166	37.035	45.668	55.240	65.473	76.069	86.904	97.924	109.083	120.346	131.682	143.070

◻◻ チャレンジ問題の解答（抜粋）◻◻

※解答の解説は，オーム社ホームページ（http://www.ohmsha.co.jp/）の「書籍連動／ダウンロードサービス」内にある『基礎から学ぶ 熱力学』に掲載しています．

第1章

基本問題

問題 **1**　(1) 202 G　(2) 778 k　(3) 59.3

問題 **2**　3.06 kPa

問題 **3**　(1) 268 K　(2) ケルビン　(3) 1013 hPa　(4) $kg/(m \cdot s^2)$　(5) 10.0 m

問題 **4**　(1) 250 mL　(2) 2.50×10^{-3} m^3　(3) 18.3 m/s　(4) 1.64×10^3 kg/m^3
　　　　　(5) 6.42 ton

問題 **5**　2.73 MJ/kmol

問題 **6**　2.86 MPa

発展問題

問題 **7**　32.5℃

問題 **8**　4.67 J

第2章

基本問題

問題 **1**　2.94 kJ

問題 **2**　33.5 K

問題 **3**　9 min 30 s

問題 **4**　6.76 MJ

問題 **5**　166 kg

問題 **6**　40 kJ

問題 **7**　(1) 0　(2) 500 kJ　(3) 100℃

問題 **8**　(1) 5.0 MPa　(2)（略）　(3) -57.6 kJ

問題 **9**　8.78 MW

問題 **10**　83.6 kW

□□ チャレンジ問題の解答（抜粋）□□

問題 11　35.6 kJ

発展問題

問題 12　(1) 3.78 m　　(2) 34 min 55 s
問題 13　0.286 L/min
問題 14　1.43 kJ/(kg·K)
問題 15　加熱量：46.2 MW　　出力：10.0 MW

第3章

基本問題

問題 1　(1) 5.75 kg　　(2) 82.6 kJ　　(3) 533 kPa
問題 2　(1) 16.2 kg　　(2) 7.3 m^3　　(3) 2.44 MJ　　(4) 690 KPa
問題 3　−2.20 MJ（2.20 MJ の熱が外部に放出される）
問題 4　(1) 725 K　　(2) 299 kJ　　(3) 419 kJ

第4章

基本問題

問題 1〜3　（略）
問題 4　熱効率：61.8％　　排熱量と受熱量の比：0.382％
問題 5　熱効率：50％　　低温熱源の温度：363.4℃
問題 6　【可逆カルノーサイクル】熱効率：18.0％　　仕事：8.78 kJ
　　　　　【逆カルノーサイクル】熱ポンプの成績係数：5.55　　冷凍機の成績係数：4.55
　　　　　低温熱源からの受熱量：164 kJ　　サイクルにする仕事：36 kJ
問題 7　熱ポンプの成績係数：5.22　　冷凍機の成績係数：4.22
　　　　　高温熱源からの受熱量：247.4 kJ　　サイクルにする仕事：47.4 kJ
問題 8　（略）
問題 9　0.462 kJ/(kg·K)
問題 10　等圧変化の場合に等容変化よりも 1.83 kJ/K 大きい
問題 11　12.4 J/K

■■ チャレンジ問題の解答（抜粋）■■

発展問題

問題12　熱効率：70.7%　　低温熱源への排熱量：29.3 MJ　　出力：1.18 MW
問題13〜17　（略）
問題18　19.3 J/K
問題19　（略）

第5章

基本問題

問題1　16.0 kJ/kg
問題2　（略）
問題3　256.1 kJ/kg
問題4　149.1
問題5　195.9 kJ/kg
問題6　191.9 kJ/kg

発展問題

問題7　（略）
問題8　鉄：4.05 kJ/kg　　アルミニウム：7.29 kJ/kg
問題9　（略）
問題10　【温度1200℃，圧力5 MPaの空気の場合】621.6 kJ/kg
　　　　【温度600℃，圧力300 kPaの場合】182.8 kJ/kg
問題11　（略）
問題12　【温度1200℃，圧力5 MPaの場合】1035.8 kJ/kg
　　　　【温度600℃，圧力300 kPaの場合】348.8 kJ/kg
問題13　エクセルギー損失：2.98 kJ/(kg·K)　　エクセルギー効率：97.0%

第6章

基本問題

問題1　(1) 0.652（65.2%）　　(2) 652 kJ/kg　　(3) 816 kPa
問題2　(1) 0.585（58.5%）　　(2) 585 kJ/kg　　(3) 732 kPa

❑❑ チャレンジ問題の解答（抜粋）❑❑

問題3 (1) 1200 kJ/kg (2) 578 kJ/kg (3) 0.482（48.2%） (4) 622 kJ/kg

発展問題

問題4 (1) 859 kJ/kg (2) 280 kJ/kg (3) 0.673（67.3%）
問題5 (1) 22.1 MPa (2) 3800 K (3) 0.645（64.5%）

第7章

基本問題

問題1 (1) (a) 655 kJ (b) 844 kJ (c) 825 kJ
(2) (a) 288 K (b) 456 K (c) 437 K
(3) (a) 655 kJ (b) 0 kJ (c) 77 kJ
問題2 (a) 33.3 kW (b) 42.2 kW (c) 40.3 kW
問題3 16.2 kW
問題4 (a) 0.822 (b) 0.182 kJ
問題5 【0.05】52.3 【0.04】69.1 【0.03】99.2
問題6 1.19

発展問題

問題7 （略）
問題8 (a) $\dfrac{p_a}{p_1} = \left(\dfrac{p_3}{p_1}\right)^{\frac{1}{3}}$ (b) $\dfrac{p_2}{p_b} = \left(\dfrac{p_3}{p_1}\right)^{\frac{1}{3}}$ (c) $\dfrac{p_b}{p_a} = \left(\dfrac{p_3}{p_1}\right)^{\frac{1}{3}}$
問題9 (1) (a) 4.83 MJ (b) 3.68 MJ (c) 3.38 MJ
(2) 【2段】5.48 【3段】3.11
(3) (a) 774 K (b) 476 K (c) 405 K
(4) 【2段】1.84 MJ 【3段】1.13 MJ

第8章

基本問題

問題1 比エンタルピー：2189 kJ/kg 比エントロピー：6.83 kJ/(kg·K)
乾き度：0.831
問題2 (1) 0.760 (2) 2674.3 kJ/kg (3) 882.6 kJ/kg (4) 0.330

□□ チャレンジ問題の解答（抜粋）□□

発展問題

問題 3　比エンタルピー：2072.1 kJ/kg　　比エントロピー：6.4866 kJ/(kg・K)
　　　　　乾き度：0.783

問題 4　(1) 0.760　　(2) 2669.3 kJ/kg　　(3) 882.6 kJ/kg　　(4) 5.0 kJ/kg
　　　　　(5) 0.329

第9章

基本問題

問題 1　$w_c = 22$ kJ/kg　　$q_1 = 145$ kJ/kg　　$\text{COP}_h = 6.6$

発展問題

問題 2　（略）

第10章

基本問題

問題 1　酸素の分圧：21.27 kPa　　窒素の分圧：80.03 kPa　　窒素のモル数：39.5 mol

問題 2　46.3℃

問題 3　288.3 J/(kg・K)

問題 4　0.456　$(0.621 + x)\dfrac{T}{100}$

問題 5　22.5 kJ

問題 6　(1) 0.0175 kg/kg (AD)　　(2) 26℃　　(3) 80 kJ/kg (AD)
　　　　　(4) 0.146 kg/kg (AD)　　(5) 72 kJ/kg (AD)　　(6) 0.0029 kg/kg (AD)
　　　　　(7) 8 kJ/kg (AD)　　(8) 100%　　(9) 55 kJ/kg (AD)
　　　　　(10) 17 kJ/kg (AD)　　(11) 1　　(12) 0.309

問題 7　$\dfrac{m_A c_{pA} + m_A c_{pA}}{m_A c_{vA} + m_B c_{vB}}$ 〔kJ/(kg・K)〕

問題 8　（略）

問題 9　$P_w = \dfrac{xp}{\left(\dfrac{R_a}{R_w} + x\right)}$

□□ チャレンジ問題の解答（抜粋）□□

問題10 【最初の状態】絶対湿度：0.0125 kg/kg（DA）　　相対湿度：63%
　　　　比容積：0.862 m³/kg
【変化後】　相対湿度：58%　比容積：0.878 m³/kg　顕熱比：0.455

問題11 飽和温度：14℃　　潜熱：28 kJ/kg(DA)　　顕熱：18 kJ/kg(DA)

問題12 (1) 湿り空気の状態①～③を湿り空気線図に示す．

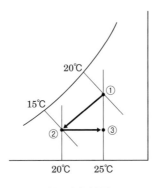

湿り空気線図

(2) 116 kg/h　　(3) 0.0085 kg/kg（DA）　　(4) 59%　　(5) 0.842 m³/kg

(6) 0.004 kg/kg（DA）　　(7) 15 kJ/kg（DA）　　(8) 0.333　　(9) 44%

(10) 0 kg/kg（DA）　　(11) 5 kJ/kg（DA）

第11章

基本問題

問題1 空気：349 m/s　　ヘリウム：1022 m/s　　二酸化炭素：273 m/s

問題2 340 m/s，299 m/s

問題3 全温度：1093 K　　全圧力：644 kPa

問題4 温度：298 K　　圧力：283 kPa

問題5 （略）

問題6 (1) 0.528 MPa　　(2) 366 m/s　　(3) 0.159 kg/s

問題7 （略）

問題8 【背圧が 0.05 MPa の場合】1.04　　【背圧が 0.01 MPa の場合】1.70
【背圧が真空の場合】2.45

□□ チャレンジ問題の解答（抜粋）□□

発展問題

問題 9 圧力：0.528 MPa　温度：272 K　速度：342 m/s　質量流量：17.0 kg/s
ノズル出口における速度：717 m/s

問題 10 (1) ラバルノズル　(2) ラバルノズル　(3) 先細ノズル

問題 11〜12 （略）

第12章

基本問題

問題 1 11.7 kg

問題 2 0.864

発展問題

問題 3 CO_2：11.0%　H_2O：14.6%　O_2：1.17%　N_2：73.2

問題 4 1690℃

問題 5 4.04%

問題 6 853 W/m^2

問題 7 熱の移動量：776 W/m^2　鋼板とプラスチックの接している面の温度：54.0℃

問題 8 2.29 W/(m·K)

問題 9 (A) 熱伝導　(B) 熱放射　(C) 熱伝達　(D) 熱伝導

問題 10 鋼板の内側の温度：43.7℃　熱の移動量：335 W/m^2

問題 11 1.25℃，0.0718℃

問題 12 36.8 kW/m^2

問題 13 AからBへの伝熱量：128 kW/m^2　放射率：0.288

問題 14 平行な温度分布では等温度境界．垂直な温度分布では断熱境界

問題 15 89.8 s

問題 16 16.3 W/(m^2·K)

問題 17 747 W/m^2

問題 18 68.7 kW/m^2

問題 19 熱の移動量：635 W/m^2　鋼板とプラスチックの接している面の温度：31.6℃

引用・参考文献

1) 空気調和・衛生工学会 編,空気調和衛生工学便覧 第14版〈1〉基礎編,空気調和・衛生工学会, p.46, 2010年
2) E.W.Lemmon 他, NIST Standard Reference Database 23 Refprop ver.9.1
3) 日本機械学会 編,機械工学便覧 合本α.基礎編,日本機械学会, α5 p.52, 2007年

索引 index

ア 行

亜音速　subsonic speed ･････････････ 194
圧縮機　compressor ･･････････････････ 136
圧縮比　compression ratio ･･･････････ 116
圧力　pressure ････････････････････････ 15
圧力比　pressure ratio ････････････････ 138
アネルギー　anergy ･･･････････････････ 98
アレニウス型の式　Arrhenius equation ････ 215

位置エネルギー　potential energy ･･････････ 20
一次電池　primary cell ･････････････････ 221
一般気体定数　universal gas constant ･･････ 46

ウィーンの変位則
　　Wien's displacement law ･･･････････ 229
運動エネルギー　kinetic energy ･･･････････ 20

エクセルギー　exergy ････････････････････ 98
エクセルギー効率　exergy efficiency ･･･････ 108
エクセルギー損失　exergy loss ･････････････ 108
エネルギーの散逸　energy dissipation ･･････ 24
遠心式圧縮機　centrifugal compressor ･････ 136
エンタルピー　enthalpy ･･････････････ 9, 34
エントロピー　entropy ･･････････････････ 80
エントロピー増大の法則
　　law of entropy increase ････････････ 88

往復式圧縮機　reciprocating compressor ･･･ 136
往復動機関　reciprocating engine ･････････ 114
オットーサイクル　otto cycle ･････････････ 117
音速　speed of sound ･･･････････････････ 193
温度伝導率　heat diffusivity ･･･････････････ 225

カ 行

外界　surroundings ････････････････････ 22
外部流　outer flow ･････････････････････ 190
化学平衡　chemical equilibrium ･･･････････ 215
化学平衡定数
　　chemical equilibrium constant ････････ 214
可逆過程　reversible process ･･･････････ 88
可逆変化　reversible change ･･･････････ 24
ガスサイクル　gas cycle ････････････････ 114
活性化エネルギー　activation energy ･･････ 208
活性化分極
　　activated electrolytic polarization ････ 220
カルノーサイクル　Carnot cycle ･････････ 76
完全燃焼　complete combustion ･････････ 207

気体定数　gas constant ････････････････ 45
ギブス関数　Gibbs function ････････････ 105
ギブス自由エネルギー　Gibbs free energy ･･･ 105
吸収　absorption ･････････････････････ 229
共役な関係　conjugate pair ･･･････････････ 3

空気過剰率　excess air ratio ･･･････････ 208
空気比　air ratio ･･････････････････････ 208
クラウジウスの積分　Clausius's integral ･･････ 79
クラウジウスの不等式　Clausius's inequality ･･･ 82

系　system ･･････････････････････････ 22
形態係数　shape factor ･････････････････ 230
ゲージ圧力　gauge pressure ･････････････ 16
桁移動子　numeric suffix ･･･････････････ 13
限界速度　critical speed ･･･････････････ 198

高位発熱量　higher heating value ･･････ 211
工業仕事　technical work ･･････････････ 26
拘束エネルギー　bound energy ････････ 105
行程容積　stroke volume ･･･････････････ 140
孤立系　isolate system ･････････････････ 22

サ 行

サイクル　cycle ･･････････････････ 72, 114
最大仕事　maximum work ････････････ 100
先細・末広ノズル
　　convergent-divergent-nozzle ･････････ 199
先細ノズル　convergent nozzle ･････････ 197

索 引

作動流体　working fluid ･････････････ 22
サバテサイクル　sabathe cycle ･････････ 122

示強変数　intensive variable ･････････････ 3
軸流式圧縮機　axial flow compressor ･････ 137
仕事線図　work diagram ･････････････ 26
質量流速　mass flow rate ･････････････ 197
締切比　cut off ratio ･････････････ 120
周囲　surroundings ･････････････ 22
自由エネルギー　free energy ･････････ 104
自由エンタルピー　free enthalpy ･････ 105
ジュールの実験　Joule's experiment ･････ 3
準静的変化　quasi-static change ･････ 25
状態変化　change of state ･････････ 24
状態方程式　equation of state ･････ 45
示量変数　extensive variable ･････ 3

水性ガス反応　water gas reaction ･････ 214
すきま比　clearance ratio ･････････ 140
すきま容積　clearance volume ･････ 140
スクリュー式圧縮機　screw compressor ･･ 136
スクロール圧縮機　scroll compressor ･･ 136
ステラジアン　steradian ･････････ 230
スロート　throat ･････････ 199

成績係数　coefficient of performance ･････ 74
精度　degree of precision ･････････ 12
絶対温度　absolute temperature ･････ 6
絶対仕事　absolute work ･････････ 26
全圧力　total pressure ･････････ 192
全エンタルピー　stagnation enthalpy ･････ 192
全温度　total temperature ･････ 192

速度増加率　rate of increased velocity ･････ 199

タ 行

第二種永久機関
　　perpetual motion of the second kind ･･ 90
多段圧縮　multistage compression ･････ 142
ターボ形圧縮機　turbo compressor ･････ 136
断熱熱落差　adiabatic heat drop ･････ 196
断熱燃焼温度

adiabatic combustion temerature ･････ 213
断熱変化　adiabatic change ･････ 61
中間冷却　intercooling ･････ 142
超音速　supersonic speed ･････ 194
チョーク　choking ･････ 199

定圧比熱
　　specific heat at constant pressure ･････ 48
定圧変化　constant pressure change ･････ 56
ディーゼルサイクル　Diesel cycle ･････ 120
低位発熱量　lower heating value ･････ 211
定常現象　steady state ･････ 224
定容比熱　specific heat at constant volume ･･ 48
定容変化　constant volume change ･････ 54
電気化学反応　electrochemical reaction ･･ 218

等圧変化　constant pressure change ･････ 56
等エントロピー変化　isentropic change ･･ 61
等温変化　isothermal change ･････ 58
透過　transmission ･････ 230
透明体　transparent medium ･････ 230
等容変化　constant volume change ･････ 54
当量比　equivalent ratio ･････ 208
閉じた系　closed system ･････ 22

ナ 行

内部エネルギー　internal energy ･････ 9, 30
内部抵抗　internal electric resistance ･････ 220
内部流　internal flow ･････ 190

二次電池　secondary cell ･････ 221
ニュートンの冷却法則
　　Newton's law of cooling ･････ 231

熱解離　thermal dissociation ･････ 213
熱機械　thermal machine ･････ 72
熱機関　heat engine ･････ 72, 114
熱効率　thermal efficiency ･････ 74
熱伝達　heat transfer (heat convection) ･･ 224
熱伝達率　heat transfer coefficient ･････ 226
熱伝導　heat conduction ･････ 224

索　引

熱平衡　thermal equilibrium ……………7
熱放射　heat radiation ……………………224
熱落差　heat drop ………………………196
熱力学第一法則
　　first law of thermodynamics ……………30
熱力学第三法則
　　third law of thermodynamics ……………91
熱力学第ゼロ法則
　　zeroth law of thermodynamics ……………7
熱力学第二法則
　　second law of thermodynamics …………87
熱力学的平衡状態
　　thermodynamic equilibrium state ………25
熱流束　heat flux …………………………225

濃度分極　diffusive polarization …………220
のど部　throat ……………………………199

ハ　行

背圧　back pressure ………………………197
反射　reflection ……………………………229
半透明体　translucent medium ……………230
反応速度定数　reaction rate coefficient ……215

非可逆過程　irreversible process ……………88
非可逆変化　irreversible change ……………24
光のキルヒホッフの法則
　　Kirchhoff's law of light ………………229
光の放射　radiation ………………………228
必要空気量　required air …………………208
必要酸素量　required oxygen ………………208
非定常現象　unsteady state ………………224
ヒートポンプ・冷凍機
　　heat pump and refrigerator ……………72
比熱　specific heat …………………………9
比熱比　specific heat ratio …………………49
標準空気組成　standard air composition …206
比容積　specific volume ……………………46
開いた系　open system ……………………22

ファラデーの法則　Faraday's law …………219

ファン　fan ………………………………136
不完全燃焼　incomplete combustion ……207
プランクの（熱放射の）式
　　Planck's equations ……………………228
フーリエの法則　Fourier's law ……………224
ブレイトンサイクル　brayton cycle ………127
ブロワ　blower …………………………136
分子量　molecular weight …………………46
分率　fraction ……………………………206

平均有効圧力　mean effective pressure …124
ヘルムホルツ関数　Helmholtz function …104
ヘルムホルツ自由エネルギー
　　Helmholtz free energy ………………104

ポリトロープ変化　polytropic change ……65

マ　行

マイヤーの関係式　Mayer's relation ………50
マクスウェルの（熱力学的）関係式
　　Maxwell's equations …………………106
マッハ数　mach number …………………193

密度　density ……………………………46

ヤ行・ラ行

有効数字　significant digit …………………12

容積形圧縮機　displacement compressor …136
容積効率　volumetric efficiency …………140

ラバルノズル　laval nozzle ………………199

理想気体　ideal gas ………………………44
流動仕事　flow work ………………………26
臨界圧力　critical pressure ………………198

英　字

$p-V$ 線図　$p-V$ diagram …………………26

259

〈編者・著者〉

吉田 幸司（よしだ こうじ）

1984 年　日本大学 大学院理工学研究科 機械工学専攻博士後期課程単位取得退学
1995 年　博士（工学）
現　在　日本大学 理工学部 機械工学科　教授
［編者，4 章，5 章，10 章］

岸本　健（きしもと けん）

1977 年　早稲田大学 大学院理工学研究科 機械工学専攻博士課程単位取得退学
1983 年　博士（工学）
現　在　国士舘大学 理工学部 機械工学系　教授
［1 章，12 章］

木村 元昭（きむら もとあき）

1988 年　日本大学 大学院理工学研究科 機械工学専攻博士後期課程修了
1988 年　博士（工学）
現　在　日本大学 理工学部 機械工学科　教授
［2 章，7 章，11 章］

田中 勝之（たなか かつゆき）

2006 年　慶應義塾大学 大学院理工学研究科 総合デザイン工学専攻後期博士課程単位取得退学
2007 年　博士（工学）
現　在　日本大学 理工学部 精密機械工学科　教授
［8 章，9 章］

飯島 晃良（いいじま あきら）

2004 年　日本大学 大学院理工学研究科 機械工学専攻博士前期課程修了
2004 年　富士重工業株式会社（現 SUBARU）スバル技術本部
2008 年　博士（工学），技術士（機械部門）
現　在　日本大学 理工学部 機械工学科　教授
［3 章，6 章］

- 本書の内容に関する質問は、オーム社ホームページの「サポート」から、「お問合せ」の「書籍に関するお問合せ」をご参照いただくか、または書状にてオーム社編集局宛にお願いします。お受けできる質問は本書で紹介した内容に限らせていただきます。なお、電話での質問にはお答えできませんので、あらかじめご了承ください。
- 万一、落丁・乱丁の場合は、送料当社負担でお取替えいたします。当社販売課宛にお送りください。
- 本書の一部の複写複製を希望される場合は、本書扉裏を参照してください。

JCOPY ＜出版者著作権管理機構 委託出版物＞

基礎から学ぶ 熱力学

2016年 2 月 25 日　第 1 版第 1 刷発行
2025年 1 月 20 日　第 1 版第 8 刷発行

編著者　吉田幸司
著　者　岸本健・木村元昭・田中勝之・飯島晃良
発行者　村上和夫
発行所　株式会社 オーム社
　　　　郵便番号　101-8460
　　　　東京都千代田区神田錦町3-1
　　　　電話　03(3233)0641(代表)
　　　　URL　https://www.ohmsha.co.jp/

© 吉田幸司・岸本健・木村元昭・田中勝之・飯島晃良 *2016*

印刷　三美印刷　製本　協栄製本
ISBN978-4-274-21854-5　Printed in Japan

好評発売中！《「絵とき でわかる」機械》シリーズ

絵ときでわかる 機械力学（第2版）
- 門田 和雄・長谷川 大和 共著
- A5判・160頁・定価(本体2300円【税別】)

主要目次 機械の静力学／機械の運動学1―質点の力学／機械の動力学／機械の運動学2―剛体の力学／機械の振動学

絵ときでわかる 材料力学（第2版）
- 宇津木 諭 著
- A5判・220頁・定価(本体2500円【税別】)

主要目次 力と変形の基礎／単純応力／はりの曲げ応力／はりのたわみ／軸のねじり／長柱の圧縮／動的荷重の取扱い／組合せ応力／骨組構造

絵ときでわかる 流体工学（第2版）
- 安達 勝之・菅野 一仁 共著
- A5判・266頁・定価(本体2500円【税別】)

主要目次 流体工学への導入／流体力学の基礎／ポンプ／送風機・圧縮機／水車／油圧と空気圧装置

絵ときでわかる 熱工学（第2版）
- 安達 勝之・佐野 洋一郎 共著
- A5判・208頁・定価(本体2500円【税別】)

主要目次 熱工学を考える前に／熱力学の法則／熱機関のガスサイクル／燃焼とその排出物／伝熱／液体と蒸気の性質および流動／冷凍サイクルおよびヒートポンプ／蒸気原動所サイクルとボイラー

絵ときでわかる 機構学（第2版）
- 宇津木 諭・住野 和男・林 俊一 共著
- A5判・224頁・定価(本体2300円【税別】)

主要目次 機構の基礎／機構と運動の基礎／リンク機構の種類と運動／カム機構の種類と運動／摩擦伝動の種類と運動／歯車伝動機構の種類と運動／巻掛け伝動の種類と運動

絵ときでわかる 機械材料（第2版）
- 門田 和雄 著
- A5判・176頁・定価(本体2300円【税別】)

主要目次 機械材料の機械的性質／機械材料の化学と金属学／炭素鋼／合金鋼／鋳鉄／アルミニウムとその合金／銅とその合金／その他の金属材料／プラスチック／セラミックス

絵ときでわかる 機械設計（第2版）
- 池田 茂・中西 佑二 共著
- A5判・232頁・定価(本体2500円【税別】)

主要目次 機械設計の基礎／締結要素／軸系要素／軸受／歯車／巻掛け伝達要素／緩衝要素

絵ときでわかる ロボット工学（第2版）
- 川嶋 健嗣・只野 耕太郎 共著
- A5判・208頁・定価(本体2500円【税別】)

主要目次 ロボット工学の導入／ロボット工学のための基礎数学・物理学／ロボットアームの運動学／ロボットアームの力学／ロボットの機械要素／ロボットのアクチュエータとセンサ／ロボット制御の基礎／二自由度ロボットアームの設計

絵ときでわかる 計測工学（第2版）
- 門田 和雄 著
- A5判・190頁・定価(本体2300円【税別】)

主要目次 計測の基礎／長さの計測／質量と力の計測／圧力の計測／時間と回転速度の計測／温度と湿度の計測／流体の計測／材料強さの計測／形状の計測／機械要素の計測

絵ときでわかる 機械制御（第2版）
- 宇津木 諭 著
- A5判・224頁・定価(本体2300円【税別】)

主要目次 自動制御の概要／自動制御の解析方法／基本要素の伝達関数／ブロック線図／過渡応答／周波数応答／フィードバック制御系／センサとアクチュエータの基礎

もっと詳しい情報をお届けできます．
※書店に商品がない場合または直接ご注文の場合は右記宛にご連絡ください．

ホームページ　https://www.ohmsha.co.jp/
TEL/FAX　TEL.03-3233-0643　FAX.03-3233-3440

(定価は変更される場合があります)